U0683903

数据库原理与应用

MySQL 版 | 附微课视频

赵明渊◎主编

Database Principles
And Applications

人民邮电出版社
北京

图书在版编目（CIP）数据

数据库原理与应用 ： MySQL 版 ： 附微课视频 / 赵明
渊主编. -- 北京 ： 人民邮电出版社，2025. 4. --（高
等学校计算机专业新形态教材精品系列）. -- ISBN 978
-7-115-64681-1

Ⅰ. TP311.131

中国国家版本馆 CIP 数据核字第 2024V6Q601 号

内 容 提 要

　　本书瞄准高等学校数据库原理与应用课程的教学与实验需要，将数据库原理、方法和应用技术相结合，以 MySQL 8.0 为应用平台，系统地介绍数据库原理与应用。全书分为两篇。第一篇为数据库原理与应用基础，内容包含数据库基础，关系数据库理论基础，关系数据库设计理论，数据库设计，MySQL数据库管理系统，数据定义，数据操纵，数据查询，视图和索引，MySQL 程序设计基础，存储过程、游标和触发器，事务管理，安全管理，备份和恢复。第二篇为数据库实验，各个实验与第一篇各章的内容相对应，可以系统地帮助读者巩固所学的理论知识。

　　本书可作为高校数据库相关课程的教材，也可供高职高专院校及相关培训机构教学使用，还可作为参加全国计算机等级考试人员及数据库应用系统设计开发人员的参考书。

◆ 主　　编　赵明渊
　　责任编辑　王　宣
　　责任印制　胡　南

◆ 人民邮电出版社出版发行　　北京市丰台区成寿寺路 11 号
　　邮编　100164　　电子邮件　315@ptpress.com.cn
　　网址　https://www.ptpress.com.cn
　　三河市兴达印务有限公司印刷

◆ 开本：787×1092　1/16
　　印张：17.5　　　　　　　　　　2025 年 4 月第 1 版
　　字数：468 千字　　　　　　　　2025 年 4 月河北第 1 次印刷

定价：69.80 元

读者服务热线：(010)81055256　印装质量热线：(010)81055316
反盗版热线：(010)81055315

前言

数据库技术已成为国家信息基础设施和信息化社会中重要的支撑技术之一，在国民经济各个领域中得到广泛应用，在推动科技发展和社会进步方面也起着日益重要的作用。随着社会对数据库技术人才需求的增加，各类人员对数据库技术的学习需求也在不断增加。

数据库原理与应用课程是高校计算机、电子信息、管理、电子商务等相关专业的专业基础课。学习数据库原理与应用课程，首先，要掌握数据库原理的基础知识；其次，要了解数据库应用所面临的问题，并理解和掌握理论上所给出的解决方法；最后，要具备解决数据库实际问题的操作能力、编程能力和应用能力。

本书内容

本书将数据库原理、方法和应用技术相结合，以MySQL 8.0为应用平台，系统地介绍数据库原理及应用。本书共分两篇，第一篇介绍数据库原理与应用基础，第二篇介绍与第一篇的基础知识相对应的数据库实验。

本书特色

（1）理实结合，强化应用。编者在书中设计了贯穿全书的案例数据库和实验数据库（以教学数据库为案例数据库，以商店数据库为实验数据库），它们可以将师生互动的课堂教学和引导学生独立进行数据库编程与操作的实验教学巧妙地结合起来，进而达到强化学生掌握数据库理论知识并使其具备数据库应用能力的目的。

（2）配套实验，服务教学。本书在第二篇"数据库实验"中对应每章都编排了验证性实验和设计性实验，可以逐步培养学生独立调试、编写和设计SQL代码的能力，并且可以为高校顺利开展课程教学和实验教学提供便利。

（3）内容先进，技术新颖。本书注重讲解新知识、新技术和新方法，并介绍了MySQL 8.0的新特性以及分区表、窗口函数、通用表表达式等知识。

（4）融入分析，降低难度。在数据查询、流程控制语句、自定义函数、存储过程、游标、触发器等程序较为复杂的章节，本书融入了必要的程序分析，以帮助读者深入理解相关概念。

配套资源

　　编者为本书配套建设了丰富的教辅资源，如PPT课件、教学大纲、教案、习题答案、案例源代码、实验源代码等，用书教师可以通过人邮教育社区（www.ryjiaoyu.com）下载使用。

　　本书由赵明渊主编，参加编写的有严林、贾宇明、蔡露、程小菊、赵凯文等老师。对于帮助编者完成一些基础性工作的同志，编者在此一并表示由衷感谢。

　　鉴于编者水平有限，书中难免存在不妥之处，敬请广大读者批评指正。

编　者

2025年2月

< 2 >

目 录

第一篇 数据库原理与应用基础

第1章
数据库基础

第2章
关系数据库理论基础

第3章
关系数据库设计理论

第4章
数据库设计

第 5 章
MySQL数据库管理系统

第 6 章
数据定义

第 7 章
数据操纵

< 2 >

第 8 章
数据查询

第 9 章
视图和索引

第 10 章
MySQL程序设计基础

< 3 >

第 11 章
存储过程、游标和触发器

第 12 章
事务管理

第 13 章
安全管理

第 14 章
备份和恢复

< 4 >

第二篇　数据库实验

< 5 >

微课视频清单

序号	微课视频所在章节	微课视频二维码	序号	微课视频所在章节	微课视频二维码	序号	微课视频所在章节	微课视频二维码
1	1.2.2 概念模型的概念和表示方法		11	7.3 修改数据		21	10.4 流程控制语句	
2	2.2 关系代数		12	7.4 删除数据		22	11.1 存储过程	
3	3.3 关系模式规范化		13	8.2 简单查询		23	11.2 游标	
4	4.3 概念结构设计		14	8.3 连接查询		24	11.3 触发器	
5	4.4 逻辑结构设计		15	8.4 子查询		25	12.2 事务控制语句	
6	5.3.2 登录MySQL服务器		16	8.7 窗口函数		26	13.2 用户管理	
7	6.2 创建MySQL数据库		17	8.8 通用表表达式		27	13.3 权限管理	
8	6.4 创建MySQL表		18	9.2 视图操作		28	13.4 角色管理	
9	6.5 数据完整性约束		19	9.4 索引操作		29	14.2 备份数据	
10	7.2 插入数据		20	10.3 自定义函数		30	14.3 恢复数据	

第一篇

数据库原理与
应用基础

第1章 数据库基础

数据库在各个部门的信息系统中有着广泛的应用，数据库建设的规模、信息量大小和使用频率已成为衡量一个国家信息化程度的重要标志。数据库技术是信息系统的核心和基础，越来越多的应用领域采用数据库技术进行数据的存储和处理，数据库技术成为计算机科学与技术中发展最快、应用最广的一项重要技术。数据库是计算机科学的重要分支，本章从数据库基本概念出发，介绍数据模型、数据库系统结构、大数据简介，本章内容是学习以后各章内容的基础。

1.1 数据库系统的基本概念

数据是信息的载体，信息是数据的内涵。数据库是长期存放在计算机内的有组织的可共享的数据集合。数据库管理系统是一个系统软件，用于科学地组织和存储数据、高效地获取和维护数据。数据库系统是在计算机系统中引入数据库之后组成的系统，它是用来组织和存取大量数据的管理系统。

1.1.1 数据和信息

1. 数据

数据（data）是事物的符号表示，数据的种类有数字、文字、图像、声音等，可以用数字化后的二进制形式存入计算机进行处理。

在日常生活中，人们直接用自然语言描述事物。在计算机中，需要抽出事物的特征组成一个记录来描述。例如，一个学生记录数据如下所示：

222001	唐志浩	男	2002-06-17	52	080902

2. 信息

信息（information）指数据的含义。数据是信息的载体；信息是数据的内涵，是对数据的语义解释。

1.1.2　数据库系统的组成

1．数据库

数据库（database，DB）是长期存放在计算机内的有组织的可共享的数据集合，数据库中的数据按一定的数据模型组织、描述和存储，具有尽可能小的冗余度、较高的数据独立性和易扩张性。

数据库具有以下特性。

- 共享性：数据库中的数据能被多个应用程序的用户使用。
- 独立性：提高了数据和程序的独立性，有专门的语言支持。
- 完整性：指数据库中数据的正确性、一致性和有效性。
- 减少了数据冗余。

数据库包含以下含义。

- 建立数据库的目的是为应用服务。
- 数据存储在计算机的存储介质中。
- 数据结构比较复杂，有专门的理论支持。

2．数据库管理系统

数据库管理系统（database management system，DBMS）是数据库系统的核心组成部分，它是在操作系统支持下的系统软件，是对数据进行管理的大型系统软件。用户在数据库系统中的一些操作都是由数据库管理系统来实现的。

数据库管理系统具有以下功能。

- 数据定义功能：提供数据定义语言来定义数据库和数据库对象。
- 数据操纵功能：提供数据操纵语言对数据库中的数据进行查询、插入、修改、删除等操作。
- 数据控制功能：提供数据控制语言进行数据控制，即提供数据的安全性、完整性、并发控制等功能。
- 数据库建立维护功能：包括数据库初始数据的装入、转储、恢复，以及系统性能监视、分析等功能。

3．数据库系统

数据库系统（database system，DBS）是由在计算机系统中引入数据库后的系统构成的，数据库系统由数据库、操作系统、数据库管理系统、应用程序、用户、数据库管理员（database administrator，DBA）组成，如图1.1所示。

从数据库系统应用角度看，数据库系统的工作模式分为客户/服务器模式和浏览器/服务器模式。

（1）客户/服务器模式。在客户/服务器（client/server，C/S）模式中，将应用划分为前台和后台两个部分。命令行客户端、图形用户界面、应用程序等可称为前台、客户端、客户程序，主要完成向服务器发送用户请求和接收服务器返回的处理结果的功能；而数据库管理系统可称为后台、服务器、服务器程序，主要承担数据库的管理功能，按用户的请求进行数据处理并返回处理结

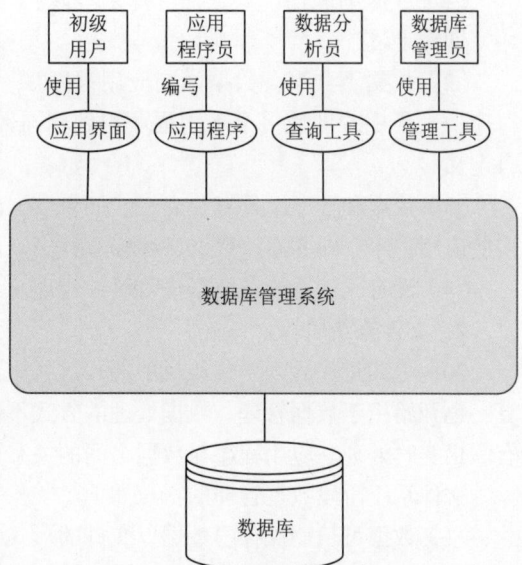

图 1.1　数据库系统

< 03 >

果，如图1.2所示。

客户端既要完成应用的表示逻辑，又要完成应用的业务逻辑，完成的任务较多，显得较胖，这种两层的C/S模式称为胖客户机和瘦服务器的C/S模式。

（2）浏览器/服务器模式。在浏览器/服务器（browser/server，B/S）模式中，将客户端细分为表示层和处理层两个部分。表示层是用户的操作和展示界面，一般由浏览器担任，这就减轻了数据库系统中客户端担负的任务，成为瘦客户端；处理层主要负责应用的业务逻辑，它与数据层的数据库管理系统共同组成功能强大的胖服务器。这样将应用划分为表示层、处理层和数据层三个部分，如图1.3所示，成为一种基于Web应用的客户/服务器模式，又称为三层客户/服务器模式。

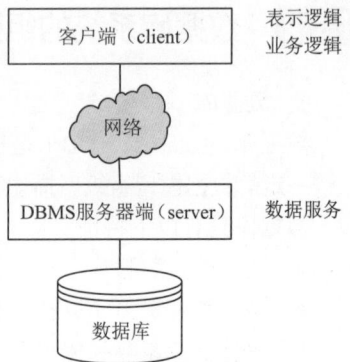

图 1.2　客户 / 服务器模式

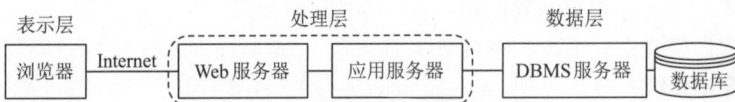

图 1.3　浏览器 / 服务器模式

1.1.3　数据管理技术的发展

数据管理是指对数据进行分类、组织、编码、存储、检索和维护等工作。数据管理技术的发展经历了人工管理阶段、文件系统阶段、数据库系统阶段，现在正在向更高一级的数据库系统发展。

1. 人工管理阶段

20世纪50年代中期以前，人工管理阶段的数据是面向应用程序的，一个数据集只能对应一个程序，应用程序与数据之间的关系如图1.4所示。

人工管理阶段数据管理的特点如下。

（1）数据不保存。只是在计算某一课题时将数据输入，用完即撤走。

（2）数据不共享。数据面向应用程序，一个数据集只能对应一个程序，即使多个不同程序用到相同数据，也必须各自定义。

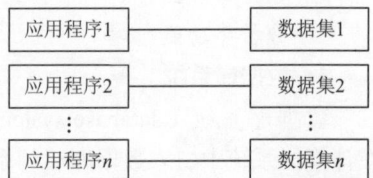

图 1.4　人工管理阶段应用程序与数据
之间的关系

（3）数据和程序不具有独立性。如果数据的逻辑结构和物理结构发生改变，那么必须修改相应的应用程序，即要修改数据必须修改程序。

（4）没有软件系统对数据进行统一管理。

2. 文件系统阶段

20世纪50年代后期到60年代中期，计算机不仅用于科学计算，也开始用于数据管理。数据处理的方式不仅有批处理，还有联机实时处理。应用程序与数据之间的关系如图1.5所示。

文件系统阶段数据管理的特点如下。

（1）数据可长期保存。数据以文件的形式长期保存。

（2）数据共享性差，冗余度大。在文件系统中，一个文件

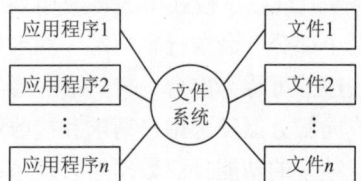

图 1.5　文件系统阶段应用程序与数据
之间的关系

< 04 >

基本对应一个应用程序。当不同应用程序具有相同数据时，必须各自建立文件，而不能共享相同数据，数据冗余度大。

（3）数据独立性差。当数据的逻辑结构改变时，必须修改相应的应用程序，数据依赖于应用程序，独立性差。

（4）由文件系统对数据进行管理。由专门的软件——文件系统进行数据管理，文件系统把数据组织成相互独立的数据文件，可按文件名访问，按记录存取，程序与数据之间有一定的独立性。

3．数据库系统阶段

从20世纪60年代后期开始，数据管理对象的规模越来越大，应用越来越广泛，数据量快速增加。为了实现数据的统一管理，解决多用户、多应用共享数据的需求，数据库技术应运而生，出现了统一管理数据的专门软件——数据库管理系统。

数据库系统阶段应用程序与数据之间的关系如图1.6所示。

与文件系统相比较，数据库系统具有以下主要特点。

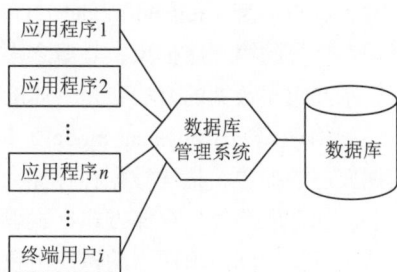

图 1.6　数据库系统阶段应用程序与数据之间的关系

（1）数据结构化存储。

（2）数据的共享度高，冗余度小。

（3）有较高的数据独立性。

（4）由数据库管理系统对数据进行管理。

在数据库系统中，数据库管理系统作为用户与数据库的接口，提供了数据库定义、数据库运行、数据库维护及数据安全性、完整性等控制功能。

1.2　数据模型

1.2.1　数据模型的概念和类型

1．数据模型的概念

模型是对现实世界中某个对象特征的模拟和抽象。数据模型（data model）是对现实世界数据特征的抽象，它是用来描述数据、组织数据和对数据进行操作的。数据模型是数据库系统的核心和基础。数据库管理系统的实现都是建立在某种数据模型的基础上的。

现实世界中的数据要转换成抽象的数据库数据，需要经过现实世界、信息世界和计算机世界3个阶段，数据抽象过程如图1.7所示。

（1）现实世界，是存在于人脑之外的客观世界，包括客观存在的事物和事物之间的联系。

（2）信息世界，按用户的观点对信息和数据进行建模，形成概念模型。

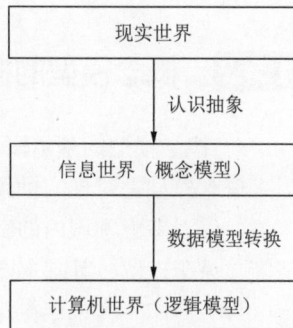

图 1.7　数据抽象过程

< 05 >

（3）计算机世界，将概念模型转换为计算机上某一数据库管理系统支持的逻辑模型。

2．数据模型的分类

数据模型按应用层次可分为3类：概念模型、逻辑模型、物理模型。

（1）概念模型（conceptual model）是面向数据库用户的现实世界的模型，按用户的观点对数据和信息建模，是对现实世界的第一层抽象，又称信息模型。概念模型主要用于数据库设计，在设计初期，数据库的设计人员和用户可避开计算机系统及DBMS具体技术问题，以图形化方式分析来描述现实世界的事物以及事物之间的联系。

（2）逻辑模型（logical model）直接面向数据库的逻辑结构，按计算机的观点对数据建模，是对现实世界的第二层抽象，是概念模型的数据化，是事物以及事物之间联系的数据描述，并提供了表示和组织数据的方法，是具体的DBMS所支持的数据模型。

（3）物理模型（physical model）是面向计算机物理表示的模型，是面向计算机系统的，是对数据底层的抽象，描述数据在存储介质的组织结构，既与具体DBMS有关，也与操作系统和硬件有关，如存取路径、存储方式、索引等，由数据库管理系统具体实现。

从概念模型到逻辑模型的转换由数据库设计人员完成，从逻辑模型到物理模型的转换主要由数据库管理系统完成。

3．数据模型的组成要素

数据模型是现实世界数据特征的抽象，一般由数据结构、数据操作、数据完整性约束3部分组成。

（1）数据结构。数据结构用于描述系统的静态特性，是所研究的对象类型的集合，数据模型按其数据结构分为层次模型、网状模型和关系模型等。数据结构所研究的对象是数据库的组成部分，包括两类：一类是与数据类型、内容、性质有关的对象，例如关系模型中的域、属性等；另一类是与数据之间联系有关的对象，例如关系模型中反映联系的关系等。

（2）数据操作。数据操作用于描述系统的动态特性，是指对数据库中各种对象及对象的实例允许执行的操作的集合，包括对象的创建、修改和删除，对对象实例的检索、插入、删除、修改及其他有关操作等。

（3）数据完整性约束。数据完整性约束是一组完整性约束规则的集合，完整性约束规则是给定数据模型中数据及其联系所具有的制约和依存的规则。

数据模型三要素在数据库中都是严格定义的一组概念的集合。在关系数据库中，数据结构是表结构定义及其他数据库对象定义的命令集，数据操作是数据库管理系统提供的数据操作（操作命令、语法规定、参数说明等）命令集，数据完整性约束是各关系表约束的定义及操作约束规则等的集合。

1.2.2 概念模型的概念和表示方法

概念模型的概念和表示方法

1．概念模型的基本概念

概念模型是对现实世界的第一层抽象，是数据库设计人员和用户之间交流的工具，仅需考虑领域内的实体属性和联系，要求有较强的语义表达能力，且简单清晰、易于理解，其基本概念如下。

（1）实体。客观存在并可相互区别的事物称为实体，实体可以是具体的人、事、物或抽象的概念。例如，在教学管理系统中，学生就是一个实体。

< 06 >

（2）属性。实体所具有的某一特性称为属性，属性采用椭圆框表示，框内为属性名，并用无向边与其相应实体连接。例如，在教学管理系统中，学生的特性有学号、姓名、性别、出生日期、总学分、专业代码，它们是学生实体的6个属性。

（3）实体型。用实体名及其属性名集合来抽象和刻画同类实体，称为实体型。例如，学生（学号,姓名,性别,出生日期,总学分,专业代码）就是一个实体型。

（4）实体集。同型实体的集合称为实体集。例如，全体学生记录就是一个实体集。

（5）联系。在现实世界中，事物内部和事物之间的联系，在概念模型中反映为实体（型）内部的联系和实体（型）之间的联系。

2．实体之间的联系

实体之间的联系，可分为一对一的联系、一对多的联系、多对多的联系。

（1）一对一的联系。例如，一个班只有一个正班长，而一个正班长只属于一个班，班级与正班长两个实体间具有一对一的联系（1∶1）。

（2）一对多的联系。例如，一个班可有若干学生，一个学生只能属于一个班，班级与学生两个实体间具有一对多的联系（1∶n）。

（3）多对多的联系。例如，一个学生可选修多门课程，一门课程可被多个学生选修，学生与课程两个实体间具有多对多的联系（$m∶n$）。

3．概念模型的表示方法

概念模型的表示方法有很多，其中最著名和最常用的方法是实体-联系方法（entity-relationship approach），该方法用E-R图描述现实世界的概念模型，并从中抽象出实体和实体之间的联系。在E-R图中，有以下规定。

（1）实体采用矩形框表示，框内为实体名。

（2）属性采用椭圆框表示，框内为属性名，并用无向边与其相应实体连接。

（3）实体间的联系采用菱形框表示，联系以适当的含义命名，名称写在菱形框中，用无向边将参加联系的实体矩形框分别与菱形框相连，并在连线上标明联系的类型，即1∶1、1∶n或$m∶n$。如果联系也具有属性，则将属性与菱形也用无向边连接。

实体之间的联系如图1.8所示。

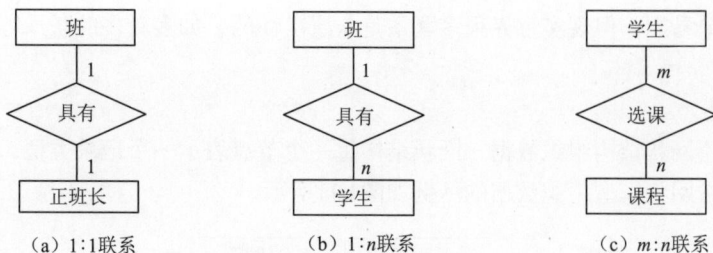

（a）1∶1联系　　（b）1∶n联系　　（c）$m∶n$联系

图1.8　实体之间的联系

【例1.1】设有学生、课程实体如下。

学生：学号、姓名、性别、出生日期、专业代码、总学分。

课程：课程号、课程名、学分。

上述实体中存在选课联系：一个学生可选修多门课程，一门课程可被多个学生选修，选课联系具有成绩属性。

试设计学生选课E-R图。

< 07 >

解:

学生选课E-R图如图1.9所示。

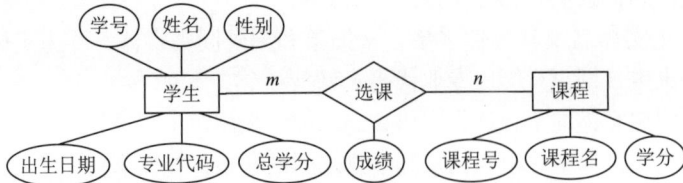

图 1.9　学生选课 E-R 图

1.2.3　逻辑模型概述

数据库应用中主要的逻辑模型有层次模型、网状模型、关系模型、面向对象数据模型、对象关系数据模型和半结构化数据模型等。下面介绍其中的3种类型: 层次模型、网状模型和关系模型。关系模型是应用最广泛、最重要的一种逻辑模型。

1. 层次模型

层次模型用树状层次结构组织数据，树状结构每一个节点表示一个记录类型，记录类型之间的联系是一对多的联系。层次模型有且仅有一个根节点，根节点位于树状结构顶部，其他节点有且仅有一个父节点。某大学按层次模型组织数据的示例如图1.10所示。

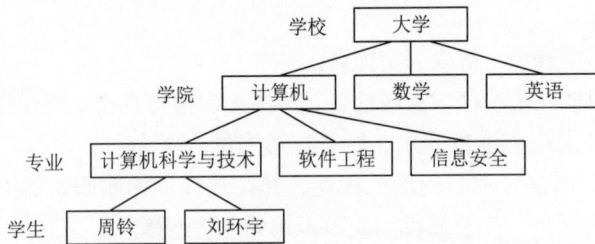

图 1.10　层次模型示例

层次模型简单易用，但现实世界很多联系是非层次性的，如多对多的联系等，表达起来比较笨拙且不直观。

2. 网状模型

网状模型采用网状结构组织数据，网状结构每一个节点表示一个记录类型，记录类型之间可以有多种联系。按网状模型组织数据的示例如图1.11所示。

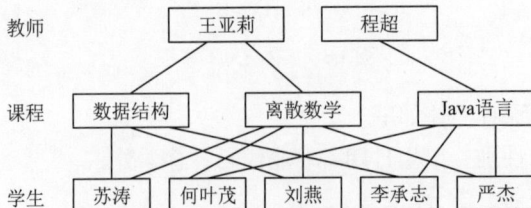

图 1.11　网状模型示例

网状模型可以更直接地描述现实世界，层次模型是网状模型的特例，但网状模型结构复杂，用户不易掌握。

< 08 >

3．关系模型

关系模型采用关系的形式组织数据，一个关系就是一张二维表，二维表由行和列组成。按关系模型组织数据的示例如图1.12所示。

学生关系框架

学号	姓名	性别	出生日期	总学分	专业代码

成绩关系框架

学号	课程号	成绩

学生关系

学号	姓名	性别	出生日期	总学分	专业代码
222001	唐志浩	男	2002-06-17	52	080902
222002	郑兰	女	2001-09-23	50	080902

成绩关系

学号	课程号	成绩
222001	1014	94
222002	1014	85

图 1.12　关系模型示例

关系模型建立在严格的数学概念的基础上，数据结构简单清晰，用户易懂易用。

1.3　数据库系统结构

从数据库管理系统的内部结构看，数据库系统通常采用三级模式结构。

1.3.1　数据库系统的三级模式结构

模式（schema）指对数据的逻辑结构或物理结构、数据特征、数据约束的定义和描述，它是对数据的一种抽象，模式反映数据的本质、核心或型的方面。

数据库系统的标准结构是三级模式结构，它包括外模式、模式（概念模式）和内模式，如图1.13所示。

1．外模式

外模式（external schema）又称子模式或用户模式，位于三级模式的最外层，对应于用户级，它是某个或某几个用户看到的数据视图，是与某一应用有关的数据的逻辑表示。外模式通常是模式的子集，一个数据库可以有多个外模式，同一外模式也可以被某一用户的多个应用系统使用，但一个应用程序只能使用一个外模式，它是由外模式描述语言（外模式DDL）来描述和定义的。

2．模式

模式又称概念模式，也称逻辑模式，位于三级模式的中间层，对应于概念级，它是由数据库设计者综合所有用户的数据，按照统一观点构造的全局逻辑结构，是所有用户的公共数据视图（全局视图）。一个数据库只有一个模式，它是由模式描述语言（模式DDL）来描述和定义的。

< 09 >

3．内模式

内模式（internal schema）又称存储模式，位于三级模式的底层，对应于物理级，它是数据物理结构和存储方式的描述，是数据在数据库内部的表示方式。一个数据库只有一个内模式，它是由内模式描述语言（内模式DDL）来描述和定义的。

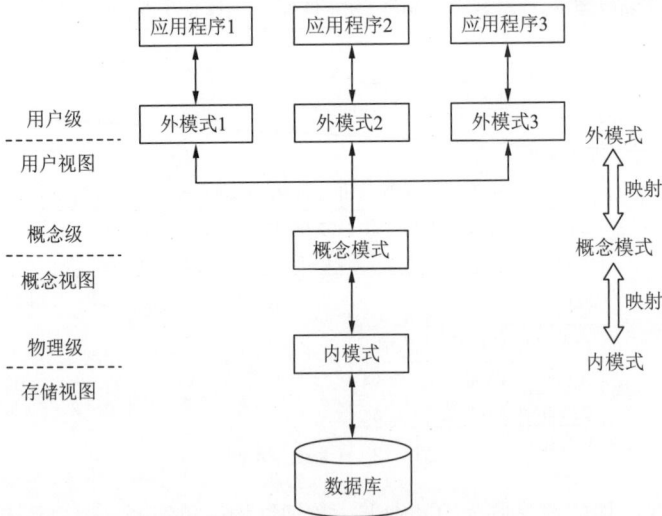

图 1.13　数据库系统的三级模式结构

1.3.2　数据库的二级映像功能和数据独立性

为了能够在数据库内部实现这三个抽象层次的联系和转换，数据库管理系统在这三级模式之间提供了二级映像：外模式/模式映像，模式/内模式映像。

1．外模式/模式映像

模式描述的是数据的全局逻辑结构，外模式描述的是数据的局部逻辑结构。数据库系统都有一个外模式/模式映像，它定义了该外模式与模式之间的对应关系。

当模式改变时，由数据库管理员对各个外模式/模式映像作相应改变，可以使外模式保持不变。

应用程序是依据数据的外模式编写的，保证了数据与程序的逻辑独立性，简称为数据逻辑独立性。

2．模式/内模式映像

数据库中只有一个模式，也只有一个内模式，所以模式/内模式映像是唯一的，它定义了数据库的全局逻辑结构与存储结构之间的对应关系。当数据库的存储结构改变了，由数据库管理员对模式/内模式映像作相应改变，可以使模式保持不变，从而应用程序也不必改变，保证了数据与程序的物理独立性，简称为数据物理独立性。

在数据库的三级模式结构中，数据库模式即全局逻辑结构是数据库的中心与关键，它独立于数据库的其他层次。

数据库的内模式依赖于它的全局逻辑结构，但独立于数据库的用户视图即外模式，也独立于具体的存储设备。

数据库的外模式面向具体的应用程序，它定义在逻辑模式之上，但独立于内模式和存储设备。

数据库的二级映像保证了数据库外模式的稳定性，从根本上保证了应用程序的稳定性，使得

< 10 >

数据库系统具有较高的数据与程序的独立性。数据库的三级模式与二级映像使得数据的定义和描述可以从应用程序中分离出去。

1.4 大数据简介

随着拍字节（PB）级巨大的数据容量存储、快速的并发读写速度、成千上万个节点的扩展，人类进入大数据时代。下面介绍大数据的基本概念、大数据的特点、大数据的处理过程等内容。

1．大数据的基本概念

面对以下实际情况：

- 每秒，全球消费者会产生10000笔银行卡交易。
- 每小时，全球折扣百货连锁店沃尔玛需要处理超过100万单的客户交易。
- 每天，Twitter（推特）用户发表5亿篇推文，Facebook（脸书）用户发表27亿个赞和评论。

由于人类的日常生活已经与数据密不可分，科学研究数据量急剧增加，各行各业也越来越依赖大数据手段来开展工作，而数据产生越来越自动化，人类进入大数据时代。

大数据这一概念的形成，有3个标志性事件。

2008年9月，国际学术杂志*Nature*专刊组织了系列文章*The next google*，第一次正式提出"大数据"概念。

2011年2月，国际学术杂志*Science*专刊*Dealing with data*，通过社会调查的方式，第一次综合分析了大数据对人们生活造成的影响，详细描述了人类面临的"数据困境"。

2011年5月，麦肯锡研究院发布报告*Big data: The next frontier for innovation, competition, and productivity*，第一次给大数据做出相对清晰的定义——"大数据是指其大小超出了常规数据库工具获取、存储、管理和分析能力的数据"。

目前，在学术界和工业界，对于大数据的定义，尚未形成标准化的表述，比较流行的提法如下。

维基百科（Wikipedia）定义大数据为"数据集规模超过了目前常用的工具在可接受的时间范围内进行采集、管理及处理的水平"。

美国国家标准技术研究院（NIST）定义大数据为"具有规模大（volume）、多样化（variety）、时效性（velocity）和多变性（variability）特性，需要具备可扩展性的计算架构来进行有效存储、处理和分析的大规模数据集"。

概括上述情况和定义可以得出：大数据（big data）指海量数据或巨量数据，需要以新的计算模式为手段，获取、存储、管理、处理并提炼数据以帮助使用者做出决策。

2．大数据的特点

大数据具有4V+1C的特点。

（1）数据量大（volume）：存储和处理的数据量巨大，超过了传统的GB（1GB=1024MB）或TB（1TB=1024GB）规模，达到了PB（1PB=1024TB），甚至EB（1EB=1024PB）量级，PB级别已是常态。

下面列举一下数据存储单位。

bit（比特）：二进制位，二进制最基本的存储单位。

byte（B，字节）：8个二进制位，1B=8bit。

1KB（kilobyte）=1024B=2^{10}B

< 11 >

1MB（megabyte）=1024KB=2^{20}B

1GB（gigabyte）=1024MB=2^{30}B

1TB（terabyte）=1024GB=2^{40}B

1PB（petabyte）=1024TB=2^{50}B

1EB（exabyte）=1024PB=2^{60}B

1ZB（zettabyte）=1024EB=2^{70}B

1YB（yottabyte）=1024ZB=2^{80}B

1BB（brontobyte）=1024YB=2^{90}B

1GPB（geopbyte）=1024BB=2^{100}B

（2）多样（variety）：数据的来源及格式多样，数据格式除了传统的结构化数据外，还包括半结构化或非结构化数据，例如用户上传的音频和视频内容。而随着人类活动的进一步拓宽，数据的来源更加多样。

（3）快速（velocity）：数据增长速度快，而且越新的数据，其价值越大，这就要求对数据的处理速度要快，以便能够从数据中及时地提取知识，发现价值。

（4）价值密度低（value）：需要对大量数据进行处理，挖掘其潜在的价值。

（5）复杂度增加（complexity）：对数据的处理和分析的难度增大。

3．大数据的处理过程

大数据的处理过程包括数据的采集和预处理、大数据分析、数据可视化。

（1）数据的采集和预处理

大数据的采集一般采用多个数据库来接收终端数据，包括智能终端、移动APP（应用）端、网页端、传感器端等。

数据预处理包括数据清理、数据集成、数据变换和数据归约等方法。

① 数据清理。目标是达到数据格式标准化，清除异常数据和重复数据，纠正数据错误。

② 数据集成。将多个数据源中的数据结合起来并统一存储，建立数据仓库。

③ 数据变换。通过平滑聚集、数据泛化、规范化等方式将数据转换成适用于数据挖掘的形式。

④ 数据归约。寻找依赖于发现目标数据的有用特征，缩减数据规模，最大限度地精简数据量。

（2）大数据分析

大数据分析包括统计分析、数据挖掘等方法。

① 统计分析。统计分析使用分布式数据库或分布式计算集群，对存储于其内的海量数据进行分析和分类汇总。

统计分析、绘图的语言和操作环境通常采用R语言，它是一个用于统计计算和统计制图的、免费和源代码开放的优秀软件。

② 数据挖掘。数据挖掘与统计分析不同的是，数据挖掘一般没有预先设定主题。数据挖掘通过对提供的数据进行分析，查找特定类型的模式和趋势，最终形成模型。

数据挖掘的常用方法有分类、聚类、关联分析、预测建模等。

- 分类：根据重要数据类的特征向量值及其他约束条件，构造分类函数或分类模型，目的是根据数据集的特点把未知类别的样本映射到给定类别中。
- 聚类：目的在于将数据集内具有相似特征属性的数据聚集成一类，同一类中的数据特征要尽可能相似，不同类中的数据特征要有明显的区别。
- 关联分析：搜索系统中的所有数据，找出所有能把一组事件或数据项与另一组事件或数据项联系起来的规则，以获得预先未知的和被隐藏的信息。

< 12 >

- 预测建模：一种统计或数据挖掘的方法，包括可以在结构化与非结构化数据中使用以确定未来结果的算法和技术，可被预测、优化、预报和模拟等许多业务系统使用。

（3）数据可视化

通过图形、图像等技术直观形象和清晰有效地表达数据，从而为发现数据隐含的规律提供技术数据可视化手段。

本章小结

本章主要介绍了以下内容。

（1）数据库是长期存放在计算机内的有组织的可共享的数据集合，数据库中的数据按一定的数据模型组织、描述和存储，具有尽可能小的冗余度、较高的数据独立性和易扩张性。

数据库管理系统是数据库系统的核心组成部分，它是在操作系统支持下的系统软件，是对数据进行管理的大型系统软件，用户在数据库系统中的一些操作都是由数据库管理系统来实现的。

数据库管理系统具有数据定义功能、数据操纵功能、数据控制功能、数据库建立维护功能。

数据库系统是由在计算机系统中引入数据库后的系统构成的，数据库系统由数据库、操作系统、数据库管理系统、应用程序、用户、数据库管理员组成。

（2）数据管理技术的发展经历了人工管理阶段、文件系统阶段、数据库系统阶段，现在正在向更高一级的数据库系统发展。

（3）数据模型是对现实世界数据特征的抽象，它是用来描述数据、组织数据和对数据进行操作的。数据模型一般由数据结构、数据操作、数据完整性约束三部分组成。

数据模型按应用层次可分为三类：概念模型、逻辑模型、物理模型。

概念模型是面向数据库用户的现实世界的模型，按用户的观点对数据和信息建模，是对现实世界的第一层抽象，又称信息模型。概念模型的表示方法有很多，其中最著名和最常用的方法是实体-联系方法，该方法用E-R图描述现实世界的概念模型。

数据库应用中三种主要的逻辑模型有层次模型、网状模型、关系模型，关系模型是应用最广泛、最重要的一种逻辑模型。

（4）数据库系统的标准结构是三级模式结构，它包括外模式、模式和内模式，数据库管理系统在这三级模式之间提供了二级映像：外模式/模式映像，模式/内模式映像。

当模式改变时，由数据库管理员对各个外模式/模式映像作相应改变，可以使外模式保持不变。应用程序是依据数据的外模式编写的，保证了数据与程序的逻辑独立性，简称为数据逻辑独立性。当数据库的存储结构改变了，由数据库管理员对模式/内模式映像作相应改变，可以使模式保持不变，从而应用程序也不必改变，保证了数据与程序的物理独立性，简称为数据物理独立性。

（5）大数据指海量数据或巨量数据，大数据以云计算等新的计算模式为手段，获取、存储、管理、处理并提炼数据以帮助使用者做出决策。

大数据具有数据量大、多样、快速、价值密度低、复杂度增加等特点。

NoSQL数据库泛指非关系型数据库，NoSQL数据库具有读写速度快、数据容量大、易于扩展、一致性策略、灵活的数据模型、高可用性等特点。

< 13 >

习题 1

一、选择题

1. 下面不属于数据模型要素的是_____。
   A. 数据结构　　　　B. 数据操作　　　　C. 数据控制　　　　D. 完整性约束

2. 数据库（DB）、数据库系统（DBS）和数据库管理系统（DBMS）的关系是_____。
   A. DBMS包括DBS和DB　　　　　　　　B. DBS包括DBMS和DB
   C. DB包括DBS和DBMS　　　　　　　　D. DBS就是DBMS，也就是DB

3. 能唯一标识实体的最小属性集，称为_____。
   A. 候选码　　　　　B. 外码　　　　　　C. 联系　　　　　　D. 码

4. 在数据模型中，概念模型是_____。
   A. 依赖于计算机的硬件　　　　　　　　B. 独立于DBMS
   C. 依赖于DBMS　　　　　　　　　　　D. 依赖于计算机的硬件和DBMS

5. 概念模型最著名和最常用的表示方法是_____。
   A. E-R图　　　　　B. 概念模型　　　　C. 数据模型　　　　D. 范式分析

6. 数据库设计人员和用户之间沟通信息的桥梁是_____。
   A. 程序流程图　　　B. 模块结构图　　　C. 实体-联系图　　　D. 数据结构图

二、填空题

1. 数据库的特性包括共享性、独立性、完整性和_____。

2. 数据模型是对现实世界数据特征的抽象，它是用来描述数据、组织数据和_____。

3. 数据模型一般由数据结构、数据操作、_____三部分组成。

4. 数据模型按应用层次可分为三类：概念模型、_____、物理模型。

5. 数据库应用中三种主要的逻辑模型有层次模型、网状模型、关系模型，_____是应用最广泛、最重要的一种逻辑模型。

6. 大数据指_____，大数据以新的计算模式为手段，获取、存储、管理、处理并提炼数据以帮助使用者做出决策。

三、问答题

1. 数据库管理系统有哪些功能？

2. 什么是数据模型？它由哪几部分组成？

3. 数据模型按应用层次可分为哪三类？

4. 数据库系统的三级模式结构包括哪三级？数据库二级映像包括哪两级？

5. 什么是数据逻辑独立性？什么是数据物理独立性？

< 14 >

第 2 章 关系数据库理论基础

关系数据库以数学方法为基础来处理数据库中的数据，采用关系模型来描述和组织数据。关系模型的原理、技术和应用是本书的重要内容。本章讲解关系模型的数据结构、关系操作和关系的完整性，以及关系代数、关系演算等内容，并对SQL进行简要介绍。

2.1 关系模型

关系数据库系统采用关系模型作为数据的组织方式，关系模型由关系数据结构、关系操作和关系的完整性三部分组成。

2.1.1 关系数据结构

关系模型建立在集合代数的基础上，本节从集合论角度给出关系数据结构的形式化定义。

1. 关系

（1）域

定义2.1 域（domain）是一组具有相同数据类型的值的集合。

例如，整数、正整数、实数、大于或等于0且小于或等于100的正整数、{0,1,2,3,4}等都是域。

（2）笛卡儿积

定义2.2 设定一组域D_1, D_2, ..., D_n，在这组域中可以出现相同的域。定义D_1, D_2, ..., D_n的笛卡儿积（Cartesian product）为

$$D_1 \times D_2 \times \ldots \times D_n = \{(d_1, d_2, \ldots, d_n) \mid d_i \in D_i, i=1, 2, \ldots, n\}$$

其中每一个元素$(d_1, d_2, \ldots, d_n)$叫作一个n元组（n-tuple）或简称元组（tuple），元素中的每个值$d_i(i=1, 2, \ldots, n)$叫作一个分量（component）。

如果$D_i(i=1, 2, \ldots, n)$为有限集，其基数（cardinal number）为$m_i(i=1, 2, \ldots, n)$，则$D_1 \times D_2 \times \ldots \times D_n$的基数为

$$M = \prod_{i=1}^{n} m_i$$

笛卡儿积可以表示为一个二维表，表中每一行对应一个元组，每一列的值来自一个域。

【例2.1】笛卡儿积举例。

给出三个域：

D_1=学号集合stid={222001, 222002}

D_2=姓名集合stname={唐志浩, 郑兰}

D_3=性别集合 stsex={男, 女}

则D_1, D_2, D_3的笛卡儿积为

$D_1×D_2×D_3$={(222001, 唐志浩, 男), (222001, 唐志浩, 女), (222001, 郑兰, 男), (222001, 郑兰, 女), (222002, 唐志浩, 男), (222002, 唐志浩, 女), (222002, 郑兰, 男), (222002, 郑兰, 女)}

其中(222001, 唐志浩, 男)、(222001, 唐志浩, 女)、(222001, 郑兰, 男)、(222001, 郑兰, 女)等都是元组，222001、222002、唐志浩、郑兰、男、女等都是分量，这个笛卡儿积的基数是2×2×2=8，即共有8个元组，可列成一张二维表，如表2.1所示。

表2.1 D_1, D_2, D_3的笛卡儿积

stid	stname	stsex
222001	唐志浩	男
222001	唐志浩	女
222001	郑兰	男
222001	郑兰	女
222002	唐志浩	男
222002	唐志浩	女
222002	郑兰	男
222002	郑兰	女

（3）关系

定义2.3 笛卡儿积$D_1×D_2×…×D_n$的子集称为$D_1, D_2, …, D_n$上的关系（relation)，表示为

$$R(D_1, D_2, …, D_n)$$

这里的R表示关系的名称，n是关系的目或度（degree）。当n=1时，称该关系为单元关系或一元关系。当n=2时，称该关系为二元关系。当n=m时，称该关系为m元关系。

关系中的每个元素是关系中的元组，通常用t表示。

在一般情况下，$D_1, D_2, …, D_n$的笛卡儿积是没有实际意义的，只有它的某个子集才有实际意义，举例如下。

【例2.2】关系举例。

在例2.1的笛卡儿积中，许多元组是没有意义的，因为一个学号只标识一个学生的姓名，一个学生只有一个性别，表2.1的一个子集才有意义，才可以表示学生关系，将学生关系取名为S，表示为S(stid, stname, stsex)，列成二维表，如表2.2所示。

表2.2 S关系

stid	stname	stsex
222001	唐志浩	男
222002	郑兰	女

① 关系的元组、属性和候选码。

关系是笛卡儿积的有限子集，所以关系也是一个二维表。

- 元组：表的每一行对应一个元组。
- 属性：表的每一列对应一个域，由于域可以相同，为了加以区分，必须对每一列起一个唯一的名称，称为属性（attribute）。
- 候选码：若关系中某一属性组的值能唯一地标识一个元组，则称该属性组为候选码（candidate key）。
- 主码：在一个关系中有多个候选码，从中选定一个作为主码（primary key）。

候选码中的诸个属性称为主属性，不包含在任何候选码中的属性称为非主属性或非码属性。

在最简单的情况下，候选码只包含一个属性，在最极端的情况下，关系模式的所有属性组成这个关系模式的候选码，称为全码（all-key）。

< 16 >

② 关系的类型。

关系有三种类型：基本关系（又称基础表或基表）、查询表和视图表。

- 基本关系：实际存在的表，是实际存储数据的逻辑表示。
- 查询表：查询结果对应的表。
- 视图表：由基础表或其他视图导出的表，是虚拟表，不对应实际存储的数据。

③ 关系的性质。

关系具有以下性质。

- 列的同质性：每一列中的分量是同一类型的数据，来自同一个域。
- 列名唯一性：每一列具有不同的属性名，但不同列的值可以来自同一个域。
- 元组相异性：关系中任意两个元组的候选码不能相同。
- 行序的无关性：行的次序可以互换。
- 列序的无关性：列的次序可以互换。
- 分量原子性：分量值是原子的，即每一个分量都必须是不可分的数据项。

④ 规范化。

关系模型要求关系必须是规范化（normalization）的，规范化要求关系必须满足一定的规范条件，而在规范条件中最基本的一条是每一个分量必须是不可分的数据项。规范化的关系简称为范式（normal form）。

例如，表2.3所示的关系就是不规范的，存在"表中有表"的现象。

表2.3　非规范化关系

stid	stname	stsex	stbirthday		
			year	month	day
222001	唐志浩	男	2002	06	17
222002	郑兰	女	2001	09	23

2．关系模式

在关系数据库中，关系模式是型，关系是值。

关系是元组的集合，关系模式是对关系的描述，所以关系模式必须指出这个元组集合的结构，即它由哪些属性构成，这些属性来自哪些域。

定义2.4　关系模式（relation schema）可以形式化地表示为

$$R(U, D, \text{DOM}, F)$$

其中，R是关系名，U是组成该关系的属性名集合，D是属性所来自的域，DOM是属性向域的映像集合，F是属性间的数据依赖关系集合。

关系模式通常可以简记为

$$R(U)$$

或

$$R(A_1, A_2, ..., A_n)$$

其中，R是关系名，$A_1, A_2, ..., A_n$为属性名。

关系是关系模式在某一时刻的状态或内容。关系模式是静态的、稳定的，而关系是动态的、随时间不断变化的，因为关系操作在不断地更新着数据库中的数据。

在实际应用中，我们常常把关系模式和关系统称为关系。

3．关系数据库

在一个给定的应用领域中，所有实体及实体之间联系的关系的集合构成一个关系数据库。

关系数据库的型称为关系数据库模式，是对关系数据库的描述，包括若干域的定义和在这些

< 17 >

域上定义的若干关系模式。

关系数据库的值是这些关系模式在某一时刻对应的关系的集合。

2.1.2 关系操作

关系模型给出了关系操作的能力说明，但不对关系数据库管理系统的关系操作语言给出具体的语法要求。本节介绍基本的关系操作和关系操作语言。

1．基本的关系操作

关系操作包括查询（query）操作和插入（insert）、删除（delete）、修改（update）操作两大部分。

查询操作是关系操作最重要的部分，可分为选择（select）、投影（project）、连接（join）、除（devide）、并（union）、差（except）、交（intersection）、笛卡儿积等。其中的5种基本操作是并、差、笛卡儿积、选择、投影，其他操作可由基本操作来定义和导出。

关系操作的特点是集合操作方式，即操作的对象与结果都是集合。这种操作方式也称一次一集合（set-at-a-time）方式，相应地，非关系模型的数据操作方式则为一次一记录（record-at-a-time）方式。

2．关系操作语言

关系操作语言是数据库管理系统提供的用户接口，是用户用来操作数据库的工具。关系操作语言灵活方便，表达能力强大，可分为关系代数语言、关系演算语言和结构化查询语言三类。

（1）关系代数语言：是用对关系的运算来表达查询要求的语言，如ISBL。

（2）关系演算语言：是用谓词来表达查询要求的语言，又分为元组关系演算语言和域关系演算语言，前者如ALPHA，后者如QBE。

（3）结构化查询语言：介于关系代数语言和关系演算语言之间，具有关系代数语言和关系演算语言的双重特点，如SQL。

以上三种语言在表达能力上是完全等价的。

关系操作语言是一种高度非过程化语言，存取路径的选择由数据库管理系统的优化机制自动完成。

2.1.3 关系的完整性

关系模型的完整性规则是对关系的某种约束条件。关系的值在不断变化，为了维护数据库中的数据与现实世界的一致性，任何关系在任何时刻都应满足这些约束条件。

关系模型的三种完整性约束为实体完整性（entity integrity）、参照完整性（referential integrity）和用户定义完整性（user-defined integrity）。

任何关系数据库都应支持实体完整性和参照完整性，此外，不同关系数据库系统根据实际情况需要一些特殊约束条件，形成用户定义完整性。

1．实体完整性

规则2.1　实体完整性规则　若属性（一个或一组属性）A是基本关系R的主属性，则A不能取空值。

空值（null value）指不知道或不存在的值。

例如，在学生关系S(stid, stname, stsex)中，学号stid是这个关系的主码，则stid不能取空值。

< 18 >

又如，在选课关系——选课(学号, 课程号, 分数)中，"学号, 课程号"为主码，则"学号"和"课程号"两个属性都不能取空值。

实体完整性规则说明如下。

（1）实体完整性规则是针对基本关系而言的。一个基础表通常对应现实世界的一个实体集。

（2）现实世界中的实体是可区分的，即它们具有某种唯一性标识。相应地，关系模型中以主码作为唯一性标识。

（3）主码中的属性（主属性）不能取空值。

2．参照完整性

在现实世界中实体之间存在的联系，在关系模型中都是用关系来描述的，自然存在关系与关系之间的引用，参照完整性一般指多个实体之间的联系，一般用外码（foreign key）实现，举例如下。

【例2.3】学生实体与学院实体可用以下关系表示，其中的主码用下画线标识。

学生 (学号，姓名，性别，出生日期，专业，总学分，学院号)
学院 (学院号，学院名，院长)

这两个关系存在属性的引用，学生关系引用了学院关系的主码"学院号"，学生关系的"学院号"必须是确实存在的学院号，即学院关系有该学院的记录。

【例2.4】学生、课程、学生与课程之间的联系可用以下关系表示，其中的主码用下画线标识。

学生 (学号，姓名，性别，出生日期，专业，总学分)
课程 (课程号，课程名，学分)
选课 (学号，课程号，分数)

这三个关系存在属性的引用，选课关系引用了学生关系的主码"学号"和课程关系的主码"课程号"，选课关系中"学号"和"课程号"的取值需要参照学生关系中"学号"的取值和课程关系中"课程号"的取值。

【例2.5】学生关系的内部属性之间存在引用关系，其中的主码用下画线标识。

学生 (学号，姓名，性别，出生日期，专业，总学分，班长学号)

在该关系中，"学号"属性是主码，"班长学号"属性是学生所在班级班长的学号，它引用了本关系的"学号"属性，即"班长学号"必须是确实存在的学生学号。

定义2.5　设F是基本关系R的一个或一组属性，但不是关系R的码，K_s是基本关系S的主码。如果F与K_s相对应，则称F是R的外码，并称基本关系R为参照关系（referencing relation），基本关系S为被参照关系（referenced relation）或目标关系（target relation）。关系R和S不一定是不同的关系。

在例2.3中，学生关系的"学院号"与学院关系的主码"学院号"相对应，所以，"学院号"属性是学生关系的外码，学生关系是参照关系，学院关系是被参照关系。

在例2.4中，选课关系的"学号"和学生关系的主码"学号"相对应，选课关系的"课程号"和课程关系的主码"课程号"相对应，所以，"学号"属性和"课程号"属性是选课关系的外码，选课关系是参照关系，学生关系和课程关系都是被参照关系。

在例2.5中，"班长学号"属性与本身的主码"学号"属性相对应，所以，"班长学号"属性是学生关系的外码，学生关系既是参照关系，也是被参照关系。

外码不一定要与相应的主码同名，在例2.5中，学生关系的主码是"学号"，外码是"班长学

< 19 >

号"。但在实际应用中，为了便于识别，当外码与相应的主码属于不同的关系时，往往取相同的名称。

参照完整性规则就是定义外码与主码之间的引用规则。

规则2.2 参照完整性规则 若属性（或属性组）F是基本关系R的外码，它与基本关系S的主码K_s相对应（基本关系R和S不一定是不同的关系），则对于R中每个元组在F上的值必须取空值（F的每个属性值均为空值），或者等于S中某个元组的主码值。

在例2.3中，学生关系每个元组的"学院号"属性只能取如下两类值。

（1）空值，表示尚未给该学生分配学院。

（2）非空值，被参照关系"学院号"中一定存在一个元组，它的主码值等于该参照关系"学院号"的外码值。

3．用户定义完整性

用户定义完整性是针对某一具体关系数据库的约束条件，使某一具体应用涉及的数据必须满足语义要求。

用户定义完整性也称域完整性或语义完整性，通过这些规则限制数据库只接受符合完整性约束条件的数据值，不接受违反约束条件的数据，从而保证数据库中数据的有效性和可靠性。

按应用语义，属性数据有类型与长度限制及取值范围限制。

例如，学生关系中"性别"数据只能是男或女，选课关系中"成绩"数据在1～100之间，等等。

2.2 关系代数

关系代数

关系代数是一种抽象的查询语言，它用对关系的运算来表达查询。关系代数是施加于关系上的一组集合的代数运算，是基于关系代数的数据操作语言，称为关系代数语言，简称关系代数。

任何一种运算都是将一定的运算符作用于某运算对象上，得到预期的运算结果，故运算符、运算对象及运算结果是关系代数运算的三要素。关系代数运算的运算对象是关系，运算结果也是关系，用到的运算符包括集合运算符、专门的关系运算符、比较运算符和逻辑运算符等。

关系代数中的操作可以分为两类。

（1）传统的集合运算，如并、交、差、笛卡儿积。这类运算将关系看成元组的集合，运算时从行的角度进行。

（2）专门的关系运算，如选择、投影、连接、除。这些运算不仅涉及行，而且涉及列。

关系代数使用的运算符如下。

（1）传统的集合操作：∪（并）、−（差）、∩（交）、×（笛卡儿积）。

（2）专门的关系操作：σ（选择）、Π（投影）、⋈（连接）、÷（除）。

（3）比较运算符：>（大于）、⩾（大于或等于）、<（小于）、⩽（小于或等于）、=（等于）、≠（不等于）。

（4）逻辑运算符：∧（与）、∨（或）、¬（非）。

2.2.1 传统的集合运算

传统的集合运算有并、差、交和笛卡儿积运算，它们都是二目运算。

< 20 >

传统的集合运算用于关系运算时，要求参与运算的两个关系必须是相容的，即两个关系的列数相同，且对应的属性列都出自同一个域。

设关系R和关系S具有相同的n目（两个关系都有n个属性），且相应的属性取自同一个域，t是元组变量，$t \in R$表示t是R的一个元组。

以下定义并、差、交和笛卡儿积运算。

1．并

关系R和关系S的并记为$R \cup S$，即

$$R \cup S = \{t \mid t \in R \lor t \in S\}$$

其结果仍为n目关系，由属于R或属于S的所有元组组成。

2．差

关系R和关系S的差记为$R - S$，即

$$R - S = \{t \mid t \in R \land t \notin S\}$$

其结果仍为n目关系，由属于R且不属于S的所有元组组成。

3．交

关系R和关系S的交为$R \cap S$，即

$$R \cap S = \{t \mid t \in R \land t \in S\}$$

其结果仍为n目关系，由既属于R又属于S的所有元组组成。关系的交可用差来表示，即

$$R \cap S = R - (R - S)$$

4．笛卡儿积

这里的笛卡儿积是广义笛卡儿积，因为笛卡儿积的元素是元组。

设n目的关系R和m目的关系S，它们的笛卡儿积是一个$n+m$目的元组集合。元组的前n列是关系R的一个元组，后m列是关系S的一个元组。

若R有r个元组，S有s个元组，则关系R和关系S的笛卡儿积应当有$r \times s$个元组，记为$R \times S$。

【例2.6】有两个关系R、S，如图2.1所示，求以下各传统的集合运算的结果。

（1）$R \cup S$

（2）$R - S$

（3）$R \cap S$

（4）$R \times S$

R				S		
A	B	C		A	B	C
a	b	c		a	d	b
b	a	c		b	a	c
c	d	a		d	c	b

图 2.1 两个关系 R、S

解：

（1）$R \cup S$由属于R或属于S的所有不重复的元组组成。

（2）$R - S$由属于R且不属于S的所有元组组成。

（3）$R \cap S$由既属于R又属于S的所有元组组成。

（4）$R \times S$为R和S的笛卡儿积，共有$3 \times 3 = 9$个元组。

传统的集合运算的结果如图2.2所示。

$R \cup S$				$R - S$				$R \cap S$		
A	B	C		A	B	C		A	B	C
a	b	c		a	b	c		b	a	c
b	a	c		c	d	a				
c	d	a								
a	d	b								
d	c	b								

图 2.2 传统的集合运算的结果

< 21 >

$R \times S$

R.A	R.B	R.C	S.A	S.B	S.C
a	b	c	a	d	b
a	b	c	b	a	c
a	b	c	d	c	b
b	a	c	a	d	b
b	a	c	b	a	c
b	a	c	d	c	b
c	d	a	a	d	b
c	d	a	b	a	c
c	d	a	d	c	b

图 2.2　传统的集合运算的结果（续）

2.2.2　专门的关系运算

专门的关系运算有选择、投影、连接和除等运算，涉及行，也涉及列。在介绍专门的关系运算前，引入以下符号。

（1）分量。设关系模式为 $R(A_1, A_2, ..., A_n)$，它的一个关系设为 R，$t \in R$ 表示 t 是 R 的一个元组，$t[A_i]$ 表示元组 t 中属性 A_i 上的一个分量。

（2）属性组。若 $A = \{A_{i1}, A_{i2}, ..., A_{ik}\}$，其中 $A_{i1}, A_{i2}, ..., A_{ik}$ 是 $A_1, A_2, ..., A_n$ 中的一部分，则 A 称为属性组或属性列。$t[A] = \{t[A_{i1}], t[A_{i2}], ..., t[A_{ik}]\}$ 表示元组 t 在属性列 A 上诸多分量的集合。$\overline{A}$ 表示 $\{A_1, A_2, ..., A_n\}$ 中去掉 $\{A_{i1}, A_{i2}, ..., A_{ik}\}$ 后剩余的属性组。

（3）元组的连接。R 为 n 目关系，S 为 m 目关系，$t_r \in R$，$t_s \in S$，$\overset{\frown}{t_r t_s}$ 称为元组的连接（concatenation）。

（4）象集。给定一个关系 $R(X, Z)$，Z 和 X 为属性组，当 $t[X] = x$ 时，x 在 R 中的象集（images set）定义为

$$Z_x = \{t[Z] \mid t \in R, t[X] = x\}$$

Z_x 表示 R 中属性组 X 上值为 x 的诸多元组在 Z 上分量的集合。

【例2.7】在关系 R 中，Z 和 X 为属性组，X 包含属性 x_1，x_2，Z 包含属性 z_1，z_2，如图 2.3 所示，求 x 在 R 中的象集。

解：

在关系 R 中，X 可取值 $\{(a,b),(b,c),(c,a)\}$。

(a,b) 的象集为 $\{(m,n),(n,p),(m,p)\}$。

(b,c) 的象集为 $\{(r,n)\}$。

(c,a) 的象集为 $\{(s,t),(p,m)\}$。

R

x_1	x_2	z_1	z_2
a	b	m	n
a	b	n	p
a	b	m	p
b	c	r	n
c	a	s	t
c	a	p	m

图 2.3　象集举例

1．选择

在关系 R 中选出满足给定条件的诸多元组称为选择，选择是从行的角度进行的运算，表示为

$$\sigma_F(R) = \{t \mid t \in R \wedge F(t) = \text{'真'}\}$$

其中，F 是一个逻辑表达式，表示选择条件，取逻辑值"真"或"假"，t 表示 R 中的元组，$F(t)$ 表示 R 中满足 F 条件的元组。

逻辑表达式 F 的基本形式是

$$X_1 \theta Y_1$$

其中 θ 由比较运算符（>、≥、<、≤、=、≠）和逻辑运算符（∧、∨、¬）组成，X_1、Y_1 等是属性名、常量或简单函数，属性名也可用它的序号代替。

< 22 >

2. 投影

在关系R中选出若干属性列组成新的关系称为投影，投影是从列的角度进行的运算，表示为

$$\Pi_A(R) = \{t[A] \mid t \in R\}$$

其中，A为R的属性列。

【例2.8】关系R如图2.4所示，求以下选择和投影运算的结果。

（1）$\sigma_{C=8}(R)$

（2）$\Pi_{A,B}(R)$

R		
A	B	C
1	4	7
2	5	8
3	6	9

图2.4 关系R

解：

（1）$\sigma_{C=8}(R)$由R的C属性值为'8'的元组组成。

（2）$\Pi_{A,B}(R)$由R的A、B属性列组成。

选择和投影运算的结果如图2.5所示。

$\sigma_{C=8}(R)$		
A	B	C
2	5	8

$\Pi_{A,B}(R)$	
A	B
1	4
2	5
3	6

图 2.5 选择和投影运算的结果

3. 连接

连接也称为 θ 连接，它是从两个关系R和S的笛卡儿积中选取属性值满足一定条件的元组，记作

$$R \underset{A\theta B}{\bowtie} S = \{\widehat{t_r t_s} \mid t_r \in R \wedge t_s \in S \wedge t_r[A]\theta t_s[B]\}$$

其中，A和B分别为R和S上度数相等且可比的属性组，θ 为比较运算符。连接运算从R和S的笛卡儿积$R \times S$中选取R关系在A属性组上的值和S关系在B属性组上的值满足比较运算符 θ 的元组。

下面介绍几种常用的连接。

（1）等值连接。θ 为等号"="的连接运算称为等值连接（equijoin），记作

$$R \underset{A=B}{\bowtie} S = \{\widehat{t_r t_s} \mid t_r \in R \wedge t_s \in S \wedge t_r[A] = t_s[B]\}$$

等值连接从R和S的笛卡儿积$R \times S$中选取A、B属性值相等的元组。

（2）自然连接。自然连接（natural join）是除去重复属性的等值连接，记作

$$R \bowtie S = \{\widehat{t_r t_s}[U-B] \mid t_r \in R \wedge t_s \in S \wedge t_r[B] = t_s[B]\}$$

等值连接与自然连接的区别如下。

- 自然连接一定是等值连接，但等值连接不一定是自然连接。因为自然连接要求相等的分量必须是公共属性，而等值连接相等的分量不一定是公共属性。
- 等值连接不把重复属性去掉，而自然连接要把重复属性去掉。

一般连接是从行的角度进行计算，而自然连接要取消重复列，它同时从行和列的角度进行计算。

【例2.9】关系R、S如图2.6所示，求以下各个连接运算的结果。

（1）$R \underset{C>D}{\bowtie} S$

（2）$R \underset{R.B=S.B}{\bowtie} S$

（3）$R \bowtie S$

R		
A	B	C
a	c	5
a	d	7
b	e	8

S	
B	D
c	2
d	6
d	9
f	10

解：

（1）$R \underset{C>D}{\bowtie} S$，该连接由$R$的$C$属性值大于$S$的$D$属性值的元组连接组成。

图 2.6 关系R、S

（2）$R \underset{R.B=S.B}{\bowtie} S$，该等值连接由$R$的$B$属性值等于$S$的$B$属性值的元组连接组成。

（3）$R \bowtie S$，该自然连接由R的B属性值等于S的B属性值的元组连接组成，并去掉重复列。

各个连接运算的结果如图2.7所示。

< 23 >

$R\underset{C>D}{\bowtie}S$				
A	$R.B$	C	$S.B$	D
a	c	5	c	2
a	d	7	c	2
a	d	7	d	6
b	e	8	c	2
b	e	8	d	6

$R\underset{R.B=S.B}{\bowtie}S$				
A	$R.B$	C	$S.B$	D
a	c	5	c	2
a	d	7	d	6
a	d	7	d	9

$R\bowtie S$			
A	B	C	D
a	c	5	2
a	d	7	6
a	d	7	9

图 2.7　各个连接运算的结果

4．除

给定关系$R(X,Y)$和$S(Y,Z)$，其中X、Y、Z为属性组。R中的Y与S中的Y可以有不同的属性名，但必须出自相同的域集。

R与S的除运算得到一个新的关系$P(X)$，P是R中满足下列条件的元组在X属性列上的投影：元组在X上的分量值x的象集Y_x包含S在Y上投影的集合。记作

$$R\div S=\{t_r\,[X]\mid t_r{\in}R\wedge\Pi_Y(S)\subseteq Y_x\}$$

其中，Y_x为x在R中的象集，$x=t_r[X]$。

除运算是同时从行和列的角度进行的运算。

【例2.10】关系R、S如图2.8所示，求$R\div S$。

解：

在关系R中，A可取值$\{a, b, c\}$。

a的象集为$\{(d,l),(e,m),(e,k)\}$。

b的象集为$\{(f,p),(e,m)\}$。

c的象集为$\{(g,n)\}$。

S在(B,C)上的投影为$\{(d,l),(e,k),(e,m)\}$。

可以看出，只有a的象集$(B,C)_a$包含了S在(B,C)上的投影，所以

$$R\div S=\{a\}$$

$R\div S$的结果如图2.9所示。

R		
A	B	C
a	d	l
b	f	p
a	e	m
c	g	n
a	e	k
b	e	m

S		
B	C	D
d	l	u
e	k	v
e	m	u

图 2.8　关系R、S

$R\div S$
A
a

图 2.9　$R\div S$的结果

2.3　SQL简介

SQL（structured query language，结构化查询语言）是关系数据库的标准语言，是一种高级的非过程化编程语言。SQL是通用的、功能极强的关系数据库语言，包括数据定义、数据操纵、数据查询、数据控制等功能。

2.3.1　SQL分类

通常将SQL分为以下4类。

（1）数据定义语言。数据定义语言（data definition language，DDL）用于定义数据库对象，对数据库、数据库中的表、视图、索引等数据库对象进行建立和删除，DDL包括CREATE、ALTER、DROP等语句。

< 24 >

（2）数据操纵语言。数据操纵语言（data manipulation language，DML）用于对数据库中的数据进行插入、修改、删除等操作，DML包括INSERT、UPDATE、DELETE等语句。

（3）数据查询语言。数据查询语言（data query language，DQL）用于对数据库中的数据进行查询操作，例如用 SELECT语句进行查询操作。

（4）数据控制语言。数据控制语言（data control language，DCL）用于控制用户对数据库的操作权限，DCL包括GRANT、REVOKE等语句。

2.3.2　SQL的特点

SQL具有高度非过程化、应用于数据库的语言、面向集合的操作方式、既是自含式语言又是嵌入式语言、综合统一、语言简洁和易学易用等特点。

（1）高度非过程化。SQL是非过程化语言，进行数据操作时，只要提出"做什么"，而无须指明"怎么做"，因此无须说明具体的处理过程和存取路径，处理过程和存取路径由系统自动完成。

（2）应用于数据库的语言。SQL本身不能独立于数据库而存在，它是应用于数据库和表的语言，使用SQL，应熟悉数据库中的表结构和样本数据。

（3）面向集合的操作方式。SQL采用集合操作方式，不仅操作对象、查找结果可以是记录的集合，而且一次插入、删除、更新操作的对象也可以是记录的集合。

（4）既是自含式语言又是嵌入式语言。作为自含式语言，SQL能够用于联机交互方式，用户可以在终端的键盘上直接输入SQL命令对数据库进行操作；作为嵌入式语言，SQL语句能够嵌入高级语言（例如C、C++、Java）程序中，供程序员设计程序时使用。在两种不同的使用方式下，SQL的语法结构基本上是一致的，提供了极大的灵活性与方便性。

（5）综合统一。SQL集数据查询（data query）、数据操纵（data manipulation）、数据定义（data definition）和数据控制（data control）功能于一体。

（6）语言简洁，易学易用。SQL接近英语口语，易学易用，功能很强，由于设计巧妙、语法简洁，其完成核心功能只用了9个动词，如表2.4所示。

表2.4　完成SQL功能的动词

SQL功能	动词
数据定义	CREATE、ALTER、DROP
数据操纵	INSERT、UPDATE、DELETE
数据查询	SELECT
数据控制	GRANT、REVOKE

2.3.3　SQL的发展历程

SQL是1986年10月由美国国家标准学会（ANSI）通过的数据库语言标准。1987年，国际标准化组织（ISO）颁布了SQL正式国际标准。1989年4月，ISO提出了具有完整性特征的SQL-89标准。1992年11月，ISO又公布了SQL-92标准。

SQL发展历程如下。

1970年，E.F.科德（E.F. Codd）发表了关系数据库理论。

1974—1979年，IBM以E.F.科德的理论为基础开发了"Sequel"，并将其重命名为"结构化查询语言"。

< 25 >

1979年，Oracle发布了商业版SQL。

1981—1984年，出现了其他商业版本，分别来自IBM（DB2）、Data General、Relational Technology（INGRES）。

1986年，发布了SQL-86，ANSI和ISO的第一个标准SQL。

1989年，发布了SQL-89，其是具有完整性特征的SQL。

1992年，发布了SQL-92，受到数据库管理系统生产商的广泛支持。

2003年，发布了SQL 2003，包含XML相关内容、自动生成列值等。

2006年，发布了SQL 2006，定义了SQL与XML（包含XQuery）的关联应用。

2016年，发布了SQL 2016，主要的新特性包括行模式识别、支持JSON对象、多态表函数。

本章小结

本章主要介绍了以下内容。

（1）关系模型由关系数据结构、关系操作和关系完整性三部分组成。

在关系数据结构中，定义了域、笛卡儿积、关系、关系模式等概念。关系模式可以形式化地表示为$R(U, D, DOM, F)$。

关系操作包括查询操作和插入、删除、修改操作两大部分，关系操作的特点是采用集合操作方式，即操作的对象与结果都是集合。关系操作语言灵活方便，表达能力强大，可分为关系代数语言、关系演算语言和结构化查询语言三类。

关系模型的完整性规则是对关系的某种约束条件。关系模型的三种完整性约束为实体完整性、参照完整性和用户定义完整性。

（2）关系代数是一种抽象的查询语言，它用对关系的运算来表达查询。关系代数是施加于关系上的一组集合的代数运算，关系代数的运算对象是关系，运算结果也是关系。

关系代数中的操作可以分为两类：传统的集合运算和专门的关系运算。

传统的集合运算有并、交、差、笛卡儿积。这类运算将关系看成元组的集合，运算时从行的角度进行。

专门的关系运算有选择、投影、连接、除。这些运算不仅涉及行，而且涉及列。

（3）SQL，即结构化查询语言，是关系数据库的标准语言。

通常将SQL语言分为4类：数据定义语言、数据操纵语言、数据查询语言、数据控制语言。

SQL具有高度非过程化、应用于数据库的语言、面向集合的操作方式、既是自含式语言又是嵌入式语言、综合统一、语言简洁和易学易用等特点。

习题2

一、选择题

1. 关系模型中的一个候选码_____。

    A. 可由多个任意属性组成

    B. 必须由多个属性组成

< 26 >

  C.　至少由一个属性组成

  D.　可由一个或多个其值能唯一地标识该关系模式中任何元组的属性组成

2.　设关系 R 中有4个属性和3个元组，设关系 S 中有6个属性和4个元组，则 $R \times S$ 的属性和元组个数分别是_____。

  A.　10和7   B.　10和12   C.　24和7   D.　24和12

3.　如果关系中某一属性组的值能唯一地标识一个元组，则称之为_____。

  A.　候选码   B.　外码   C.　联系   D.　主码

4.　以下对关系性质的描述中，错误的是_____。

  A.　关系中每个属性值都是不可分解的

  B.　关系中允许出现相同的元组

  C.　定义关系模式时可随意指定属性的排列顺序

  D.　关系中元组的排列顺序可任意交换

5.　关系模型上的关系操作包括_____。

  A.　关系代数和集合运算   B.　关系代数和谓词演算

  C.　关系演算和谓词演算   D.　关系代数和关系演算

6.　关系中主码不允许取空值是符合_____约束规则。

  A.　实体完整性   B.　参照完整性

  C.　用户定义完整性   D.　数据完整性

7.　5种基本关系运算是_____。

  A.　$\cup$、$\cap$、$\bowtie$、σ、Π B.　$\cup$、$\neg$、$\bowtie$、σ、Π

  C.　$\cup$、$\cap$、$\times$、σ、Π D.　$\cup$、$\neg$、$\times$、σ、Π

8.　集合 R 与 S 的交可用关系代数的基本运算表示为_____。

  A.　$R+(R-S)$ B.　$S-(R-S)$ C.　$R-(S-R)$ D.　$R-(R-S)$

9.　把关系 R 和 S 进行自然连接时舍弃的元组放到结果关系中的操作是_____。

  A.　左外连接   B.　右外连接   C.　外连接   D.　外部并

二、填空题

1.　关系模型由关系数据结构、关系操作和_____三部分组成。

2.　关系操作的特点是_____操作方式。

3.　在关系模型的三种完整性约束中，_____是关系模型必须满足的完整性约束条件，由DBMS自动支持。

4.　一个关系模式可以形式化地表示为_____。

5.　关系操作语言可分为关系代数语言、关系演算语言和_____三类。

6.　查询操作的5种基本操作是_____、差、笛卡儿积、选择、投影。

三、问答题

1.　简述关系模型的三个组成部分。

2.　关系操作语言有何特点？可分为哪几类？

3.　简述关系模型的完整性规则。

4.　关系代数的运算有哪些？

5.　SQL有何特点？可分为哪几类？

< 27 >

第**3**章 关系数据库设计理论

数据库设计需要理论指导，关系数据库规范化设计理论是数据库设计的重要理论基础，应用该理论可针对一个给定的应用环境，设计优化的数据库逻辑结构和物理结构，并据此建立数据库及其应用系统。关系数据库规范化设计理论使用范式定义关系模式要符合的不同等级，将较低级别范式的关系模式，通过模式分解来消除插入异常、删除异常、修改异常和数据冗余等问题，转换为较高级别范式的关系模式。

3.1 关系数据库设计理论概述

设计一个合适的关系数据库系统的关键是关系数据库模式的设计，即应构造几个关系模式，每个模式有哪些属性，怎样将这些相互关联的关系模式组建成一个适合的关系模型，关系数据库的设计必须在关系数据库规范化设计理论的指导下进行。

关系数据库规范化设计理论有三个方面的内容：函数依赖、范式和模式设计。函数依赖起核心作用，它是模式分解和模式设计的基础，范式是模式分解的标准。

关系数据库设计的关键是关系模式的设计，下面举例说明关系模式的问题。

【例3.1】设计一个学生课程数据库，其关系模式SSchSC(Sid, Sname, Native, School, SchoolHead, Cid, Grade)，各属性的含义分别为学号、姓名、籍贯、学院、院长姓名、课程号、成绩。根据实际情况，这些属性的语义规定如下。

（1）一个学院有若干学生，一个学生只属于一个学院。

（2）一个学院只有一个院长。

（3）一个学生可以选修多门课程，一门课程可被多个学生选修。

（4）每个学生学习每门课程后有一个成绩。

关系模式SSchSC在某一时刻的一个实例，即数据表，如表3.1所示。

表3.1 SSchSC表

Sid	Sname	Native	School	SchoolHead	Cid	Grade
201001	冯松涛	北京	计算机	甘宏杰	1014	93
201001	冯松涛	北京	计算机	甘宏杰	1201	91
201002	伍倩	四川	计算机	甘宏杰	1014	80
201002	伍倩	四川	计算机	甘宏杰	1201	75

Sid	Sname	Native	School	SchoolHead	Cid	Grade
202001	盛春兰	上海	通信	乔林	1201	85
202001	盛春兰	上海	通信	乔林	4008	81
202003	姚智	北京	通信	乔林	1201	91
202003	姚智	北京	通信	乔林	4008	93

从上述语义规定和分析表3.1中的数据可以看出，(Sid, Cid)能唯一标识该关系模式的主码，进行数据库操作时会出现以下问题。

（1）数据冗余。当一个学生选修多门课程时，会出现数据冗余，导致姓名、籍贯和课程名属性多次重复存储，学院名和院长姓名也多次重复。

（2）插入异常。如果某个新学院没有招生，由于没有学生，则学院名和院长姓名无法插入，根据关系的实体完整性约束，主码(Sid, Cid)不能取空值，此时Sid和Cid均无值，所以不能进行插入操作。

（3）删除异常。当某学院的学生全部毕业但还未招新生时，要删除全部记录，学院名和院长姓名也被删除，而这个学院仍然存在，这就是删除异常。

（4）修改异常。如果某学院更换院长，则属于该学院的记录都要修改SchoolHead的内容，若不慎漏改或误改，则造成数据不一致，破坏数据完整性。

由于存在上述问题，SSchSC不是一个好的关系模式。为了克服这些异常，将SSchSC关系分解为学生关系S(Sid, Sname, Native, School)、学院关系Sch(School，SchoolHead)、选课关系SC(Sid, Cid,Grade)，这三个关系模式在某一时刻的实例分别如表3.2、表3.3、表3.4所示。

表3.2　S表

Sid	Sname	Native	School
201001	冯松涛	北京	计算机
201002	伍倩	四川	计算机
202001	盛春兰	上海	通信
202003	姚智	北京	通信

表3.3　Sch表

School	SchoolHead
计算机	甘宏杰
通信	乔林

表3.4　SC表

Sid	Cid	Grade
201001	1014	93
201001	1201	91
201002	1014	80
201002	1201	75
202001	1201	85
202001	4008	81
202003	1201	91
202003	4008	93

可以看出，首先是数据冗余明显降低。当新增一个学院时，只需在关系Sch中增加一条记录即可，这就避免了插入异常。当某学院学生全部毕业时，只需在关系S中删除全部记录，不会影响到学院名和院长姓名等信息，这就避免了删除异常。当更换院长时，只需在关系Sch中修改一条记录中属性SchoolHead的内容，这就避免了修改异常。

但是，一个好的关系模式不是在任何情况下都是最优的，例如，查询某个学生的院长姓名和成绩，就需要通过三个表的连接操作来完成，需要的开销较大，在实际工作中，要以应用系统功能与性能需求为目标进行设计。

规范化设计关系模式，将结构复杂的关系模式分解为结构简单的关系模式，使不好的关系模式转变为较好的关系模式，是3.2节要讨论的内容。

< 29 >

3.2 函数依赖和码

关系模式可以形式化地表示为一个五元组

$$R(U, D, \text{DOM}, F)$$

其中，R是关系名，U是组成该关系的属性名集合，D是属性来自的域，DOM是属性向域的映像集合，F是属性间的数据依赖关系集合。

由于D和DOM对设计好的关系模式的作用不大，一般将关系模式简化为一个三元组

$$R(U, F)$$

有时还可简化为$R(U)$。

数据依赖（data dependency）是一个关系内部属性与属性之间的一种约束关系，是数据内在的性质，是语义的体现。

数据依赖有多种类型，本节主要介绍函数依赖（functional dependency，FD），简单介绍多值依赖（multivalued dependency，MVD）和连接依赖（join dependency，JD）。

3.2.1 函数依赖

函数依赖是关系数据库规范化理论的基础。

定义3.1 设$R(U)$是属性集U上的关系模式，X、Y是U的子集。若对于$R(U)$的任意一个可能的关系r，r中不可能存在两个元组在X上的属性值相等，而在Y上的属性值不等，则称X函数确定Y或Y函数依赖于X，记作$X \rightarrow Y$，称X为决定因素，Y为依赖因素。若Y不函数依赖于X，则记作$X \nrightarrow Y$。若$X \rightarrow Y$，$Y \rightarrow X$，则记作$X \leftrightarrow Y$。

例如，关系模式SSchSC(Sid, Sname, Native, School, SchoolHead, Cid, Grade)，有

U={Sid, Sname, Native, School, SchoolHead, Cid, Grade}

F={Sid→Sname, Sid→Native, Sid→School, School→SchoolHead, Sid→SchoolHead, (Sid, Cid)→Grade}

一个Sid有多个Grade值与之对应，Grade不能函数依赖于Sid，即Sid$\nrightarrow$Grade，同理，Cid$\nrightarrow$Grade，但Grade可被(Sid, Cid)唯一确定，所以(Sid, Cid)→Grade。

> **⚠ 注意**
>
> 函数依赖是指R的所有关系实例都要满足的约束条件，不是针对某个或某些关系实例要满足的约束条件。

函数依赖和其他数据之间的依赖关系一样，是语义范畴的概念，人们只能根据数据的语义来确定函数依赖。

定义3.2 若$X \rightarrow Y$是一个函数依赖，且$Y \subseteq X$，则称$X \rightarrow Y$是一个平凡函数依赖，否则称为非平凡函数依赖。例如，(Sid, Cid)→Sid，(Sid, Cid)→Cid都是平凡函数依赖。

若不特别声明，本书讨论的都是非平凡函数依赖。

定义3.3 设$R(U)$是属性集U上的关系模式，X、Y都是U的子集。设$X \rightarrow Y$是一个函数依赖，并且对于任何X的一个真子集X'，$X' \rightarrow Y$都不成立，则称$X \rightarrow Y$是一个完全函数依赖（full functional

< 30 >

dependency），即Y函数依赖于整个X，记作$X \xrightarrow{\quad f \quad} Y$。

定义3.4　设$R(U)$是属性集U上的关系模式，X、Y都是U的子集。设$X \rightarrow Y$是一个函数依赖，但不是完全函数依赖，则称$X \rightarrow Y$是一个部分函数依赖（partial functional dependency），或称Y函数依赖于X的某个真子集，记作$X \xrightarrow{\quad P \quad} Y$。

例如，关系模式SSchSC中，因为Sid $\nrightarrow$ Grade，Cid $\nrightarrow$ Grade，所以(Sid,Cid) $\xrightarrow{\quad f \quad}$ Grade。因为Sid $\rightarrow$ Native，所以(Sid,Cid) $\xrightarrow{\quad P \quad}$ Native。

定义3.5　设$R(U)$是一个关系模式，X、Y、Z是U的子集，如果$X \rightarrow Y(Y \nsubseteq X)$，$Y \nrightarrow X$，$Y \rightarrow Z$成立，则称$Z$传递函数依赖（transitive functional dependency）于X，记为$X \xrightarrow{\quad t \quad} Y$。

> **注意**
>
> 如果有$Y \rightarrow X$，则$X \leftrightarrow Y$，此时称Z对X直接函数依赖，而不是传递函数依赖。

例如，关系模式SSchSC中，Sid $\rightarrow$ School，但School $\nrightarrow$ Sid，又School $\rightarrow$ SchoolHead，所以 Sid $\xrightarrow{\quad t \quad}$ SchoolHead。

3.2.2　码

定义3.6　设K为$R(U, F)$中的属性或属性组，若$K \xrightarrow{\quad f \quad} U$，则$K$为$R$的候选码（或候选键或候选关键字，candidate key）。若有多个候选码，则选定其中的一个作为主码（或主键，primary key）。

包含在任何一个候选码中的属性称为主属性（prime attribute）。不包含在任何候选码中的属性称为非主属性（nonprime attribute）或非码属性（non-key attribute）。最简单的情况，单个属性是码。最极端的情况，整个属性组是码，称为全码。

例如，在关系模式S(Sid, Sname, Native, School)中，Sid是码，而在关系模式SC(Sid, Cid, Grade)中，属性组合(Sid, Cid)是码。

在后面的章节中，主码和候选码都简称为码，读者可从上下文加以区分。

定义3.7　关系R中的属性或属性组X并非R的码，但X是另一个关系模式的码，则称X是R的外码。

例如，在关系模式SC(Sid, Cid, Grade)中，单Sid不是主码，但Sid是关系模式S(Sid, Sname, Native, School)的主码，所以，Sid是SC的外码，同理，Cid也是SC的外码。

主码与外码提供了一个表示关系间的联系的手段，例如关系模式S与SC的联系就是通过Sid这个在S中是主码而在SC中是外码来实现的。

3.3　关系模式规范化

关系模式
规范化

规范化的基本思想是尽量减小数据冗余，消除数据依赖中不合适的部分，解决插入异常、删除异常和更新异常等问题，这就要求设计出的关系模式要满足一定条件。在关系数据库的规范化过程中，符合某一种级别的关系模式的集合称为范式。满足最低要求的称为第一范式，简称1NF，在第一范式基础上满足进一步要求的称为第二范式，简称2NF，以此类推。

< 31 >

1971—1972年，E.F.科德系统地提出了1NF、2NF、3NF的概念，讨论了关系模式的规范化问题。1974年，E.F.科德和鲍依斯（Boyce）又共同提出了一个新范式，即BCNF。1976年，有人提出了4NF，之后又有人提出了5NF。

各个范式之间的集合关系可以表示为5NF⊂4NF⊂BCNF⊂3NF⊂2NF⊂1NF，如图3.1所示。

一个低一级范式的关系模式，通过模式分解可以转换成若干个高一级范式的关系模式的集合，该过程称为规范化。

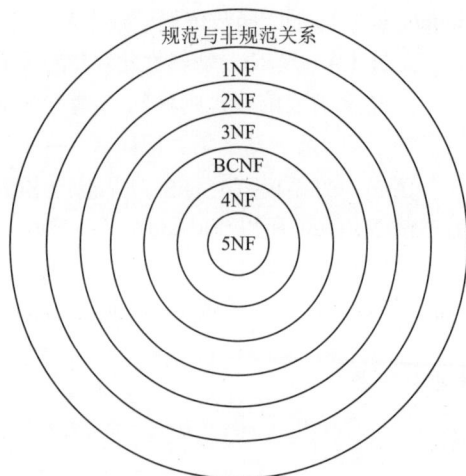

图 3.1　各个范式之间的关系

3.3.1　1NF

定义3.8　在一个关系模式R中，如果R的每一个属性都是不可再分的数据项，则称R属于第一范式，记作R∈1NF。

第一范式是最基本的范式，在关系中每个属性都是不可再分的简单数据项。

【例3.2】第一范式规范化举例。

表3.5所示的关系R不属于1NF，关系R转化为1NF的结果如表3.6所示。

<table>
<tr><td colspan="3">表3.5　关系R</td></tr>
<tr><th>Sid</th><th>Sname</th><th>Cname</th></tr>
<tr><td>201001</td><td>冯松涛</td><td>数据库系统，英语</td></tr>
<tr><td>201002</td><td>伍倩</td><td>数据库系统，英语</td></tr>
<tr><td>202001</td><td>盛春兰</td><td>通信原理，英语</td></tr>
<tr><td>202003</td><td>姚智</td><td>通信原理，英语</td></tr>
</table>

表3.5　关系R

Sid	Sname	Cname
201001	冯松涛	数据库系统，英语
201002	伍倩	数据库系统，英语
202001	盛春兰	通信原理，英语
202003	姚智	通信原理，英语

表3.6　关系R转化为1NF

Sid	Sname	Cname
201001	冯松涛	数据库系统
201001	冯松涛	英语
201002	伍倩	数据库系统
201002	伍倩	英语
202001	盛春兰	通信原理
202001	盛春兰	英语
202003	姚智	通信原理
202003	姚智	英语

3.3.2　2NF

定义3.9　对于关系模式R∈1NF，且R中每一个非主属性都完全函数依赖于任意一个候选码，该关系模式R属于第二范式，记作R∈2NF。

第二范式的规范化指将1NF关系模式通过投影分解，消除非主属性对候选码的部分函数依赖，转换成2NF关系模式的集合的过程。

分解时遵循"一事一地"原则，即一个关系模式描述一个实体或实体间的联系，如果多于一个实体或联系，则进行投影分解。

【例3.3】第二范式规范化举例。

在例3.1的关系模式SSchSC(Sid, Sname, Native, School, SchoolHead, Cid, Grade)中，各属性的含义分别为学号、姓名、籍贯、学院、院长姓名、课程号、成绩，(Sid, Cid)为该关系模式的候选码。

该模式属于第一范式，函数依赖关系如下。

< 32 >

$$(Sid, Cid) \xrightarrow{f} Grade$$

$Sid \rightarrow Sname$, $(Sid, Cid) \xrightarrow{p} Sname$

$Sid \rightarrow Native$, $(Sid, Cid) \xrightarrow{p} Native$

$Sid \rightarrow School$, $(Sid, Cid) \xrightarrow{p} School$, $School \longrightarrow SchoolHead$

$Sid \xrightarrow{t} SchoolHead$, $(Sid, Cid) \xrightarrow{p} SchoolHead$

以上函数依赖关系可用函数依赖图表示，如图3.2所示。

可以看出，Sid、Cid为主属性，Sname、Native、School、SchoolHead、Grade为非主属性，由于存在非主属性Sname对候选码(Sid, Cid)的部分依赖，所以，$SSchSC \notin 2NF$。

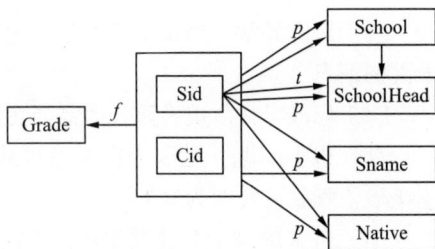

图 3.2 关系模式 SSchSC 中函数依赖图

在关系模式SSchSC中，既存在完全函数依赖，又存在部分函数依赖和传递函数依赖，导致数据冗余、插入异常、删除异常、修改异常等问题，这在数据库中是不允许的。

根据"一事一地"原则，将关系模式SSchSC分解为两个关系模式：

```
SSch(Sid, Sname, Native, School, SchoolHead)
SC(Sid, Cid, Grade)
```

分解后的函数依赖图如图3.3和图3.4所示。

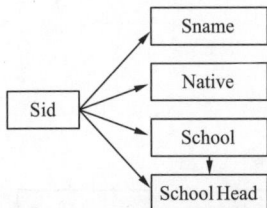

图 3.3 关系模式 SSch 中函数依赖图

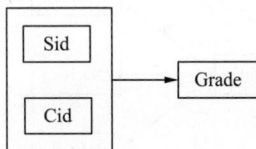

图 3.4 关系模式 SC 中函数依赖图

分解后的关系模式SSch的候选码是Sid，关系模式SC的候选码是(Sid, Cid)，非主属性对候选码都是完全函数依赖的，从而消除了非主属性对候选码的部分函数依赖，所以，$SSch \in 2NF$，$SC \in 2NF$，它们之间通过SC中的外键Sid相联系，需要时进行自然连接，恢复原来的关系，这种分解不会损失任何信息，具有无损连接性。

> ⚠️ 注意
>
> 如果R的候选码都是单属性，或R的全体属性都是主属性，则$R \in 2NF$。

3.3.3 3NF

定义3.10 如果关系模式$R \in 2NF$，R中所有非主属性对任何候选码都不存在传递函数依赖，则称R属于第三范式，记作$R \in 3NF$。

< 33 >

第三范式具有以下性质。

（1）如果$R \in 3NF$，则R也属于2NF。

（2）如果$R \in 2NF$，则R不一定属于3NF。

2NF的关系模式解决了1NF中存在的一些问题，但2NF的关系模式SSch在进行数据操作时，仍然存在以下问题。

（1）数据冗余。每个学院名和院长姓名存储的次数等于该学院的学生人数。

（2）插入异常。当一个新学院没有招生时，有关该学院的信息无法插入。

（3）删除异常。当某学院的学生全部毕业没有招生时，删除全部学生记录的同时也删除了该学院的信息。

（4）修改异常。更换院长时需要更改较多的学生记录。

存在以上问题，是因为在关系模式SSch中存在非主属性对候选码的传递函数依赖，消除传递函数依赖就可转换为3NF。

第三范式的规范化指将2NF关系模式通过投影分解，消除非主属性对候选码的传递函数依赖，转换成3NF关系模式的集合的过程。

分解时遵循"一事一地"原则。

【例3.4】第三范式规范化举例。

将属于2NF的关系模式SSch(Sid, Sname, Native, School, SchoolHead)分解为如下关系模式。

```
S(Sid, Sname, Native, School)
Sch(School, SchoolHead)
```

分解后的函数依赖图如图3.5和图3.6所示。

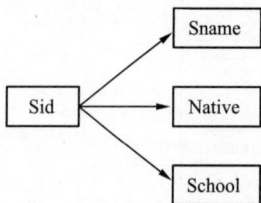

图 3.5 关系模式 S 中函数依赖图　　　图 3.6 关系模式 Sch 中函数依赖图

分解后的关系模式S的候选码是Sid，关系模式Sch的候选码是School，不存在传递函数依赖，所以$S \in 3NF$，$Sch \in 3NF$。

关系模式SSch由2NF分解为3NF后，函数依赖关系变得更简单，既无主属性对候选码的部分依赖，又无主属性对候选码的传递依赖，解决了2NF存在的4个问题。3NF的关系模式S和Sch的特点如下。

（1）降低了数据冗余度。院长姓名存储的次数与该学院的学生人数无关，只在关系Sch中存储一次。

（2）不存在插入异常。当一个新学院没有招生时，该学院的信息可直接插入关系Sch中，与学生关系S无关。

（3）不存在删除异常。删除全部学生记录仍然保留该学院的信息，可以只删除学生关系S中的记录，不影响关系Sch中的数据。

（4）不存在修改异常。更换院长时，只需修改关系Sch中一个相应元组的SchoolHead属性值，不影响关系S中的数据。

< 34 >

由于3NF只限制了非主属性对码的依赖关系，未限制主属性对码的依赖关系，如果发生这种依赖，仍然可能存在数据冗余、插入异常、删除异常、修改异常，需要对3NF进一步规范化，消除主属性对码的依赖关系，转换为更高一级范式，这就是3.3.4节要介绍的BCNF范式。

3.3.4　BCNF

定义3.11　对于关系模式$R \in 1NF$，若$X \to Y$且$Y \not\subseteq X$时X必含有码，则$R \in BCNF$。

即若R中的每一个决定因素都包含码，则$R \in BCNF$。

由BCNF的定义可以得到如下结论，一个满足BCNF的关系模式有：

（1）所有非主属性对每一个码都是完全函数依赖。

（2）所有主属性对每一个不包含它的码也是完全函数依赖。

（3）没有任何属性完全函数依赖于非码的任何一组属性。

若$R \in BCNF$，按定义排除了任何属性对码的部分依赖和传递依赖，所以$R \in 3NF$。但若$R \in 3NF$，则R未必属于BCNF。

BCNF的规范化指将3NF关系模式通过投影分解转换成BCNF关系模式的集合。

【例3.5】BCNF范式规范化举例。

设有关系模式SCN(Sid, Sname, Cid, Grade)，各属性的含义分别为学号、姓名、课程名、成绩，并假定姓名不重名。

可以看出，SCN有两个码(Sid, Cid) 和 (Sname, Cid)，其函数依赖如下。

$$Sid \leftrightarrow Sname$$
$$(Sid, Cid) \overset{p}{\longrightarrow} Sname$$
$$(Sname, Cid) \overset{p}{\longrightarrow} Sid$$

唯一的非主属性Grade对码不存在部分依赖和传递依赖，所以$SCN \in 3NF$。但是，由于$Sid \leftrightarrow Sname$，即决定因素Sid或Sname不包含码，从另一个角度看，存在主属性对码的部分依赖：$(Sid, Cid) \overset{p}{\longrightarrow} Sname$，$(Sname, Cid) \overset{p}{\longrightarrow} Sid$，所以$SCN \notin BCNF$。

根据分解的"一事一地"原则，将SCN分解为以下两个关系模式。

```
S(Sid, Sname)
SC(Sid, Cid, Grade)
```

S和SC的函数依赖图如图3.7和图3.8所示。

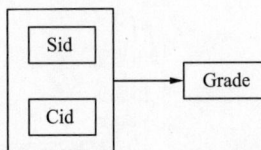

图 3.7　关系模式 S 中函数依赖图　　　　图 3.8　关系模式 SC 中函数依赖图

对于S，两个候选码为Sid和Sname，对于SC，主码为(Sid, Cid)。在上述两个关系模式中，主属性和非主属性都不存在对码的部分依赖和传递依赖，所以，$S \in BCNF$，$SC \in BCNF$。

关系SCN转换为BCNF后，数据冗余度明显降低，学生姓名只在关系S中存储一次，学生改名时，只需改动一条学生记录中相应Sname的值即可，不会发生修改异常。

< 35 >

【例3.6】设有关系模式STC(S, T, C)，其中，S表示学生，T表示教师，C表示课程，语义假设是每一位教师只教一门课，每门课有多名教师讲授，某一学生选定某一门课程，就对应一名确定的教师。

由语义假设，STC的函数依赖如下。

$(S,C) \longrightarrow T$，$(S,T) \longrightarrow C$，$T \longrightarrow C$

其中，(S, C)和(S, T)都是候选码。

关系模式STC中函数依赖图如图3.9所示。

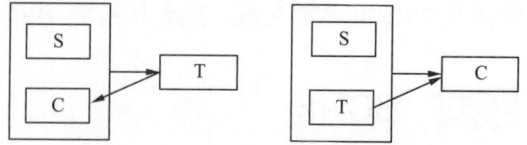

图3.9 关系模式STC中函数依赖图

由于STC没有任何非主属性对码的部分依赖和传递依赖（因为STC没有非主属性），所以STC∈3NF。但STC不属于BCNF，因为有T→C，T是决定因素，而T不包含候选码。

非BCNF关系模式分解为ST(S, T)和TC(T, C)，它们都属于BCNF。

3.3.5 多值依赖与4NF

函数依赖表示的关系模式中属性间是一对一或一对多的联系，不能表示属性间多对多的联系，本节讨论属性间多对多的联系，即多值依赖问题，以及第四范式。

1．多值依赖

为了说明多值依赖的概念，先看例3.7。

【例3.7】设一门课程可由多名教师讲授，他们使用相同的一套参考书，可用如表3.7所示的非规范关系CTR表示课程C、教师T和参考书R之间的关系。

转换成规范化的关系CTR(C, T, R)，如表3.8所示。

表3.7 非规范关系CTR

课程C	教师T	参考书R
数据库原理与应用	田思远 俞芬	数据库原理与应用（MySQL版） 数据库系统概论
数学	田思远 付琴	高等数学 线性代数

表3.8 规范化的关系CTR

课程C	教师T	参考书R
数据库原理与应用	田思远	数据库原理与应用（MySQL版）
数据库原理与应用	田思远	数据库系统概论
数据库原理与应用	俞芬	数据库原理与应用（MySQL版）
数据库原理与应用	俞芬	数据库系统概论
数学	田思远	高等数学
数学	田思远	线性代数
数学	付琴	高等数学
数学	付琴	线性代数

关系模式CTR(C, T, R)的码是(C, T, R)，即全码，所以，CTR∈BCNF。但存在以下问题。

（1）数据冗余。课程、教师和参考书都被多次存储。

（2）插入异常。当某一门课程"数据库原理与应用"增加一名教师"齐静"时，必须插入多个元组：(数据库原理与应用, 齐静, 数据库原理与应用(MySQL版)), (数据库原理与应用, 齐静, 数

< 36 >

据库系统概论)。

（3）删除异常。当某一门课程"数学"要去掉一本参考书"线性代数"时，必须删除多个元组：(数学, 田思远, 线性代数), (数学, 付琴, 线性代数)。

分析上述关系模式，发现存在一种称为多值依赖的数据依赖。

定义3.12　设$R(U)$是属性集U上的一个关系模式，X、Y、Z是U的子集，且$Z=U-X-Y$。如果R的任一关系r，对于给定的(X, Z)上的每一对值，都存在一组Y值与之对应，且Y的这组值仅仅取决于X值，而与Z的值不相关，则称Y多值依赖于X，或X多值决定Y，记为$X\to\to Y$。

若$X\to\to Y$，而$Z=\varnothing$，则称$X\to\to Y$为平凡的多值依赖，否则称$X\to\to Y$为非平凡的多值依赖。

例3.7的关系模式CTR(C, T, R)中，对于给定的(C, R)的一对值(数据库原理与应用, 数据库原理与应用(MySQL版))，对应的一组T值为{田思远,俞芬}，这组值仅仅取决于C值。对于另一个(数据库原理与应用, 数据库系统概论)，对应的一组T值仍为{田思远,俞芬}，尽管此时参考书R的值已改变。所以，T多值依赖于C，记为$C\to\to T$。

2．第四范式（4NF）

定义3.13　设关系模式$R(U, F)\in 1NF$，如果对于R的每个非平凡多值依赖$X\to\to Y(Y\nsubseteq X)$，X都含有码，则称$R(U, F)\in 4NF$。

由定义可知：

（1）根据定义，4NF要求每一个非平凡的多值依赖$X\to\to Y$，X都含有码，则必然是$X\to Y$，所以4NF允许的非平凡多值依赖实际上是函数依赖。

（2）若一个关系模式是4NF，则必是BCNF。而一个关系模式是BCNF，不一定是4NF。所以4NF是BCNF的推广。

例3.7的关系模式CTR(C, T, R)是BCNF，分解后产生CTR1(C, T)和CTR2(C, R)，因为$C\to\to T$，$C\to\to R$都是平凡的多值依赖，已不存在非平凡的非函数依赖的多值依赖，所以CTR1∈4NF，CTR2∈4NF。

函数依赖和多值依赖是两种重要的数据依赖。如果只考虑函数依赖，则属于BCNF的关系模式规范化程度已达到最高；如果只考虑多值依赖，则属于4NF的关系模式规范化程度已达到最高。在数据依赖中，除函数依赖和多值依赖外，还有其他数据依赖，例如连接依赖。函数依赖是多值依赖的一种特殊情况，而多值依赖又是连接依赖的一种特殊情况。如果消除了属于4NF的关系模式中存在的连接依赖，则可进一步达到5NF的关系模式，这里就不再进行讨论了。

3.3.6　关系模式规范化总结

关系模式规范化的目的是使结构更合理，消除插入异常、删除异常和更新异常，使数据冗余尽量小，便于插入、删除和更新数据。

关系模式规范化的原则是遵从概念单一化"一事一地"原则，即一个关系模式描述一个实体或实体间的一种联系。规范化的实质就是概念的单一化。方法是将关系模式投影分解为两个或两个以上的模式。

一个关系模式只要其每一个属性都是不可再分的数据项，称为第一范式（1NF）。消除1NF中非主属性对码的部分函数依赖，得到第二范式（2NF）。消除2NF中非主属性对码的传递函数依赖，得到第三范式（3NF）。消除3NF中主属性对码的部分函数依赖和传递函数依赖，得到Boyce-Codd范式（BCNF）。消除BCNF中非平凡且非函数依赖的多值依赖，得到第四范式

< 37 >

（4NF）。关系模式规范化过程如图3.10所示。

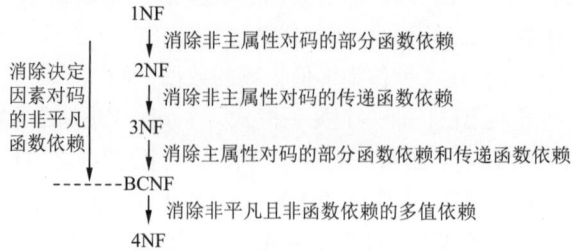

图 3.10　关系模式规范化过程

本章小结

本章主要介绍了以下内容。

（1）关系数据库设计理论有三个方面的内容：函数依赖、范式和模式设计。函数依赖起核心作用，它是模式分解和模式设计的基础，范式是模式分解的标准，关系数据库设计的关键是关系模式的设计。

（2）函数依赖是关系数据库规范化理论的基础。

完全函数依赖、部分函数依赖和传递函数依赖的定义。

（3）在关系数据库的规范化过程中，为不同程度的规范化要求设立的不同标准或准则称为范式。一个低一级范式的关系模式，通过模式分解可以转换成若干个高一级范式的关系模式的集合，该过程称为规范化。关系模式规范化的目的是使结构更合理，消除插入异常、删除异常和更新异常，使数据冗余尽量小，便于插入、删除和更新数据。

一个关系模式只要其每一个属性都是不可再分的数据项，称为第一范式（1NF）。

消除1NF中非主属性对码的部分函数依赖，得到第二范式（2NF）。

消除2NF中非主属性对码的传递函数依赖，得到第三范式（3NF）。

消除3NF中主属性对码的部分函数依赖和传递函数依赖，得到Boyce-Codd范式（BCNF）。

消除BCNF中非平凡且非函数依赖的多值依赖，得到第四范式（4NF）。

习题3

一、选择题

1. 在规范化过程中，需要克服数据库逻辑结构中的冗余度大、插入异常和_____。

  A. 结构不合理 B. 删除异常 C. 数据丢失   D. 数据的不一致性

2. 关系规范化的插入异常是指_____。

  A. 不该删除的数据被删除   B. 应该删除的数据被删除

  C. 不该插入的数据被插入   D. 应该插入的数据未被插入

3. 关系规范化的删除异常是指_____。

< 38 >

A.　不该删除的数据被删除　　　　B.　应该删除的数据被删除

C.　不该插入的数据被插入　　　　D.　应该插入的数据未被插入

4.　在关系模式中，如果属性 A 和 B 存在 $1:1$ 的联系，则说明_____。

A.　$A \rightarrow B$　　　　B.　$A \leftrightarrow B$　　　　C.　$B \rightarrow A$　　　　D.　以上都不是

5.　$X \rightarrow Y$，_____成立，称为平凡函数依赖。

A.　$Y \subset X$　　　　B.　$X \subset Y$　　　　C.　$X \cap Y = \varnothing$　　　　D.　$X \cap Y \neq \varnothing$

6.　下列说法中，错误的是_____。

A.　2NF必然属于1NF　　　　B.　3NF必然属于2NF

C.　3NF必然属于BCNF　　　　D.　BCNF必然属于3NF

7.　当关系模式 $R(A,B)$ 已属于3NF，下列说法正确的是_____。

A.　一定消除了插入异常和删除异常　　B.　仍存在一定的插入异常和删除异常

C.　一定属于BCNF　　　　D.　A和C都是

二、填空题

1.　关系数据库设计理论有三个方面的内容：函数依赖、范式和_____。

2.　在关系数据库的规范化过程中，为不同程度的规范化要求设立的不同_____称为范式。

3.　一个低一级范式的关系模式，通过_____可以转换成若干个高一级范式的关系模式的集合，该过程称为规范化。

4.　关系模式规范化的目的是使结构更合理，消除插入异常、删除异常和_____，使数据冗余尽量小。

三、问答题

1.　关系数据库设计理论有哪三个方面的内容？

2.　什么是范式？什么是关系模式规范化？关系模式规范化的目的是什么？

3.　什么是第一范式？

4.　什么是第二范式？怎样进行第二范式规范化？

5.　什么是第三范式？怎样进行第三范式规范化？

< 39 >

第**4**章 数据库设计

通常将使用数据库的应用系统称为数据库应用系统，例如电子商务系统、电子政务系统、办公自动化系统、以数据库为基础的各类管理信息系统等。数据库是数据库应用系统的重要组成部分，数据库设计的好坏直接影响数据库的性能高低和程序编码的复杂程度高低，并影响整个数据库应用系统的效率和性能高低。

本章介绍数据库设计概述、需求分析、概念结构设计、逻辑结构设计、物理结构设计、数据库实施、数据库运行和维护等内容，并结合教学管理系统介绍概念结构设计和逻辑结构设计。

4.1 数据库设计概述

广义的数据库设计指设计整个数据库的应用系统。狭义的数据库设计指设计数据库各级模式并建立数据库，它是数据库的应用系统设计的重要组成部分。本章主要介绍狭义的数据库设计。

数据库设计是指对于一个给定的应用环境，构造优化的数据库逻辑模式和物理结构，以建立数据库及其应用系统。

1．数据库设计的特点

数据库设计和应用系统设计有相同之处，但更具其自身特点。

（1）综合性。数据库设计涉及面广，较为复杂，它包含计算机专业知识及业务系统专业知识，要解决技术及非技术两方面的问题。

（2）结构设计与行为设计相结合。数据库的结构设计在模式和外模式中定义，应用系统的行为设计在存取数据库的应用程序中设计和实现。

静态结构设计是指数据库的模式框架设计[包括语义结构（概念）、数据结构（逻辑）、存储结构（物理）]，动态行为设计是指应用程序设计[动作操纵（功能组织、流程控制）]。

由于结构设计和行为设计是分离进行的，程序和数据不易结合，我们必须强调数据库设计和应用系统设计的密切结合。

2．数据库设计的基本步骤

在数据库设计之前，首先要选定参加设计的人员，包括系统分析员、数据库设计人员、应用开发人员、数据库管理员和用户代表。

按照规范设计方法，考虑数据库及其应用系统开发全过程，将数据库设计分为以下6个阶段：需求分析阶段，概念结构设计阶段，逻辑结构设计阶段，物理结构设计阶段，数据库实施阶段，数据库运行与维护阶段，如图4.1所示。

（1）需求分析阶段。需求分析是整个数据库设计的基础，在数据库设计中，首先需要准确了解与分析用户的需求，明确系统的目标和实现的功能。

（2）概念结构设计阶段。概念结构设计是整个数据库设计的关键，其任务是根据需求分析，形成一个独立于具体数据库管理系统的概念模型，即设计E-R图。

（3）逻辑结构设计阶段。逻辑结构设计是将概念结构转换为某个具体的数据库管理系统所支持的数据模型。

（4）物理结构设计阶段。物理结构设计是为逻辑数据模型选取一个最适合应用环境的物理结构，包括存储结构和存取方法等。

（5）数据库实施阶段。设计人员运用数据库管理系统所提供的数据库语言和宿主语言，根据逻辑设计和物理设计的结果建立数据库，编写和调试应用程序，组织数据入库和试运行。

图 4.1　数据库设计步骤

（6）数据库运行与维护阶段。数据库通过试运行后即可投入正式运行，在数据库运行过程中，不断地对其进行评估、调整和修改。

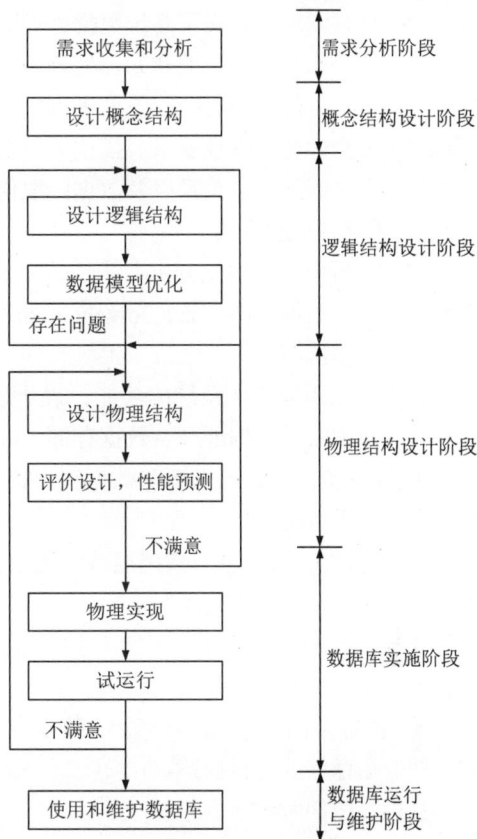

4.2　需求分析

需求分析阶段是整个数据库设计中最重要的步骤，它需要从各个方面对业务对象进行调查、收集、分析，以准确了解用户对数据和处理的需求。

需求分析是数据库设计的起点，需求分析的结果是否准确反映用户要求将直接影响到后面各阶段的设计，并影响到设计结果是否合理和实用。

1．需求分析的任务

需求分析的主要任务是对现实世界要处理的对象（公司、部门、企业）进行详细调查，在了解现行系统的概况、确定新系统功能的过程中，收集支持系统目标的基础数据及其处理方法。

需求分析是在用户调查的基础上，通过分析逐步明确用户对系统的需求，包括数据需求和围绕这些数据的业务处理需求。

用户调查的重点是"数据"和"处理"。

（1）信息需求。定义未来数据库系统用到的所有信息，明确用户将向数据库中输入什么样的数据，从数据库中要求获得哪些内容，将要输出哪些信息，以及描述数据间的联系等。

< 41 >

（2）处理需求。定义了系统数据处理的操作功能，描述操作的优先次序，包括操作的执行频率和场合，操作与数据间的联系。处理需求还要明确用户要完成哪些处理功能，每种处理的执行频率，用户需求的响应时间以及处理方式，比如是联机处理还是批处理等。

（3）安全性与完整性要求。描述了系统中不同用户对数据库的使用和操作情况，完整性要求描述了数据之间的关联关系以及数据的取值范围要求。

2．需求分析的方法

需求分析中的结构化分析方法（structured analysis，SA）采用自顶向下、逐层分解的方法分析系统，通过数据流图（data flow diagram，DFD）、数据字典（data dictionary，DD）描述系统。

（1）数据流图

数据流图用来描述系统的功能，表达了数据和处理的关系。数据流图采用4个基本符号：外部实体、数据流、数据处理、数据存储。

① 外部实体。数据来源和数据输出称为外部实体，表示系统数据的外部来源和去处，也可以是另外一个系统。

② 数据流。数据流由数据组成，表示数据的流向。数据流都需要命名，数据流的名称反映了数据流的含义。

③ 数据处理。数据处理指对数据的逻辑处理，也就是数据的变换。

④ 数据存储。数据存储表示数据保存的地方，即数据存储的逻辑描述。

数据流图如图4.2所示。

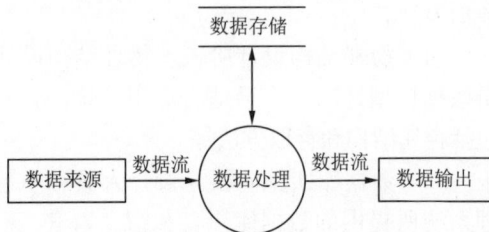

图4.2 数据流图

（2）数据字典

数据字典是各类数据描述的集合，对数据流图中的数据流和数据存储等进行详细描述，它包括数据项、数据结构、数据流、数据存储、处理过程等。

① 数据项。数据项是数据最小的组成单位，即不可再分的基本数据单位，记录了数据对象的基本信息，描述了数据的静态特性。

数据项描述＝｛数据项名,数据项含义说明,别名,数据类型,长度,取值范围,取值含义,与其他数据项的逻辑关系｝

② 数据结构。数据结构是若干数据项有意义的集合，由若干数据项组成，或由若干数据项和数据结构组成。

数据结构描述＝｛数据结构名,含义说明,组成:｛数据项或数据结构｝｝

③ 数据流。数据流表示某一处理过程的输入和输出，表示数据处理过程中的传输流向，是对数据动态特性的描述。

数据流描述＝｛数据流名,说明,数据流来源,数据流去向,组成:｛数据结构｝,平均流量,高峰期流量｝

④ 数据存储。数据存储是处理过程中存储的数据，它是在事务和处理过程中数据停留和保存过的地方。

数据存储描述＝｛数据存储名,说明,编号,流入的数据流,流出的数据流,组成:｛数据结构｝,数据量,存取频率,存取方式｝

⑤ 处理过程。在数据字典中，只需简要描述处理过程的信息。

处理过程描述＝｛处理过程名,说明,输入:｛数据流｝,输出:｛数据流｝,处理:｛简要说明｝｝

< 42 >

4.3 概念结构设计

将需求分析得到的用户需求抽象为信息结构（概念模型）的过程就是概念结构设计。

需求分析得到的数据描述是无结构的，概念设计是在需求分析的基础上转换为有结构的、易于理解的精确表达。概念设计阶段的目标是形成整体数据库的概念结构，它独立于数据库逻辑结构和具体的数据库管理系统，概念结构设计是整个数据库设计的关键。

4.3.1 概念模型的特点及概念结构设计的方法与步骤

1．概念模型的特点

概念模型具有以下特点。

（1）能真实、充分地反映现实世界。概念模型是现实世界的一个真实模型，能满足用户对数据的处理要求。

（2）易于理解。概念模型便于数据库设计人员和用户交流，用户的积极参与是数据库设计成功的关键。

（3）易于更改。当应用环境和应用要求发生改变时，易于修改和扩充概念模型。

（4）易于转换为关系、网状、层次等各种数据模型。

描述概念模型的有力工具是E-R图，在第1章已经介绍过，本章在介绍概念结构设计中也采用E-R图。

2．概念结构设计的方法

概念结构设计的方法有4种。

（1）自底向上。首先定义局部应用的概念结构，然后按一定的规则把它们集成起来，得到全局概念模型。

（2）自顶向下。首先定义全局概念模型，然后再逐步细化。

（3）由里向外。首先定义最重要的核心概念结构，然后再逐步向外扩展。

（4）混合策略。将自顶向下和自底向上结合起来使用。

3．概念结构设计的步骤

概念结构设计的一般步骤如下。

（1）根据需求分析划分的局部应用，设计局部E-R图。

（2）将局部E-R图合并，消除冗余和可能的矛盾，得到系统的全局E-R图，审核和验证全局E-R图，完成概念模型的设计。

4.3.2 局部E-R图设计

使用系统需求分析阶段得到的数据流程图、数据字典和需求规格说明，建立对应于每一部门或应用的局部E-R图，关键问题是如何确定实体（集）和实体属性，即首先要确定系统中的每一个子系统包含哪些实体和属性。

设计局部E-R图时，最大的困难在于实体和属性的正确划分，其基本划分原则如下。

< 43 >

（1）属性应是系统中最小的信息单位。

（2）若属性具有多个值时，则属性应该升级为实体。

【例4.1】设教学管理系统中学生、课程、教师、专业实体如下。

学生：学号、姓名、性别、出生日期、总学分。

课程：选课课程号、讲授课程号、课程名、学分。

教师：教师编号、姓名、性别、出生日期、职称。

专业：专业代码、专业名称。

上述实体中存在如下联系。

（1）一个学生可选修多门课程，一门课程可被多个学生选修。

（2）一个教师可讲授多门课程，一门课程可被多个教师讲授。

（3）一个专业可有多个教师，一个教师只能属于一个专业。

（4）一个专业可拥有多个学生，一个学生只属于一个专业。

（5）假设学生只能选修本专业的课程，教师只能为本专业的学生讲课。

要求分别设计学生选课和教师任课两个局部E-R图。

解：

从各实体属性看到，学生实体与专业实体和课程实体关联，不直接与教师实体关联，一个专业可以开设多门课程，专业实体与课程实体之间是1：n关系，学生选课局部E-R图如图4.3所示。

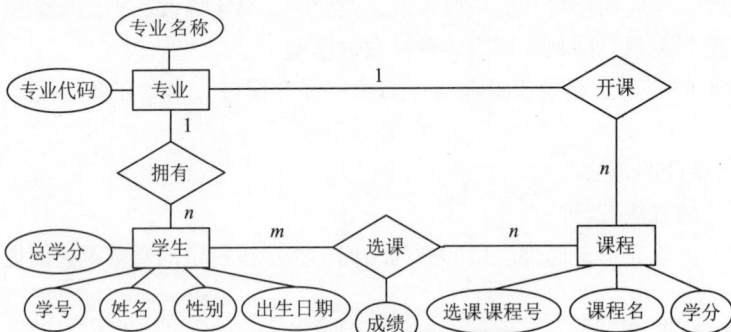

图 4.3　学生选课局部 E-R 图

教师实体与专业实体和课程实体关联，不直接与学生实体关联，教师讲课局部E-R图如图4.4所示。

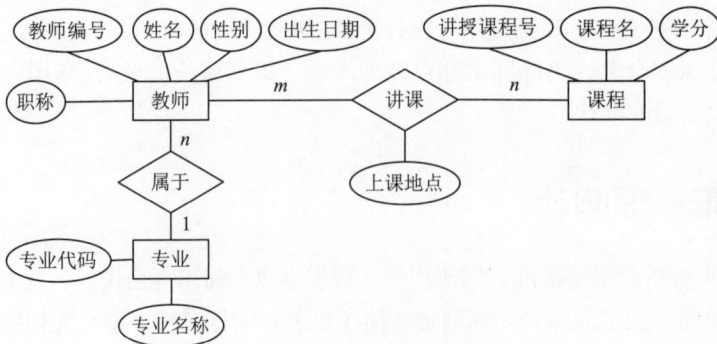

图 4.4　教师讲课局部 E-R 图

4.3.3　全局E-R图设计

综合各部门或应用的局部E-R图，就可以得到系统的全局E-R图。综合局部E-R图的方法有两种。

（1）多个局部E-R图逐步综合，一次综合两个E-R图。

（2）多个局部E-R图一次综合。

第一种方法，由于一次只综合两个E-R图，难度降低，较易使用。

在上述两种方法中，每次综合可分为以下两个步骤。

（1）进行合并，解决各局部E-R图之间的冲突问题，生成初步E-R图。

（2）修改和重组，消除冗余，生成基本E-R图。

1．合并局部E-R图，消除冲突

由于各个局部应用不同，通常由不同的设计人员设计局部E-R图，因此，各局部E-R图之间往往会有很多不一致之处，称为冲突。冲突的类型有三种。

（1）属性冲突。

- 属性域冲突：属性取值的类型、取值范围或取值集合不同。例如年龄可用出生年月和整数表示。

- 属性取值单位冲突：例如质量，可用公斤、克、斤为单位。

（2）结构冲突。

- 同一事物有不同的抽象：例如职工，在一个应用中为实体，而在另一个应用中为属性。

- 同一实体在不同应用中的属性组成不同。

- 同一联系在不同应用中的类型不同。

（3）命名冲突。命名冲突包括实体名、属性名、联系名之间的冲突。

- 同名异义：相同名称的事物具有不同的意义。

- 异名同义：不同名称的事物具有相同的意义。

属性冲突和命名冲突可通过协商来解决，结构冲突在认真分析后可通过技术手段解决。

【例4.2】 将例4.1设计完成的两个局部E-R图合并成一个教学管理系统初步E-R图。

解：

将两个局部E-R图中的"选修课程号"和"讲授课程号"统一为"课程号"，并将"课程"实体的属性统一为"课程号""课程名""学分"，教学管理系统初步E-R图如图4.5所示。

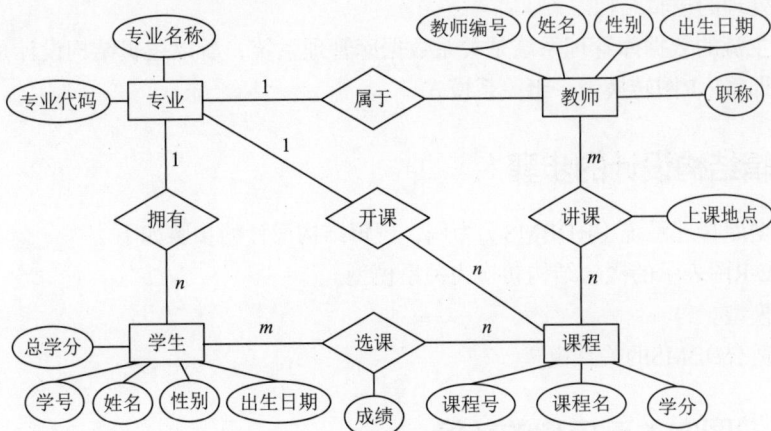

图 4.5　教学管理系统初步 E-R 图

< 45 >

2．消除冗余

在初步的E-R图中，可能存在冗余数据或冗余联系。冗余数据是指可由基本数据导出的数据，冗余联系也可由其他联系导出。

冗余的存在容易破坏数据库的完整性，给数据库的维护增加困难，应该消除。

【例4.3】消除冗余，对例4.2的教学管理系统初步E-R图进行改进。

解：

在图4.5中，"属于"和"开课"是冗余联系，它们可以通过其他联系导出，消除冗余联系后得到教学管理系统基本E-R图，如图4.6所示。

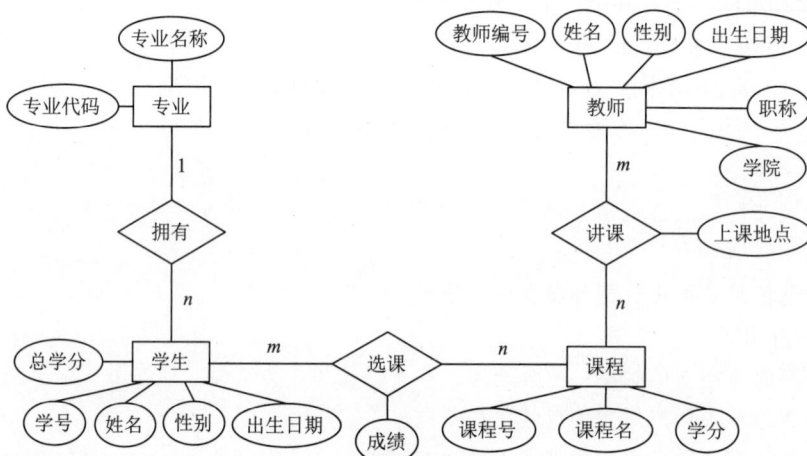

图 4.6 教学管理系统基本 E-R 图

4.4 逻辑结构设计

逻辑结构设计的任务是将概念结构设计阶段设计好的基本E-R图转换为与选用的数据库管理系统产品所支持的数据模型相符合的逻辑结构，即由概念结构导出特定的数据库管理系统可以处理的逻辑结构。

由于当前主流的数据库管理系统是关系数据库管理系统，所以逻辑结构设计是将E-R图转换为关系模型，即将E-R图转换为一组关系模式。

4.4.1 逻辑结构设计的步骤

以关系数据库管理系统（RDBMS）为例，逻辑结构设计的步骤如下。

（1）将用E-R图表示的概念结构转换为关系模型。

（2）优化模型。

（3）设计适合DBMS的关系模式。

4.4.2 E-R图向关系模型的转换

由E-R图向关系模型转换有以下两个规则。

< 46 >

1．一个实体转换为一个关系模式

实体的属性就是关系的属性，实体的码就是关系的码。

2．实体间的联系转换为关系模式有不同的情况

（1）一个一对一的联系（1∶1）可以转换为一个独立的关系模式，也可以与任意1端所对应的关系模式合并。

如果转换为一个独立的关系模式，则与该联系相连的各实体的码以及联系本身的属性都转换为关系的属性，每个实体的码都是该关系的候选码。

如果与某1端实体对应的关系模式合并，则需在该关系模式的属性中加入另一个关系模式的码和联系本身的属性。

（2）一个一对多的联系（1∶n）可以转换为一个独立的关系模式，也可以与n端所对应的关系模式合并。

如果转换为一个独立的关系模式，则与该联系相连的各实体的码以及联系本身的属性都转换为关系的属性，且关系的码为n端实体的码。

如果与n端实体对应的关系模式合并，则需在该关系模式的属性中加入1端实体的码和联系本身的属性。

（3）一个多对多的联系（m∶n）转换为一个独立的关系模式。

与该联系相连的各实体的码以及联系本身的属性都转换为关系的属性，各实体的码组成该关系的码或关系的码的一部分。

（4）三个或三个以上实体间的一个多元联系可以转换为一个独立的关系模式。

与该多元联系相连的各实体的码以及联系本身的属性都转换为关系的属性，各实体的码组成该关系的码或关系的码的一部分。

（5）具有相同码的关系模式可以合并。

【例4.4】一对一的联系（1∶1）的E-R图如图4.7所示，将E-R图转换为关系模型。

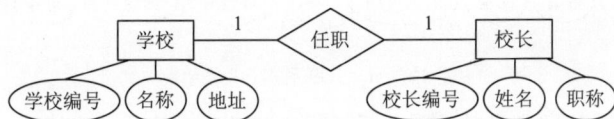

图 4.7　1∶1 联系的 E-R 图示例

方案1：联系转换为独立的关系模式，则转换后的关系模式如下。

学校 (学校编号, 名称, 地址)
校长 (校长编号, 姓名, 职称)
任职 (学校编号, 校长编号)

方案2：联系合并到"学校"关系模式中，则转换后的关系模式如下。

学校 (学校编号, 名称, 地址, 校长编号)
校长 (校长编号, 姓名, 职称)

方案3：联系合并到"校长"关系模式中，则转换后的关系模式如下。

学校 (学校编号, 名称, 地址)
校长 (校长编号, 姓名, 职称, 学校编号)

< 47 >

在1:1联系中，一般不将联系转换为一个独立的关系模式，这是由于关系模式个数越多，相应的表也越多，查询时会降低查询效率。

【例4.5】 一对多的联系（1:n）的E-R图如图4.8所示，将E-R图转换为关系模型。

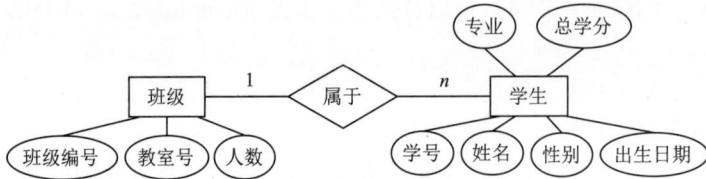

图 4.8　1:n 联系的 E-R 图示例

方案1：联系转换为独立的关系模式，则转换后的关系模式如下。

班级 (班级编号,教室号,人数)
学生 (学号，姓名，性别，出生日期,专业,总学分)
属于 (学号,班级编号)

方案2：联系合并到n端实体对应的关系模式中，则转换后的关系模式如下。

班级 (班级编号,教室号,人数)
学生 (学号,姓名,性别,出生日期,专业,总学分,班级编号)

同样的原因，在1:n联系中，一般也不将联系转换为一个独立的关系模式。

【例4.6】 多对多的联系（m:n）的E-R图如图4.9所示，将E-R图转换为关系模型。

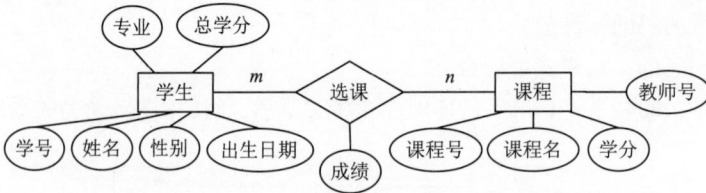

图 4.9　m:n 联系的 E-R 图示例

对于m:n联系，必须转换为独立的关系模式，转换后的关系模式如下。

学生 (学号,姓名,性别,出生日期,专业,总学分)
课程 (课程号,课程名,学分,教师号)
选课 (学号,课程号,成绩)

【例4.7】 将例4.3所得的改进的全局教学管理E-R图转换为关系模式。

将"学生"实体、"课程"实体、"教师"实体、"专业"实体分别设计成一个关系模式，将"拥有"联系（1:n联系）合并到"学生"实体（n端实体）对应的关系模式中，将"选课"联系和"讲课"联系（m:n联系）转换为独立的关系模式。

学生 (学号,姓名,性别,出生日期,总学分,专业代码)
课程 (课程号,课程名,学分)
教师 (教师编号,姓名,性别,出生日期,职称,学院)
专业 (专业代码,专业名称)
选课 (学号,课程号,成绩)
讲课 (教师编号,课程号,上课地点)

< 48 >

4.5 物理结构设计

数据库在物理设备上的存储结构和存取方法称为数据库的物理结构。

为已确定的逻辑数据结构选取一个最适合应用环境的物理结构，称为物理结构设计。

数据库的物理结构设计通常分为两步。

- 确定数据库的物理结构，在关系数据库中主要指存取方法和存储结构。
- 对物理结构进行评价，评价的重点是时间效率和空间效率。

1．物理结构设计的内容和方法

数据库的物理结构设计包括的主要内容为确定数据的存取方法和确定数据的存储结构。

（1）确定数据的存取方法。

存取方法是快速存取数据库中数据的技术，具体采用的方法由数据库管理系统根据数据的存储方式决定，一般用户不能干预。

一般用户可以通过建立索引的方法来加快数据的查询效率。

建立索引的一般原则如下。

- 在经常作为查询条件的属性上建立索引。
- 在经常作为连接条件的属性上建立索引。
- 在经常作为分组依据列的属性上建立索引。
- 对经常进行连接操作的表建立索引。

一个表可以建立多个索引，但只能建立一个聚簇索引。

（2）确定数据的存储结构。

一般的存储方式有顺序存储、散列存储和聚簇存储。

- 顺序存储：该存储方式的平均查找次数为表中记录数的二分之一。
- 散列存储：其平均查找次数由散列算法确定。
- 聚簇存储：为了提高某个属性或属性组的查询速度，把这个属性或属性组上具有相同值的元组集中存放在连续的物理块上的处理称为聚簇，这个属性或属性组称为聚簇码。通过聚簇可以极大地提高按聚簇码进行查询的速度。

一般情况下系统都会为数据选择一种最合适的存储方式。

2．物理结构设计的评价

在物理设计过程中，需要对时间效率、空间效率、维护代价和各种用户要求进行权衡，从而产生多种设计方案，数据库设计人员应对这些方案详细地进行评价，从中选择一个较优的方案作为数据库的物理结构。

评价物理结构设计的方法完全依赖于具体的数据库管理系统，主要考虑的是操作开销，即为使用户获得及时、准确的数据所需的开销和计算机资源的开销。具体可分为如下几类。

- 查询和响应时间。
- 更新事务的开销。
- 生成报告的开销。
- 主存储空间的开销。
- 辅助存储空间的开销。

< 49 >

4.6 数据库实施

数据库实施阶段的主要任务是根据数据库逻辑结构和物理结构设计的结果，在实际的计算机系统中建立数据库的结构、加载数据、编码和调试应用程序、数据库的试运行等。

1．建立数据库的结构

使用给定的数据库管理系统提供的命令，建立数据库的模式、外模式和内模式，对于关系数据库，就是创建数据库和建立数据库中的表、视图、索引。

2．加载数据与应用程序的编码和调试

数据库实施阶段有两项重要工作：一是加载数据，二是应用程序的编码和调试。

数据库系统中，一般数据量都很大，各应用环境的差异也很大。

为了保证数据库中的数据正确、无误，必须十分重视数据的校验工作。在将数据输入系统进行数据转换过程中，应该进行多次校验。对于重要数据的校验更应该反复多次，确认无误后再将数据送入数据库中。

数据库应用程序的设计应与数据库的设计同时进行，在加载数据到数据库的同时，还要调试应用程序。

3．数据库的试运行

在有一部分数据加载到数据库之后，就可以开始对数据库系统进行联合调试了，这个过程又称为数据库的试运行。

这一阶段要实际运行数据库应用程序，执行对数据库的各种操作，测试应用程序的功能是否满足设计要求。如果不满足，则要对应用程序进行修改、调整，直到达到设计要求为止。

在数据库的试运行阶段，还要对系统的性能指标进行测试，分析其是否达到设计目标。

4.7 数据库运行和维护

数据库试运行合格后，数据库开发工作基本完成，数据库可以投入正式运行。

数据库投入运行标志着开发工作的基本完成和维护工作的开始，只要数据库存在，就需要不断地对它进行评价、调整和维护。

在数据库运行阶段，对数据库经常性的维护工作主要由数据库系统管理员完成，其主要工作有：数据库的备份和恢复，数据库的安全性和完整性控制，监视、分析、调整数据库性能，数据库的重组和重构。

1．数据库的备份和恢复

数据库的备份和恢复是系统正式运行后重要的维护工作，要对数据库进行定期备份，一旦出现故障，要能及时地将数据库恢复到尽可能的正确状态，以减少数据库损失。

2．数据库的安全性和完整性控制

随着数据库应用环境的变化，对数据库的安全性和完整性要求也会发生变化。例如，增加、删除用户，增加、修改某些用户的权限，撤回某些用户的权限，数据的取值范围发生变化等。这都需要系统管理员对数据库进行适当调整，以适应这些新的变化。

< 50 >

3．监视、分析、调整数据库性能

数据库运行阶段要监视数据库的运行情况，并对检测数据进行分析，找出能够提高性能的可行性，并适当地对数据库进行调整。目前有些数据库管理系统产品提供了性能检测工具，数据库系统管理员可以利用这些工具很方便地监视数据库。

4．数据库的重组和重构

数据库运行一段时间后，随着数据的不断添加、删除和修改，会使数据库的存取效率降低，数据库管理员可以改变数据库中数据的组织方式，通过增加、删除或调整部分索引等方法，改善系统的性能。

数据库的重组并不改变数据库的逻辑结构，而数据库的重构指部分修改数据库的模式和内模式。

本章小结

本章主要介绍了以下内容。

（1）数据库设计是指对于一个给定的应用环境，构造优化的数据库逻辑模式和物理结构，以建立数据库及其应用系统。数据库设计是数据库应用系统设计的一部分，数据库应用系统的设计和开发本质上属于软件工程的范畴。

数据库设计分为以下6个阶段：需求分析阶段、概念结构设计阶段、逻辑结构设计阶段、物理结构设计阶段、数据库实施阶段、数据库运行与维护阶段。

（2）需求分析是在用户调查的基础上，通过分析，逐步明确用户对系统的需求，包括数据需求和围绕这些数据的业务处理需求。用户调查的重点是"数据"和"处理"。

需求分析中的结构化分析方法采用自顶向下、逐层分解的方法分析系统，通过数据流图、数据字典描述系统。

（3）需求分析得到的数据描述是无结构的，概念结构设计是在需求分析的基础上转换为有结构的、易于理解的精确表达。概念结构设计阶段的目标是形成整体数据库的概念结构，它独立于数据库逻辑结构和具体的数据库管理系统。描述概念模型的有力工具是E-R图，概念结构设计是整个数据库设计的关键。

概念结构设计的一般步骤为：根据需求分析划分的局部应用，设计局部E-R图。将局部E-R图合并，消除冗余和可能的矛盾，得到系统的全局E-R图，审核和验证全局E-R图，完成概念模型的设计。

（4）逻辑结构设计的任务是将概念结构设计阶段设计好的基本E-R图转换为与选用的数据库管理系统产品所支持的数据模型相符合的逻辑结构。由于当前主流的数据模型是关系模型，所以逻辑结构设计是将E-R图转换为关系模型，即将E-R图转换为一组关系模式。

逻辑结构设计的步骤为：将用E-R图表示的概念结构转换为关系模型，优化模型，设计适合DBMS的关系模式。

由E-R图向关系模型转换有以下两个规则：一个实体转换为一个关系模式，实体间的联系转换为关系模式有几种不同的情况。

（5）数据库在物理设备上的存储结构和存取方法称为数据库的物理结构。对已确定的逻辑数据结构，利用数据库管理系统提供的方法、技术，以较优的存储结构、数据存取路径、合理的数据存储位置以及存储分配，为逻辑数据模型选取一个最适合应用环境的物理结构，就是物理结构设计。

< 51 >

　　数据库的物理结构设计通常分为两步：确定数据库的物理结构，在关系数据库中主要指存取方法和存储结构；对物理结构进行评价，评价的重点是时间效率和空间效率。

　　（6）数据库实施包括建立数据库的结构、加载数据、编码和调试应用程序、数据库的试运行等。

　　（7）数据库投入运行标志着开发工作的基本完成和维护工作的开始，只要数据库存在，就需要不断地对它进行评价、调整和维护。

　　在数据库运行阶段，对数据库经常性的维护工作主要由数据库系统管理员完成，其主要工作有：数据库的备份和恢复，数据库的安全性和完整性控制，监视、分析、调整数据库性能，数据库的重组和重构。

习题4

一、选择题

1. 数据库设计中概念结构设计的主要工具是_____。

　　A. E-R图　　　　B. 概念模型　　　C. 数据模型　　　D. 范式分析

2. 数据库设计人员和用户之间沟通信息的桥梁是_____。

　　A. 程序流程图　　B. 模块结构图　　C. 实体-联系图　　D. 数据结构图

3. 概念结构设计阶段得到的结果是_____。

　　A. 数据字典描述的数据需求　　　　B. E-R图表示的概念模型

　　C. 某个DBMS所支持的数据结构　　D. 包括存储结构和存取方法的物理结构

4. 在关系数据库设计中，设计关系模式是_____的任务。

　　A. 需求分析阶段　　　　　　　　　B. 概念结构设计阶段

　　C. 逻辑结构设计阶段　　　　　　　D. 物理结构设计阶段

5. 生成DBMS系统支持的数据模型是在_____阶段完成的。

　　A. 概念结构设计　　　　　　　　　B. 逻辑结构设计

　　C. 物理结构设计　　　　　　　　　D. 运行和维护

6. 在关系数据库设计中，对关系进行规范化处理，使关系达到一定的范式，是_____的任务。

　　A. 需求分析阶段　　　　　　　　　B. 概念结构设计阶段

　　C. 逻辑结构设计阶段　　　　　　　D. 物理结构设计阶段

7. 逻辑结构设计阶段得到的结果是_____。

　　A. 数据字典描述的数据需求　　　　B. E-R图表示的概念模型

　　C. 某个DBMS所支持的数据结构　　D. 包括存储结构和存取方法的物理结构

8. 员工性别的取值，有的用"男"和"女"，有的用"1"和"0"，这种情况属于_____。

　　A. 结构冲突　　　B. 命名冲突　　　C. 数据冗余　　　D. 属性冲突

9. 将E-R图转换为关系数据模型的过程属于_____。

　　A. 需求分析阶段　　　　　　　　　B. 概念结构设计阶段

　　C. 逻辑结构设计阶段　　　　　　　D. 物理结构设计阶段

10. 根据需求建立索引是在_____阶段完成的。

　　A. 运行和维护　　B. 物理结构设计　　C. 逻辑结构设计　　D. 概念结构设计

< 52 >

11. 物理结构设计阶段得到的结果是_____。
    A. 数据字典描述的数据需求　　　　B. E-R图表示的概念模型
    C. 某个DBMS所支持的数据结构　　D. 包括存储结构和存取方法的物理结构
12. 在关系数据库设计中，设计视图是_____的任务。
    A. 需求分析阶段　　　　　　　　　B. 概念结构设计阶段
    C. 逻辑结构设计阶段　　　　　　　D. 物理结构设计阶段
13. 进入数据库实施阶段，下述工作中，_____不属于实施阶段的工作。
    A. 建立数据库结构　　　　　　　　B. 加载数据
    C. 系统调试　　　　　　　　　　　D. 扩充功能
14. 在数据库物理设计中，评价的重点是_____。
    A. 时间效率和空间效率　　　　　　B. 动态性能和静态性能
    C. 用户界面的友好性　　　　　　　D. 成本和效益

二、填空题

1. 数据库设计的6个阶段为：需求分析阶段、概念结构设计阶段、_____、物理结构设计阶段、数据库实施阶段、数据库运行与维护阶段。

2. 结构化分析方法通过数据流图和_____描述系统。

3. 概念结构设计阶段的目标是形成整体_____的概念结构。

4. 描述概念模型的有力工具是_____。

5. 逻辑结构设计是将E-R图转换为_____。

6. 数据库在物理设备上的存储结构和_____称为数据库的物理结构。

7. 对物理结构进行评价的重点是_____。

8. 在数据库运行阶段经常性的维护工作有：_____，数据库的安全性和完整性控制，监视、分析、调整数据库性能，数据库的重组和重构。

三、问答题

1. 数据库设计包括哪几个阶段？
2. 简述概念结构设计的步骤。
3. 简述逻辑结构设计的步骤。
4. 简述E-R图向关系模型转换的规则。

< 53 >

第**5**章 MySQL数据库管理系统

开放源代码的关系数据库管理系统逐渐流行，MySQL正是一个开放源代码的关系数据库管理系统的杰出代表。许多中小型网站和信息管理系统选择开源的MySQL作为网站数据库，是由于其具有成本低、体积小、速度快、配置简单、性能优良等特点。本章介绍MySQL的特点和MySQL 8.0的新特性，MySQL 8.0的安装和配置，MySQL服务器的启动、关闭和登录等内容，本章的学习可为以后各章奠定基础。

5.1 MySQL的特点和MySQL 8.0的新特性

5.1.1 MySQL的特点

MySQL先由SUN公司收购，后来被Oracle公司收购。

MySQL数据库管理系统具有以下特点。

（1）支持多种操作系统平台，例如Linux、Solaris、Windows、macOS、AIX、FreeBSD、HP-UX、Novell Netware、OpenBSD、OS/2、Wrap等。

（2）开放源代码，可以大幅度降低成本。

（3）使用核心线程的完全多线程服务，这意味着可以采用多CPU体系结构。

（4）使用C和C++编写，并使用多种编译器进行测试，保证了源代码的可移植性。

（5）为多种编程语言提供了API（application program interface，应用程序接口）。这些编程语言包括C、C++、Python、Java、Perl、PHP、Eiffel、Ruby等。

（6）支持多种存储引擎。

（7）优化的SQL查询算法，可有效地提高查询速度。

（8）既能够作为一个单独的应用程序应用在客户-服务器（client/server，C/S）网络环境中，也能够作为一个库嵌入其他软件中。

（9）提供多语言支持，常见的编码如中文GB2312、Big5等都可用作数据库的表名和列名。

（10）提供TCP/IP（传输控制协议/互联网协议）、ODBC（开放式数据库互连）和JDBC（Java数据库互连）等多种数据库连接途径。

（11）提供可用于管理、检查、优化数据库操作的管理工具。

（12）能够管理拥有上千万条记录的大型数据库。

用MySQL数据库管理系统构建网站和信息管理系统有两种架构方式：LAMP和WAMP。

- LAMP

LAMP（Linux+Apache+MySQL+PHP/Perl/Python）使用Linux作为操作系统，Apache作为Web服务器，MySQL作为数据库管理系统，PHP/Perl/Python作为服务器端脚本解释器。该架构的所有组成产品都是开源软件。与J2EE架构相比，LAMP架构具有Web资源丰富、轻量、快速开发等特点。与.NET架构相比，LAMP架构具有通用、跨平台、高性能、低价格等特点。

- WAMP

WAMP（Windows+Apache+MySQL+PHP/Perl/Python）使用Windows作为操作系统，Apache作为Web服务器，MySQL作为数据库管理系统，PHP/Perl/Python作为服务器端脚本解释器。

5.1.2　MySQL 8.0的新特性

1．InnoDB存储引擎增强

（1）新的数据字典可以对元数据统一管理，同时也提高了查询性能和可靠性。

（2）原子DDL的操作，提供了更加可靠的管理。

（3）自增列的持久化，解决了长久以来自增列重复值的问题。

（4）死锁检查控制，可以选择在高并发场景中关闭，提高MySQL数据库在高并发场景中的性能。

（5）锁定语句选项，可以根据不同业务需求来选择锁定语句级别，使MySQL数据库能协同工作，包括应用到集群、分区、数据防护、压缩、自动存储管理等。

2．账户与安全

My SQL 8.0提高了用户和密码管理的安全性，方便了权限的管理。

（1）MySQL数据库的授权表统一为 InnoDB（事务性）表。

（2）增加了密码重用策略，支持修改密码时要求用户输入当前密码。

（3）开始支持角色功能。

3．通用表表达式

MySQL 8.0支持公用表表达式（common table expressions，CTE），包括非递归和递归两种形式，参见8.8节通用表表达式。

4．窗口函数

窗口函数（window functions）是一种新的查询方式，可以实现较复杂的数据分析，MySQL 8.0新增了窗口函数，参见8.7节窗口函数。

5．查询优化

（1）开始支持不可见的索引，方便索引的维护和性能调试。

（2）开始支持降序索引，提高了特定场景的查询性能。

6．正则表达式

MySQL 8.0支持正则表达式，提升了正则表达式的性能，参见8.6节使用正则表达式进行查询。

7．更完善的JSON支持

MySQL 8.0对支持JSON存储进行了优化，增加了聚合函数，新增了行内操作符，对JSON 排序进行了提升，优化了JSON更新操作，参见第6章的JSON数据类型。

8．字符集支持

MySQL 8.0已将默认字符集从latin1更改为utt8mb4。

< 55 >

5.2 MySQL 8.0的安装和配置

下面介绍MySQL 8.0的安装和配置步骤。

5.2.1 MySQL 8.0的安装

安装MySQL 8.0，需要32位或64位Windows操作系统，例如Windows 7、Windows 8、Windows 10、Windows 11、Windows Server 2012等，在安装时需要具有系统管理员的权限。

1．下载安装软件

MySQL 8.0安装软件的下载网址：https://dev.mysql.com/downloads/installer/。

打开MySQL Community Downloads下载页面，在MySQL Installer 8.0.18窗口中，选择Microsoft Windows操作系统，可以选择32位或64位安装包，这里选择32位，单击Download按钮即可下载。

2．安装步骤

下面以在Windows 7下安装MySQL 8.0为例，说明其安装步骤。

（1）双击下载的mysql-installer-community-8.0.18.0.msi文件，出现"License Agreement（用户许可协议）"窗口，选中"I accept the license terms"复选框，然后单击"Next（下一步）"按钮，系统进入"Choosing a Setup Type（选择安装类型）"窗口，这里选择"Custom（自定义）"安装类型，单击"Next"按钮，如图5.1所示。

（2）进入"Select Products and Features（产品定制选择）"窗口，这里选择"MySQL Server 8.0.18-x64""MySQL Documentation 8.0.18-x86"和"MySQL Samples and Examples 8.0.18-x86"，单击"Next"按钮。

图 5.1　选择安装类型窗口

（3）进入准备安装窗口，单击"Execute（执行）"按钮。

（4）开始安装MySQL文件，安装完成后在"Status（状态）"列显示Complete（安装完成）。

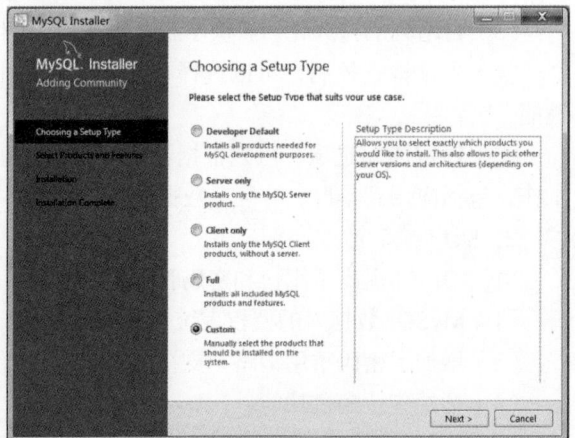

5.2.2 MySQL 8.0的配置

安装完MySQL之后，需要进行配置，配置步骤如下。

（1）在MySQL安装步骤的第（4）步，单击"Next"按钮，进入"Product Configuration（产品配置）"窗口。

（2）单击"Next"按钮，进入服务器配置窗口。

（3）单击"Next"按钮，进入服务器类型配置窗口，采用默认设置。其中，"Config Type"下拉列表中有3个选项：Development Machine（开发机器）、Server Machine（服务器）、Dedicated Machine（专用服务器），这里选择Development Machine选项。

< 56 >

（4）单击"Next"按钮，进入授权方式窗口，这里选择第2个单选按钮，即传统的授权方法，保留5.x版本的兼容性。

（5）单击"Next"按钮，进入设置服务器密码窗口，同样的密码输入两次，这里设置密码为123456。

（6）单击"Next"按钮，进入设置服务器名称窗口，本书设置服务器名称为"MySQL"。

（7）单击"Next"按钮，进入确认设置服务器窗口。

（8）单击"Execute"按钮，系统自动配置MySQL服务器，配置完成后，单击"Finish（完成）"按钮，完成服务器配置，如图5.2所示。

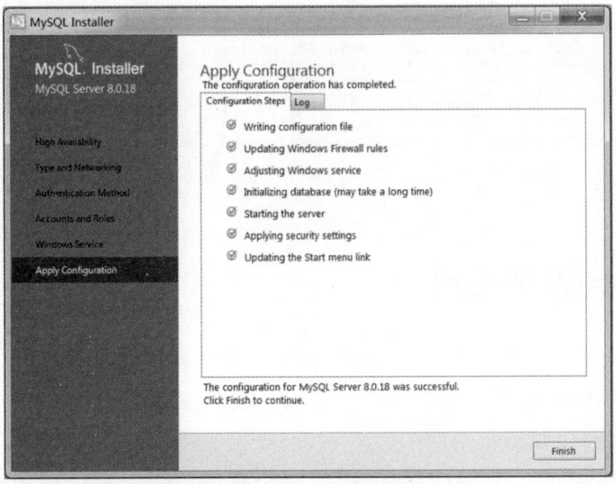

图 5.2　完成服务器配置窗口

5.3　MySQL服务器的启动、关闭和登录

5.3.1　MySQL服务器的启动和关闭

MySQL安装和配置完成后，需要启动服务器进程，客户端才能通过命令行工具登录数据库。下面介绍MySQL服务器的启动和关闭。

启动和关闭MySQL服务器的操作步骤如下。

（1）单击"开始"菜单，在"搜索程序和文件"文本框中输入"services.msc"，按Enter键，出现"服务"窗口，如图5.3所示。可以看出，MySQL服务已启动，服务的启动类型为自动类型。

（2）在图5.3中，可以更改MySQL服务的启动类型，选中服务名称为"MySQL"的项目，右击，在弹出的快捷菜单中选择"属性"命令，弹出如图5.4所示的对话框，在"启动类型"下拉列表中可以选择"自动""手动"和"禁用"等选项。

（3）在图5.4中，在"服务状态"栏可以更改服务状态为"停止""暂停"和"恢复"。这里，单击"停止"按钮，即可关闭服务器。

< 57 >

图 5.3 "服务"窗口

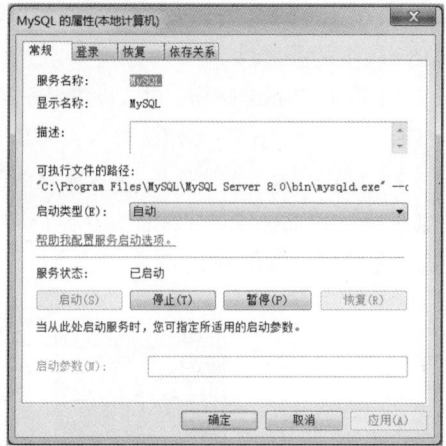

图 5.4 "MySQL 的属性（本地计算机）"对话框

5.3.2 登录MySQL服务器

在Windows操作系统下，登录服务器有MySQL命令行客户端和Windows命令行两种方式，下面分别进行介绍。

1．MySQL命令行客户端

在安装MySQL的过程中，MySQL命令行客户端被自动配置到计算机上，以C/S模式连接和管理MySQL服务器。

选择"开始"→"所有程序"→"MySQL"→"MySQL Server 8.0"→"MySQL Server 8.0 Command Line Client"命令，进入密码输入窗口，输入管理员口令，即安装MySQL时自己设置的密码，这里是123456，出现命令行提示符"mysql>"，表示已经成功登录MySQL服务器，如图5.5所示。

2．Windows命令行

以Windows命令行登录服务器的步骤如下。

（1）单击"开始"按钮，在"搜索程序和文件"文本框中输入"cmd"，按Enter键，进入DOS窗口。

（2）输入"cd C:\Program Files\MySQL\MySQL Server 8.0\bin"命令，按Enter键，进入安装MySQL的bin目录。

输入"C:\Program Files\MySQL\MySQL Server 8.0\bin > mysql -u root -p"命令，按Enter键，输入密码"Enter password: ******"，这里是123456，出现命令行提示符"mysql>"，表示已经成功登录MySQL服务器，如图5.6所示。

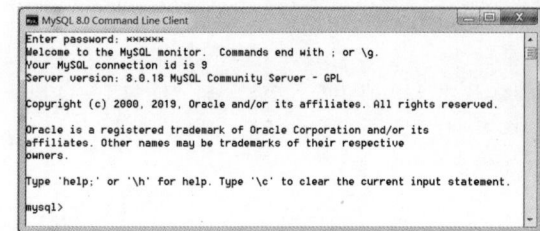

图 5.5 MySQL 命令行客户端

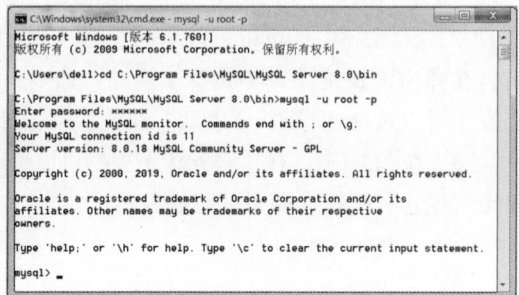

图 5.6 Windows 命令行

< 58 >

本章小结

本章主要介绍了以下内容。

（1）MySQL的特点。

（2）MySQL 8.0在InnoDB存储引擎增强、账户与安全、通用表表达式、窗口函数、查询优化、正则表达式、JSON增强、字符集支持等方面具有新特性。

（3）MySQL 8.0的安装和配置步骤。

（4）启动和关闭MySQL服务器的操作步骤。

启动MySQL服务器时，出现"服务"窗口，名称为"MySQL"的状态为"已启动"，表示MySQL服务已启动。

使用MySQL命令行客户端和Windows命令行两种方式登录服务器，出现命令行提示符"mysql>"，表示已经成功登录MySQL服务器。

习题5

一、选择题

1. MySQL是 _____ 。

　A. 数据库系统　　　　　　　　　　B. 数据库

　C. 数据库管理员　　　　　　　　　D. 数据库管理系统

2. 下面的数据库产品，_____是开源数据库。

　A. MySQL　　　　B. Oracle　　　　C. SQL Server　　　　D. DB2

二、填空题

1. 登录服务器可以使用_____和Windows命令行两种方式。

2. 在MySQL服务的"启动类型"下拉列表中可以选择"自动""_____"和"禁用"等选项。

三、问答题

1. MySQL 8.0具有哪些新特征？

2. 如何判断MySQL服务器已经运行？

3. 怎样知道已经成功登录MySQL服务器？

< 59 >

第 *6* 章 数据定义

数据库是一个存储数据对象的容器，数据对象包含表、视图、索引、存储过程、触发器等，而表是数据库中最重要的数据库对象，用来存储数据库中的数据。数据完整性指数据库中数据的正确性、一致性和有效性，数据完整性规则通过完整性约束来实现。在实际应用中，必须首先定义数据库，然后才能定义存放于数据库中的表和其他数据对象，而各种完整性规则作为表的定义的一部分。数据定义语言用于对数据库及数据库中的各种对象进行创建、删除、修改等操作。本章介绍数据定义语言概述，MySQL数据库的基本概念，数据库的创建、选择、修改和删除，MySQL表概述，表的创建、查看、修改和删除，数据完整性约束等内容。

6.1 数据定义语言概述

数据定义语言用于对数据库及数据库中的各种对象进行创建、删除、修改等操作。数据库对象主要包括表、默认约束、规则、视图、触发器、存储过程等。

数据定义语言包括的主要SQL语句如下。

（1）CREATE语句：用于创建数据库或数据库对象。不同的数据库对象，其CREATE语句的语法形式不同。

（2）ALTER语句：对数据库或数据库对象进行修改。不同的数据库对象，其ALTER语句的语法形式不同。

（3）DROP语句：删除数据库或数据库对象。不同的数据库对象，其DROP语句的语法形式不同。

6.2 创建MySQL数据库

创建 MySQL
数据库

本节介绍MySQL数据库的基本概念、创建数据库、选择数据库、修改数据库和删除数据库等内容。

6.2.1 MySQL数据库的基本概念

安装MySQL数据库时，生成了系统使用的数据库，包括mysql、information_schema、performance_schema和sys等。MySQL把有关数据库管理系统自身的管理信息都保存在这几个数据库中。如果删除了它们，MySQL将不能正常工作，操作时要十分小心。

可以使用SHOW DATABASES命令查看已有的数据库。

【例6.1】使用SHOW DATABASES命令查看MySQL中已有的数据库。

在MySQL命令行客户端，代码和执行结果如下。

```
mysql> SHOW DATABASES;
+--------------------------+
| Database                 |
+--------------------------+
| information_schema       |
| mysql                    |
| performance_schema       |
| sys                      |
+--------------------------+
4 rows in set (0.00 sec)
```

这几个系统使用的数据库如果被删除了，MySQL将无法正常工作，操作时务必注意，其作用分别介绍如下。

- mysql：描述用户访问权限。
- information_schema：保存关于MySQL服务器所维护的所有其他数据库的信息，如数据库名、数据库的表、表栏的数据类型与访问权限等。
- performance_schema：主要用于收集数据库服务器的性能参数。
- sys：该数据库中包含一系列的存储过程、自定义函数以及视图，存储了许多系统的元数据信息。

创建MySQL数据库包括创建数据库、选择数据库、修改数据库和删除数据库等操作，下面分别介绍。

6.2.2 创建数据库

在使用数据库以前，首先需要创建数据库。在教学管理系统中，我们以创建名称为teachsys的教学数据库为例，说明创建数据库时使用的SQL语句。

创建数据库使用CREATE DATABASE语句。

语法格式如下。

```
CREATE {DATABASE | SCHEMA} [IF NOT EXISTS] db_name
[[DEFAULT] CHARACTER SET charset_name]
[[DEFAULT] COLLATE collation_name];
```

说明如下。

- 语句中"[ ]"为可选语法项，"{ }"为必选语法项，"|"分隔括号或大括号中的语法项，只能选择其中一项。

< 61 >

- db_name：数据库名称。
- IF NOT EXISTS：在创建数据库前进行判断，只有该数据库目前尚不存在时才执行 CREATE DATABASE操作。
- CHARACTER SET：指定数据库字符集。
- COLLATE：指定字符集的校对规则。
- DEFAULT：指定默认值。

【例6.2】创建教学数据库teachsys，该数据库是本书的案例数据库，在以后各章的例题中会多次用到。

在MySQL命令行客户端，代码和执行结果如下。

```
mysql> CREATE DATABASE teachsys;
Query OK, 1 row affected (0.01 sec)
```

6.2.3 选择数据库

用CREATE DATABASE语句创建数据库之后，该数据库不会自动成为当前数据库，需要用USE语句指定当前数据库。

语法格式如下。

```
USE db_name;
```

例如，将数据库teachsys指定为当前数据库。

在MySQL命令行客户端，代码和执行结果如下。

```
mysql> USE teachsys;
Database changed
```

6.2.4 修改数据库

数据库在创建后，如果需要修改数据库的参数，可以使用ALTER DATABASE语句。

语法格式如下。

```
ALTER {DATABASE | SCHEMA} [db_name]
[DEFAULT] CHARACTER SET charset_name
[DEFAULT] COLLATE collation_name;
```

说明如下。

- 数据库名称可以省略，表示修改当前（默认）数据库。
- CHARACTER SET和COLLATE：与创建数据库语句相同。

【例6.3】修改数据库的参数：默认字符集和校对规则。

< 62 >

在MySQL命令行客户端，代码和执行结果如下。

```
mysql> ALTER DATABASE teachsys
    -> DEFAULT CHARACTER SET gb2312
    -> DEFAULT COLLATE gb2312_chinese_ci;
Query OK, 1 row affected (0.01 sec)
```

6.2.5　删除数据库

删除数据库使用DROP DATABASE语句。

语法格式如下。

```
DROP {DATABASE | SCHEMA} [IF EXISTS] db_name
```

说明如下。

- db_name：指定要删除的数据库名称。
- DROP DATABASE 或 DROP SCHEMA：删除指定的整个数据库，数据库中所有的表和所有数据也将被永久删除，并不给出任何提示确认的信息。因此，删除数据库要特别小心。
- IF EXISTS：使用该子句，可避免删除不存在的数据库时出现MySQL错误信息。

【例6.4】使用DROP DATABASE语句删除数据库teachsys。

在MySQL命令行客户端，代码和执行结果如下。

```
mysql> DROP DATABASE teachsys;
Query OK, 0 rows affected (0.01 sec)
```

6.3　数据类型

数据类型是指系统中所允许数据的类型，它可以决定数据的存储格式、有效范围和相应值的范围限制。

MySQL的数据类型包括数值类型、字符串类型、日期和时间类型、二进制数据类型、JSON数据类型等。

6.3.1　数值类型

数值类型包括整数类型、定点数类型、浮点数类型，分别介绍如下。

1．整数类型

整数类型包括tinyint、smallint、mediumint、int、bigint等类型，integer是int的同义词，其字节数和取值范围如表6.1所示。

< 63 >

表6.1 整数类型的字节数和取值范围

数据类型	字节数	无符号数取值范围	有符号数取值范围
tinyint	1	0～255	−128～127
smallint	2	0～65535	−32768～32767
mediumint	3	0～16777215	−8388608～8388607
int	4	0～4294967295	−2147483648～2147483647
bigint	8	$0～1.84 \times 10^{19}$	$\pm 9.22 \times 10^{18}$

2．定点数类型

定点数类型用于存储定点数，保存必须为确切精度的值。

在MySQL中，decimal(m, d) 和numeric(m, d)视为相同的定点数类型，m是小数的总位数，d是小数点后面的位数。

m的取值范围为1~65，取0时会被设为默认值，超出范围会报错。d的取值范围为0~30，而且必须$d \leq m$，超出范围会报错。m的默认值为10，d的默认值为0。dec是 decimal的同义词。

3．浮点数类型

浮点数类型包括单精度浮点数float类型和双精度浮点数double类型。

MySQL中的浮点数类型有float(m, d)和double(m, d)，m是小数位数的总数，d是小数点后面的位数。

（1）float类型。

float类型占4字节，其中，1位为符号位，8位表示指数，23位为尾数。

在float(m, d)中，$m \leq 6$时，数字通常是准确的，即float类型只保证6位有效数字的准确性。

（2）double类型。

double类型占8字节，其中，1位为符号位，11位表示指数，52位为尾数。

在double(m, d)中，$m \leq 16$时，数字通常是准确的，即double类型只保证16位有效数字的准确性。

数值类型的选择应遵循如下原则。

（1）选择最小的可用类型，如果该字段的值不超过127，则使用tinyint比int的效果好。

（2）对于数值完全都是数字的，即数值无小数点时，可以选择整数类型，比如年龄。

（3）浮点数类型用于可能具有的小数部分的数，比如学生成绩。

（4）在需要表示金额等货币类型时，优先选择定点数类型。

6.3.2 字符串类型

常用的字符串类型有char(n)、varchar(n)、tinytext、text等，其取值范围如表6.2所示。

表6.2 字符串类型的取值范围

数据类型	取值范围	说明
char(n)	0～255个字符	固定长度字符串
varchar(n)	0～65535个字符	可变长度字符串
tinytext	0～255个字符	可变长度短文本
text	0～65535个字符	可变长度长文本

说明如下。

（1）char(*n*)和varchar(*n*)的括号中*n*代表字符的个数，并不代表字节个数，所以当使用中文（UTF8）时意味着可以插入*n*个中文，但是实际会占用*n**3个字节。

（2）char和varchar最大的区别就在于char不管实际值都会占用*n*个字符的空间，而varchar只会占用实际字符应该占用的空间+1，并且实际空间+1≤*n*。

（3）实际超过char和varchar类型设置的*n*值后，字符串后面的超过部分会被截断。

（4）char类型的上限为255个字符，varchar类型的上限为65535个字符，text类型的上限为65535个字符。

（5）char类型在存储的时候会截断尾部的空格，varchar和text类型不会。

6.3.3　日期和时间类型

MySQL主要支持5种日期和时间类型：date、time、datetime、timestamp、year，其取值范围和格式如表6.3所示。

表6.3　日期和时间类型的取值范围和格式

数据类型	取值范围	格式	说明
date	1000-01-01之后	YYYY-MM-DD	日期
time	-838:58:59—835:59:59	HH:MM:SS	时间
datetime	1000-01-01 00:00:00—9999-12-31 23:59:59	YYYY-MM-DD HH:MM:SS	日期和时间
timestamp	1970-01-01 00:00:00—2037	YYYY-MM-DD HH:MM:SS	时间标签
year	1901—2155	YY或YY YY	年份

6.3.4　二进制数据类型

二进制数据类型包含binary和blob类型。

1．binary

binary和varbinary类型类似于char和varchar类型，不同的是，它们存储的不是字符串，而是二进制串。所以它们没有字符集，并且排序和比较需要基于列字节的数值。

当保存binary类型的值时，在它们右边填充0x00值以达到指定长度。取值时不删除尾部的字节。比较时，注意空格和0x00是不同的（0x00<空格），插入'a '会变成'a \0'。对于varbinary类型值，插入时不填充字符，选择时不裁剪字节。

2．blob

blob类型是一个二进制大对象，可以容纳可变数量的数据，可以存储数据量很大的二进制数据，如图片、音频、视频等二进制数据。在大多数情况下，可以将blob列视为足够大的varbinary列。有4种blob类型：tinyblob、blob、mediumblob和longblob，它们只是可容纳值的最大长度不同。

6.3.5　JSON数据类型

MySQL 8.0对支持JSON（JavaScript object notation，JS对象简谱）存储进行了优化，JSON是一种轻量级数据交换格式，JSON有两种数据结构：对象和数组。

JSON的值包括数字、字符串、逻辑值、NULL、对象和数组。

1．JSON对象

一个标准的JSON对象包含一组键值对，使用逗号分隔，并用括号"{}"括起来。

```
{"键1":"值1",...}
```

例如，{"tc": 52, "sno": "191001", "ssex": "男", "sname": "刘清泉", "sbirthday": "1998-06-21", "speciality": "计算机"}。

2．JSON数组

JSON数组包含在方括号"[]"之间。

```
[{"键1":"值1",...},...]
```

例如，["sno", "196001", "sname", "董明霞", "ssex", "女", "sbirthday", "1999-05-02", "speciality", "通信", "tc", 50]。

6.4 创建MySQL表

在创建数据库的过程中，最重要的一步就是创建表。下面介绍表的基本概念、创建表、查看表、修改表、删除表等内容。

6.4.1 表的基本概念

1．表和表结构

在工作和生活中，表是经常使用的一种表示数据及其关系的形式。在案例数据库teachsys中，教师表（teacher）如表6.4所示。

表6.4 教师表（teacher）

教师编号	姓名	性别	出生日期	职称	学院
100007	何思敏	男	1976-11-04	教授	计算机学院
100020	万丽	女	1980-04-21	教授	计算机学院
120031	陶淑雅	女	1984-06-19	副教授	外国语学院
400015	蔡桂华	女	1989-12-14	讲师	通信学院
800028	郭正	男	1986-09-07	副教授	数学学院

表包含以下基本概念。

（1）表。表是数据库中存储数据的数据库对象，每个数据库包含若干个表，表由行和列组成。例如，表6.4由6行6列组成。

（2）表结构。每个表具有一定的结构，表结构包含一组固定的列，列由数据类型、长度、允许Null值、键、默认值等组成。

（3）记录。每个表包含若干行数据，表中一行称为一个记录（record）。表6.4有5个记录。

（4）字段。表中每列称为字段（field），每个记录由若干个数据项（列）构成，构成记录的每个数据项就称为字段。表6.4有6个字段。

（5）空值。空值（Null）通常表示未知、不可用或将在以后添加的数据。

（6）关键字。关键字用于唯一标识记录，如果表中记录的某一字段或字段组合能唯一标识记录，则该字段或字段组合称为候选键。如果一个表有多个候选键，则选定其中的一个为主键（primary key），表6.4的主键为"教师编号"。

（7）默认值。默认值指在插入数据时，当没有明确给出某列的值时，系统为此列指定一个值。在MySQL中，默认值即关键字DEFAULT。

2．表结构设计

在数据库设计过程中，最重要的是表结构设计，好的表结构设计对应着较高的效率和安全性，而差的表结构设计对应着差的效率和安全性。

创建表的核心是定义表结构及设置表和列的属性。创建表以前，首先要确定表名和表的属性，表所包含的列名、列的数据类型、长度、是不是空值、键、默认值等，这些属性构成表结构。

案例数据库teachsys中的专业表speciality、学生表student、课程表course、成绩表score、教师表teacher、讲课表lecture的表结构，参见书末"附录B 案例数据库——教学数据库teachsys表结构和样本数据"。其中，教师表teacher的表结构介绍如下。

（1）teacherid列是教师编号，该列的数据类型选择字符型char[(n)]，n的值为6，不允许为空值，无默认值。在teacher表中，只有teacherid列能唯一标识一名教师，所以将teacherid列设为主键。

（2）tname列是教师的姓名，姓名一般不超过4个中文字符，所以选择字符型char[(n)]，n的值为8，不允许为空值，无默认值。

（3）tsex列是教师的性别，选择字符型char[(n)]，n的值为2，不允许为空值，默认值为"男"。

（4）tbirthday列是教师的出生日期，选择date数据类型，不允许为空值，无默认值。

（5）title列是教师的职称，选择字符型char[(n)]，n的值为12，允许为空值，无默认值。

（6）school列是教师所在的学院，选择字符型char[(n)]，n的值为12，不允许为空值，无默认值。

设计teacher的表结构如表6.5所示。

表6.5　teacher的表结构

列名	数据类型	允许null值	键	默认值	说明
teacherid	char(6)	×	主键	无	教师编号
tname	char(8)	×		无	姓名
tsex	char(2)	×		男	性别
tbirthday	date	×		无	出生日期
title	char(12)	√		无	职称
school	char(12)	√		无	学院

6.4.2　创建表

创建表包括创建新表和复制已有表。

1．创建新表

在MySQL数据库中，创建新表使用CREATE TABLE语句。

语法格式如下。

```
CREATE [TEMPORARY] TABLE [IF NOT EXISTS] table_name
    [ ( [ column_definition ],...[ index_definition ] ) ]
```

< 67 >

```
[table_option] [SELECT_statement];
```

说明如下。

（1）TEMPORARY：用CREATE命令创建临时表。

（2）IF NOT EXISTS：只有该表目前尚不存在时才执行CREATE TABLE操作，以避免出现表已存在无法再新建的错误。

（3）column_definition：列定义，包括列名、数据类型、宽度、是否允许空值、默认值、主键约束、唯一性约束、列注释、外键等，格式如下。

```
col_name type [NOT NULL | NULL] [DEFAULT default_value]
    [AUTO_INCREMENT] [UNIQUE [KEY] | [PRIMARY] KEY]
    [COMMENT 'string'] [reference_definition]
```

- col_name：列名。
- type：数据类型，有的数据类型需要指明长度 n，并使用括号括起来。
- NOT NULL或NULL：指定该列非空或允许空，如果不指定，则默认为空。
- DEFAULT：为列指定默认值，默认值必须为一个常数。
- AUTO_INCREMENT：设置自增属性，只有整数类型列才能设置此属性。
- UNIQUE KEY：设置该列为唯一性约束。
- PRIMARY KEY：设置该列为主键约束，一个表只能定义一个主键，主键必须是NOT NULL。
- COMMENT string：注释字符串。
- reference_definition：设置该列为外键约束。

【例6.5】 使用CREATE TABLE语句创建teacher表，表结构如表6.5所示。

在MySQL命令行客户端，代码和执行结果如下。

```
mysql> USE teachsys;
Database changed
mysql> CREATE TABLE teacher
    ->     (
    ->         teacherid char(6) NOT NULL PRIMARY KEY,
    ->         tname char(8) NOT NULL,
    ->         tsex char(2) NOT NULL DEFAULT '男',
    ->         tbirthday date NOT NULL,
    ->         title char(12) NULL,
    ->         school char(12) NULL
    ->     );
Query OK, 0 rows affected (0.03 sec)
```

2. 复制已有表

使用直接复制数据库中已有表的结构和数据来创建一个表，更加方便和快捷。

语法格式如下。

```
CREATE [TEMPORARY] TABLE [IF NOT EXISTS] table_name
    [ LIKE old_table_name [ ] ]
    | [AS (SELECT_statement)];
```

< 68 >

说明如下。

- LIKE old_table_name：使用LIKE关键字创建一个与"源表名"相同结构的新表，但是不会复制表的内容。
- AS (SELECT_statement)：使用AS关键字可以复制表的内容，但不会复制索引和完整性约束。

【例6.6】复制teacher表的表结构创建teacher1表。

在MySQL命令行客户端，代码和执行结果如下。

```
mysql> USE teachsys;
Database changed
mysql> CREATE TABLE teacher1 like teacher;
Query OK, 0 rows affected (0.02 sec)
```

6.4.3　查看表

查看表包括查看表的名称、查看表的基本结构、查看表的详细结构等，下面分别介绍。

1．查看表的名称

可以使用SHOW TABLES语句查看表的名称。

语法格式如下。

```
SHOW TABLES [ { FROM | IN } db_name ];
```

其中，使用{ FROM | IN } db_name选项可以显示非当前数据库中的表名。

【例6.7】使用SHOW TABLES语句查看数据库teachsys中所有表名。

在MySQL命令行客户端，代码和执行结果如下。

```
mysql> USE teachsys;
Database changed
mysql> SHOW TABLES;
+--------------------------+
| Tables_in_teachsys       |
+--------------------------+
| teacher                  |
| teacher1                 |
+--------------------------+
2 rows in set (0.01 sec)
```

2．查看表的基本结构

使用SHOW COLUMNS语句或DESCRIBE/DESC语句可以查看表的基本结构，包括列名、列的数据类型、长度、是不是空值、是不是主键、是否有默认值等。

（1）使用SHOW COLUMNS语句查看表的基本结构。

语法格式如下。

```
SHOW COLUMNS { FROM | IN } tb_name [ { FROM | IN } db_name ];
```

< 69 >

（2）使用DESCRIBE/DESC语句查看表的基本结构。

语法格式如下。

```
{ DESCRIBE | DESC } tb_name;
```

> ⚠️ **注意**
>
> MySQL支持用DESCRIBE语句作为SHOW COLUMNS语句的一种快捷方式。

【例6.8】查看teacher表的基本结构。

在MySQL命令行客户端，代码如下。

```
mysql> SHOW COLUMNS FROM teacher;
```

或

```
mysql> DESC teacher;
```

执行结果如下。

```
+-----------+-----------+-------+-----+---------+-------+
| Field     | Type      | Null  | Key | Default | Extra |
+-----------+-----------+-------+-----+---------+-------+
| teacherid | char(6)   | NO    | PRI | NULL    |       |
| tname     | char(8)   | NO    |     | NULL    |       |
| tsex      | char(2)   | NO    |     | 男      |       |
| tbirthday | date      | NO    |     | NULL    |       |
| title     | char(12)  | YES   |     | NULL    |       |
| school    | char(12)  | YES   |     | NULL    |       |
+-----------+-----------+-------+-----+---------+-------+
6 rows in set (0.00 sec)
```

6.4.4 修改表

修改表用于更改原有表的结构，可以添加列、修改列、删除列、重新命名列或表等。

修改表使用ALTER TABLE语句。

语法格式如下。

```
ALTER [IGNORE] TABLE tbl_name
     alter_specification [, alter_specification] ...

alter_specification:
ADD [COLUMN] column_definition [FIRST | AFTER col_name ]  /*添加列*/
  | ALTER [COLUMN] col_name {SET DEFAULT literal | DROP DEFAULT}
                                                    /*修改默认值*/
  | CHANGE [COLUMN] old_col_name column_definition [FIRST | AFTER col_name]
                                                    /*对列重命名*/
  | MODIFY [COLUMN] column_definition [FIRST | AFTER col_name]
                                                    /*修改列类型*/
```

< 70 >

```
| DROP [COLUMN] col_name        /*删除列*/
| RENAME [TO] new_tbl_name      /*重命名表*/
| ORDER BY col_name             /*排序*/
| CONVERT TO CHARACTER SET charset_name [COLLATE collation_name]
                                /*将字符集转换为二进制*/
| [DEFAULT] CHARACTER SET charset_name [COLLATE collation_name]
                                /*修改默认字符集*/
```

1. 添加列

在ALTER TABLE语句中，可使用ADD [COLUMN]子句添加列：增加无完整性约束条件的列，增加有完整性约束条件的列，在表的第一个位置增加列，在表的指定位置之后增加列。

【例6.9】在teacher表中增加一个int型的列tno，要求添加到表的第1列，不为空，取值唯一并自动增加。

在MySQL命令行客户端，代码和执行结果如下。

```
mysql> ALTER TABLE teachsys.teacher
    -> ADD COLUMN tno int NOT NULL UNIQUE AUTO_INCREMENT FIRST;
Query OK, 0 rows affected (0.06 sec)
Records: 0  Duplicates: 0  Warnings: 0
```

使用DESC语句查看表teacher，代码和执行结果如下。

```
mysql> DESC teachsys.teacher;
+-----------+----------+------+-----+---------+----------------+
| Field     | Type     | Null | Key | Default | Extra          |
+-----------+----------+------+-----+---------+----------------+
| tno       | int(11)  | NO   | UNI | NULL    | auto_increment |
| teacherid | char(6)  | NO   | PRI | NULL    |                |
| tname     | char(8)  | NO   |     | NULL    |                |
| tsex      | char(2)  | NO   |     | 男      |                |
| tbirthday | date     | NO   |     | NULL    |                |
| title     | char(12) | YES  |     | NULL    |                |
| school    | char(12) | YES  |     | NULL    |                |
+-----------+----------+------+-----+---------+----------------+
7 rows in set (0.00 sec)
```

2. 修改列

ALTER TABLE语句有3个修改列的子句。

- ALTER [COLUMN] 子句：用于修改或删除表中指定列的默认值。
- CHANGE [COLUMN] 子句：可同时修改表中指定列的名称和数据类型。
- MODIFY [COLUMN] 子句：可修改表中指定列的名称，还可修改指定列在表中的位置。

【例6.10】将teacher1表的列tbirthday的名称修改为age，同时将数据类型改为tinyint，允许为空，默认值为22。

在MySQL命令行客户端，代码和执行结果如下。

```
mysql> ALTER TABLE teachsys.teacher1
    -> CHANGE COLUMN tbirthday age tinyint DEFAULT 22;
Query OK, 0 rows affected (0.08 sec)
```

< 71 >

```
Records: 0  Duplicates: 0  Warnings: 0
```

使用DESC语句查看表teacher1，代码和执行结果如下。

```
mysql> DESC teachsys.teacher1;
+-----------+------------+-------+-----+---------+-------+
| Field     | Type       | Null  | Key | Default | Extra |
+-----------+------------+-------+-----+---------+-------+
| teacherid | char(6)    | NO    | PRI | NULL    |       |
| tname     | char(8)    | NO    |     | NULL    |       |
| tsex      | char(2)    | NO    |     | 男      |       |
| age       | tinyint(4) | YES   |     | 22      |       |
| title     | char(12)   | YES   |     | NULL    |       |
| school    | char(12)   | YES   |     | NULL    |       |
+-----------+------------+-------+-----+---------+-------+
6 rows in set (0.00 sec)
```

3. 删除列

在ALTER TABLE语句中，可通过DROP [COLUMN]子句完成删除列的功能。

【例6.11】删除表teacher中的列tno。

在MySQL命令行客户端，代码和执行结果如下。

```
mysql> ALTER TABLE teachsys.teacher
    -> DROP COLUMN tno;
Query OK, 0 rows affected (0.05 sec)
Records: 0  Duplicates: 0  Warnings: 0
```

6.4.5 删除表

当不需要表的时候，可将其删除。删除表时，表的结构定义、表中的所有数据以及表的索引约束等都被删除掉。

删除表使用DROP TABLE语句。

语法格式如下。

```
DROP [TEMPORARY] TABLE [IF NOT EXISTS] table_name [, table_name ]...
```

【例6.12】删除teacher1表。

在MySQL命令行客户端，代码和执行结果如下。

```
mysql> DROP TABLE teachsys.teacher1;
Query OK, 0 rows affected (0.02 sec)
```

6.5 数据完整性约束

数据完整性
约束

本节介绍数据完整性的基本概念、PRIMARY KEY约束、UNIQUE约束、FOREIGN KEY约

< 72 >

束、CHECK约束、NOT NULL约束等内容。

6.5.1 数据完整性的基本概念

数据完整性指数据库中数据的正确性、一致性和有效性，数据完整性规则通过完整性约束来实现。在MySQL中，各种完整性规则作为表的定义的一部分，可通过CREATE TABLE语句或ALTER TABLE语句来定义。

数据完整性约束机制有以下优点。

- 完整性规则定义在表上，应用程序的任何数据都必须遵守表的完整性约束。
- 当定义或修改完整性约束时，不需要额外编程。
- 当由完整性约束所实施的事务规则改变时，只需改变完整性约束的定义，所有应用自动地遵守所修改的约束。

数据完整性一般包括实体完整性、参照完整性、用户定义的完整性和实现上述完整性的约束，下面分别进行介绍。

1. 实体完整性

实体完整性要求表中有一个主键，其值不能为空且能唯一地标识对应的记录，又称为行完整性，通过PRIMARY KEY约束、UNIQUE约束实现数据的实体完整性。

例如，对于教学数据库teachsys中教师表teacher，teacherid列作为主键，每一个教师的teacherid列能唯一地标识该教师对应的行记录信息，通过teacherid列建立主键约束，实现teacher表的实体完整性。

通过PRIMARY KEY约束定义主键，一个表只能有一个PRIMARY KEY约束，且PRIMARY KEY约束不能取空值。

通过UNIQUE约束定义唯一性约束，为了保证一个表的非主键列不输入重复值，可在该列定义UNIQUE约束。

PRIMARY KEY约束与UNIQUE约束的主要区别如下。

- 一个表只能创建一个PRIMARY KEY约束，但可创建多个UNIQUE约束。
- PRIMARY KEY约束的列值不允许为空值，UNIQUE约束的列值可取空值。
- 创建PRIMARY KEY约束时，系统会自动产生PRIMARY KEY索引；创建UNIQUE约束时，系统会自动产生UNIQUE索引。

PRIMARY KEY约束与UNIQUE约束都不允许对应列存在重复值。

2. 参照完整性

参照完整性保证被参照表中的数据与参照表中数据的一致性，又称为引用完整性，参照完整性确保键值在所有表中一致，通过定义主键（PRIMARY KEY）与外键（FOREIGN KEY）之间的对应关系实现参照完整性。

- 主键：表中能唯一标识每个数据行的一个或多个列。
- 外键：一个表中的一个或多个列的组合是另一个表的主键。

例如，将教师表teacher作为被参照表，表中的teacherid列作为主键，讲课表lecture作为参照表，表中的teacherid列作为外键，从而建立被参照表与参照表之间的联系，实现参照完整性。teacher表和lecture表的对应关系如图6.1所示。

< 73 >

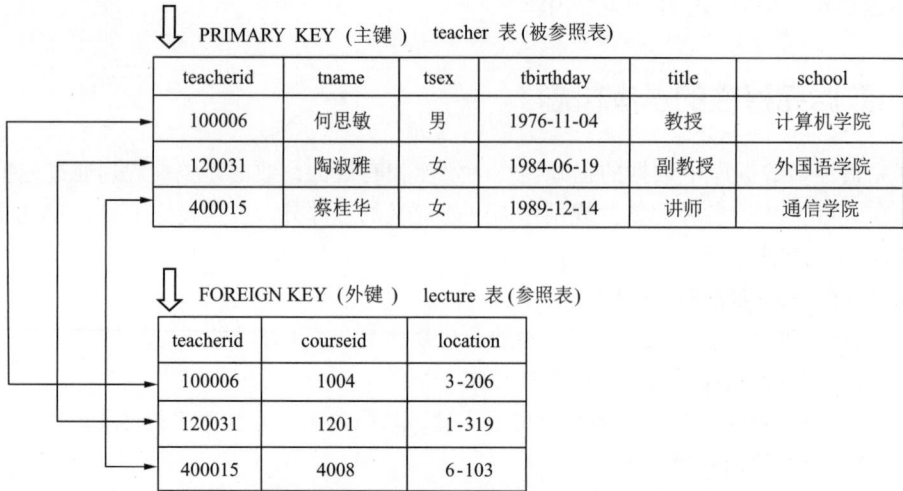

图 6.1 teacher 表与 lecture 表的对应关系

如果定义了两个表之间的参照完整性，则要求如下。

- 参照表不能引用不存在的键值。
- 如果被参照表中的键值更改了，那么在整个数据库中，对参照表中该键值的所有引用要进行一致的更改。
- 如果要删除被参照表中的某一记录，应先删除参照表中与该记录匹配的相关记录。

3．用户定义的完整性

用户定义的完整性指列数据输入的有效性，通过CHECK约束、NOT NULL约束实现用户定义的完整性。

CHECK约束通过显示输入到列中的值来实现用户定义的完整性。例如，对于teachsys数据库的teacher表，sex只能取"男"或"女"，可用CHECK约束表示。

4．完整性约束

数据完整性规则通过完整性约束来实现，完整性约束是在表上强制执行的一些数据校验规则，在插入、修改或者删除数据时必须符合在相关字段上设置的这些规则，否则报错。

PRIMARY KEY约束、UNIQUE约束、FOREIGN KEY约束、CHECK约束、NOT NULL约束，及其实现的数据完整性列表如下。

- PRIMARY KEY约束，主键约束，用于实现实体完整性。
- UNIQUE约束，唯一性约束，用于实现实体完整性。
- FOREIGN KEY约束，外键约束，用于实现参照完整性。
- CHECK约束，检查约束，用于实现用户定义的完整性。
- NOT NULL约束，非空约束，用于实现用户定义的完整性。

（1）列级完整性约束和表级完整性约束。

定义完整性约束有两种方式：一种是作为列级完整性约束，只需在列定义的后面加上关键字PRIMARY KEY；另一种是作为表级完整性约束，需要在表中所有列定义的后面加上一条PRIMARY KEY(列名,…)子句。

（2）完整性约束的命名。

CONSTRAINT关键字用来指定完整性约束名称。

语法格式如下。

< 74 >

```
CONSTRAINT <symbol>
| PRIMARY KEY (主键列名)
| UNIQUE (唯一性约束列名)
| FOREIGN KEY (外键列名) REFERENCES 被参照关系表 (主键列名)
| CHECK (约束条件表达式)
```

其中，symbol是指定完整性约束名称，在完整性约束的前面被定义，在数据库里这个名称必须是唯一的。只能给表完整性约束指定名称，而无法给列完整性约束指定名称。如果没有明确给出约束名称，则MySQL自动创建这个名称。

6.5.2 PRIMARY KEY约束

PRIMARY KEY约束即主键约束，用于实现实体完整性。

主键是表中的某一列或多个列的组合，由多个列的组合构成的主键又称为复合主键，主键的值必须是唯一的，且不允许为空。定义完整性约束有列级完整性约束和表级完整性约束两种方式。

MySQL的主键列必须遵守以下规则。

- 每个表只能定义一个主键。
- 表中的两条记录在主键上不能具有相同的值，即遵守"唯一性规则"。
- 如果从一个复合主键中删除一列后，剩下的列构成的主键仍然满足唯一性原则，那么这个复合主键是不正确的，这就是"最小化规则"。
- 一个列名在复合主键的列表中只能出现一次。

创建主键约束可以使用CREATE TABLE语句或ALTER TABLE语句，其方式可以是列级完整性约束或表级完整性约束，可以对主键约束命名。

1. 在创建表时创建主键约束

在创建表时创建主键约束使用CREATE TABLE语句。

【例6.13】在teachsys数据库中创建teacher1表，要求以列级完整性约束方式设置主键。

在MySQL命令行客户端，代码和执行结果如下。

```
mysql> CREATE TABLE teacher1
    ->     (
    ->         teacherid char(6) NOT NULL PRIMARY KEY,
    ->         tname char(8) NOT NULL,
    ->         tsex char(2) NOT NULL DEFAULT '男',
    ->         tbirthday date NOT NULL,
    ->         title char(12) NULL,
    ->         school char(12) NULL
    ->     );
Query OK, 0 rows affected (0.03 sec)
```

在teacherid列定义的后面加上关键字PRIMARY KEY，列级定义主键约束，未指定约束名称，MySQL自动创建约束名称。

【例6.14】创建teacher2表，要求以表级完整性约束方式设置主键。

在MySQL命令行客户端，代码和执行结果如下。

```
mysql> CREATE TABLE teacher2
```

< 75 >

```
    ->        (
    ->            teacherid char(6) NOT NULL,
    ->            tname char(8) NOT NULL,
    ->            tsex char(2) NOT NULL DEFAULT '男',
    ->            tbirthday date NOT NULL,
    ->            title char(12) NULL,
    ->            school char(12) NULL,
    ->            CONSTRAINT PK_teacher2 PRIMARY KEY(teacherid)
    ->        );
Query OK, 0 rows affected (0.02 sec)
```

在表级定义主键约束，指定约束名称为PK_teacher2。指定约束名称，在需要对完整性约束进行修改或删除时，引用更为方便。

2．删除主键约束

删除主键约束使用ALTER TABLE语句。

语法格式如下。

```
ALTER TABLE <表名>
DROP PRIMARY KEY;
```

【例6.15】删除例6.16在teacher2表上的主键约束。

在MySQL命令行客户端，代码和执行结果如下。

```
mysql> ALTER TABLE teacher2
    -> DROP PRIMARY KEY;
Query OK, 0 rows affected (0.08 sec)
Records: 0  Duplicates: 0  Warnings: 0
```

3．在修改表时创建主键约束

在修改表时创建主键约束使用ALTER TABLE语句。

语法格式如下。

```
ALTER TABLE <表名>
ADD([CONSTRAINT <约束名>] PRIMARY KEY(主键列名)
```

【例6.16】重新在teacher2表上设置主键约束。

在MySQL命令行客户端，代码和执行结果如下。

```
mysql> ALTER TABLE teacher2
    -> ADD CONSTRAINT PK_teacher2 PRIMARY KEY(teacherid);
Query OK, 0 rows affected (0.05 sec)
Records: 0  Duplicates: 0  Warnings: 0
```

6.5.3 UNIQUE约束

UNIQUE约束即唯一性约束，用于实现实体完整性。

唯一性约束是表中的某一列或多个列的组合，唯一性约束的值必须是唯一的，不允许重复。定义唯一性约束有列级完整性约束和表级完整性约束两种方式。一个表可创建多个UNIQUE约束。

<76>

创建唯一性约束可以使用CREATE TABLE语句或ALTER TABLE语句，其方式可以是列级完整性约束或表级完整性约束，可以对唯一性约束命名。

1．在创建表时创建唯一性约束

在创建表时创建唯一性约束使用CREATE TABLE语句。

【例6.17】创建teacher3表，要求以列级完整性约束方式设置唯一性约束。

在MySQL命令行客户端，代码和执行结果如下。

```
mysql> CREATE TABLE teacher3
    ->    (
    ->        teacherid char(6) NOT NULL PRIMARY KEY,
    ->        tname char(8) NOT NULL UNIQUE,
    ->        tsex char(2) NOT NULL DEFAULT '男',
    ->        tbirthday date NOT NULL,
    ->        title char(12) NULL,
    ->        school char(12) NULL
    ->    );
Query OK, 0 rows affected (0.04 sec)
```

在tname列定义的后面加上关键字UNIQUE，列级定义唯一性约束，未指定约束名称，MySQL自动创建约束名称。

【例6.18】创建teacher4表，要求以表级完整性约束方式设置唯一性约束。

在MySQL命令行客户端，代码和执行结果如下。

```
mysql> CREATE TABLE teacher4
    ->    (
    ->        teacherid char(6) NOT NULL PRIMARY KEY,
    ->        tname char(8) NOT NULL,
    ->        tsex char(2) NOT NULL DEFAULT '男',
    ->        tbirthday date NOT NULL,
    ->        title char(12) NULL,
    ->        school char(12) NULL,
    ->        CONSTRAINT UK_teacher4 UNIQUE(tname)
    ->    );
Query OK, 0 rows affected (0.04 sec)
```

在表中所有列定义的后面加上一条CONSTRAINT子句，表级定义唯一性约束，指定约束名称为UK_teacher4。

2．删除唯一性约束

删除UNIQUE约束使用ALTER TABLE语句。删除唯一性约束时，MySQL实际上是使用DROP INDEX子句删除唯一性索引。

语法格式如下。

```
ALTER TABLE <表名>
DROP INDEX <约束名>;
```

3．在修改表时创建唯一性约束

在修改表时创建UNIQUE约束使用CREATE TABLE语句。

语法格式如下。

< 77 >

```
CREATE TABLE <表名>
ADD([CONSTRAINT <约束名>] UNIQUE (唯一性约束列名)
```

6.5.4 FOREIGN KEY约束

FOREIGN KEY约束即外键约束，用于实现参照完整性。

参照完整性保证被参照表中的数据与参照表中数据的一致性，又称为引用完整性。

外键是一个表中的一列或多列的组合，它不是这个表的主键，但它对应另一个表的主键。外键的作用是保持数据引用的完整性。外键所在的表称作参照表，相关联的主键所在的表称作被参照表。

参照完整性规则是外键与主键之间的引用规则，即外键的取值或者为空值，或者等于被参照表中某个主键的值。

定义外键时，应遵守以下规则。

- 被参照表必须已经使用CREATE TABLE语句创建，或者必须是当前正在创建的表。
- 必须为被参照表定义主键或唯一性约束。
- 必须在被参照表的表名后面指定列名或列名的组合，该列名或列名的组合必须是被参照表的主键或唯一性约束。
- 主键不能包含空值，但允许外键中出现空值。
- 外键对应列的数目必须和主键对应列的数目相同。
- 外键对应列的数据类型必须和主键对应列的数据类型相同。

外键约束的语法格式如下。

```
CONSTRAINT <symbol> FOREIGN KEY(col_nam1[,col_nam2...])REFERENCES table_
name (col_nam1[, col_nam2...])
       [ON DELETE {RESTRICT | CASCADE | SET NULL | NO ACTION}]
       [ON UPDATE {RESTRICT | CASCADE | SET NULL | NO ACTION}]
```

说明如下。

（1）symbol：指定外键约束名称。

（2）FOREIGN KEY(col_nam1[, col_nam2...])：FOREIGN KEY为外键关键字，其后面为要设置的外键列名。

（3）table_name (col_nam1[, col_nam2...])：table_name为被参照表名，其后面为要设置的主键列名。

（4）ON DELETE | ON UPDATE：可以为每个外键定义参照动作，包含以下两部分。

- 指定参照动作应用的语句，即UPDATE和DELETE语句。
- 指定采取的动作，即RESTRICT、CASCADE、SET NULL、NO ACTION和SET DEFAULT，其中，RESTRICT为默认值。

（5）RESTRICT：限制策略，要删除或更新被参照表中被参照列上且在外键中出现的值时，拒绝对被参照表的删除或更新操作。

（6）CASCADE：级联策略，从被参照表删除或更新行时，自动删除或更新参照表中匹配的行。

（7）SET NULL：置空策略，从被参照表删除或更新行时，设置参照表中与之对应的外键列

< 78 >

为NULL。如果外键列没有指定NOT NULL限定词，这就是合法的。

（8）NO ACTION：拒绝动作策略，拒绝采取动作，即如果有一个相关的外键值在被参照表里，删除或更新被参照表中主键值的企图不被允许，作用和RESTRICT一样。

（9）SET DEFAULT：默认值策略，作用和SET NULL一样，只不过SET DEFAULT是指定参照表中的外键列为默认值。

创建外键约束可以使用CREATE TABLE语句或ALTER TABLE语句，其方式可以是列级完整性约束或表级完整性约束，可以对外键约束命名。

1．在创建表时创建外键约束

在创建表时创建外键约束使用CREATE TABLE语句。

【例6.19】创建lecture1表，要求在teacherid列以列级完整性约束方式设置外键。

在MySQL命令行客户端，代码和执行结果如下。

```
mysql> CREATE TABLE lecture1
    ->    (
    ->        teacherid char(6) NOT NULL REFERENCES teacher1(teacherid),
    ->        courseid char(4) NOT NULL,
    ->        location char(10) NULL,
    ->        PRIMARY KEY(teacherid,courseid)
    ->    );
Query OK, 0 rows affected (0.03 sec)
```

由于已在teacher1表的teacherid列定义主键，故可在lecture1表的teacherid列定义外键，其值参照被参照表teacher1的teacherid列。列级定义外键约束，未指定约束名称，MySQL自动创建约束名称。

【例6.20】创建lecture2表，要求在teacherid列以表级完整性约束方式设置外键，并设置相应的参照动作。

在MySQL命令行客户端，代码和执行结果如下。

```
mysql> CREATE TABLE lecture2
    ->    (
    ->        teacherid char(6) NOT NULL,
    ->        courseid char(4) NOT NULL,
    ->        location char(10) NULL,
    ->        PRIMARY KEY(teacherid,courseid),
    ->        CONSTRAINT FK_lecture2 FOREIGN KEY(teacherid) REFERENCES
teacher2(teacherid)
    ->        ON DELETE CASCADE
    ->        ON UPDATE RESTRICT
    ->    );
Query OK, 0 rows affected (0.04 sec)
```

例6.20以表级定义外键约束，指定约束名称为FK_lecture2。这里定义了两个参照动作：ON DELETE CASCADE表示当删除课程表中某个课程号的记录时，如果成绩表中有该课程号的成绩记录，则级联删除该成绩记录；ON UPDATE RESTRICT表示当某个课程号有成绩记录时，不允许修改该课程号。

< 79 >

⚠️ **注意**

外键只能引用主键或唯一性约束。

2．删除外键约束

删除外键约束使用ALTER TABLE语句。

语法格式如下。

```
ALTER TABLE <表名>
DROP FOREIGN KEY <外键约束名>;
```

【例6.21】删除例6.20在lecture2表上定义的外键约束。

在MySQL命令行客户端，代码和执行结果如下。

```
mysql> ALTER TABLE lecture2
    -> DROP FOREIGN KEY FK_lecture2;
Query OK, 0 rows affected (0.03 sec)
Records: 0  Duplicates: 0  Warnings: 0
```

3．在修改表时创建外键约束

在修改表时创建外键约束使用ALTER TABLE语句。

语法格式如下。

```
ALTER TABLE <表名>
ADD [CONSTRAINT <约束名>] FOREIGN KEY(外键列名) REFERENCES 被参照表(主键列名)
```

【例6.22】重新在lecture2表上设置外键约束。

在MySQL命令行客户端，代码和执行结果如下。

```
mysql> ALTER TABLE lecture2
    -> ADD CONSTRAINT FK_lecture2 FOREIGN KEY(teacherid) REFERENCES teacher2
(teacherid);
Query OK, 0 rows affected (0.08 sec)
Records: 0  Duplicates: 0  Warnings: 0
```

6.5.5 CHECK约束

CHECK约束即检查约束，用于实现用户定义的完整性。

检查约束对输入列或整个表中的值设置检查条件，以限制输入值，保证数据库的数据完整性。下面介绍通过检查约束和非空约束实现用户定义的完整性。

创建检查约束可以使用CREATE TABLE语句或ALTER TABLE语句，其方式可以是列级完整性约束或表级完整性约束，可以对检查约束命名。

1．在创建表时创建检查约束

在创建表时创建检查约束使用CREATE TABLE语句。下面是检查约束常用的语法格式。

语法格式如下。

```
CHECK(expr)
```

< 80 >

其中，expr为约束条件表达式。

【例6.23】创建表score1，要求在grade列以列级完整性约束方式设置检查约束。

在MySQL命令行客户端，代码和执行结果如下。

```
mysql> CREATE TABLE score1
    ->    (
    ->         studentid char(6) NOT NULL,
    ->         courseid char(4) NOT NULL,
    ->         grade tinyint NULL CHECK(grade>=0 AND grade<=100),
    ->         PRIMARY KEY(studentid,courseid)
    ->    );
Query OK, 0 rows affected (0.03 sec)
```

在grade列定义的后面加上关键字CHECK，约束表达式为grade>=0 AND grade<=100，列级定义检查约束，未指定约束名称，MySQL自动创建约束名称。

【例6.24】创建表score2，要求在grade列以表级完整性约束方式设置检查约束。

在MySQL命令行客户端，代码和执行结果如下。

```
mysql> CREATE TABLE score2
    ->    (
    ->         studentid char(6) NOT NULL,
    ->         courseid char(4) NOT NULL,
    ->         grade tinyint NULL,
    ->         PRIMARY KEY(studentid,courseid),
    ->         CONSTRAINT CK_score2 CHECK(grade>=0 AND grade<=100)
    ->    );
Query OK, 0 rows affected (0.09 sec)
```

在表中所有列定义的后面加上一条CONSTRAINT子句，表级定义检查约束，指定约束名称为CK_ score2。

2．删除检查约束

删除检查约束使用ALTER TABLE语句。

语法格式如下。

```
ALTER TABLE <表名>
DROP CHECK<约束名>
```

3．在修改表时创建检查约束

在修改表时创建检查约束使用ALTER TABLE语句。

语法格式如下。

```
ALTER TABLE <表名>
ADD [ CONSTRAINT <约束名> ] CHECK(约束条件表达式)
```

6.5.6 NOT NULL约束

NOT NULL约束即非空约束，用于实现用户定义的完整性。

非空约束指字段值不能为空值，空值指"不知道""不存在"或"无意义"的值。

< 81 >

在MySQL中，可以使用CREATE TABLE语句或ALTER TABLE语句来定义非空约束，在某个列定义的后面，加上关键字NOT NULL作为限定词，以约束该列的取值不能为空。例如，在例6.5中创建teacher表时，在teacherid、tname、tsex、tbirthday列的后面，都添加了关键字NOT NULL作为非空约束，以确保这些列不能取空值。

本章小结

本章主要介绍了以下内容：

（1）数据定义语言用于对数据库及数据库中的各种对象进行创建、修改、删除等操作。数据定义语言包括的主要SQL语句有：创建数据库或数据库对象语句CREATE，修改数据库或数据库对象语句ALTER，删除数据库或数据库对象语句DROP。

（2）数据库是一个存储数据对象的容器，数据对象包含表、视图、索引、存储过程、触发器等。安装MySQL数据库时，生成了系统使用的数据库，包括mysql、information_schema、performance_schema和sys等。

在创建MySQL数据库时，创建数据库使用CREATE DATABASE语句，选择数据库使用USE语句，修改数据库使用ALTER DATABASE语句，删除数据库使用DROP DATABASE语句。

（3）MySQL的数据类型包括数值类型、字符串类型、日期和时间类型、二进制数据类型、JSON数据类型等。

（4）表是数据库中存储数据的数据库对象，每个数据库包含若干个表，表由行和列组成。每个表具有一定的结构，表结构包含一组固定的列，列由列名、列的数据类型、长度、是不是空值、键、默认值等组成。

在创建MySQL表时，创建表使用CREATE TABLE语句；查看表的名称使用SHOW TABLES语句，查看表的基本结构使用SHOW COLUMNS语句或DESCRIBE/DESC语句；修改表使用ALTER TABLE语句；删除表使用DROP TABLE语句。

（5）数据完整性指数据库中数据的正确性、一致性和有效性，数据完整性规则通过完整性约束来实现。数据完整性包括实体完整性、参照完整性、用户定义的完整性和实现上述完整性的约束。

- PRIMARY KEY约束，主键约束，用于实现实体完整性。
- UNIQUE约束，唯一性约束，用于实现实体完整性。
- FOREIGN KEY约束，外键约束，用于实现参照完整性。
- CHECK约束，检查约束，用于实现用户定义的完整性。
- NOT NULL约束，非空约束，用于实现用户定义的完整性。

习题6

一、选择题

1. 创建了数据库之后，需要用_____语句指定当前数据库。

< 82 >

　　　A．USES　　　　　　B．USE　　　　　　C．USED　　　　　　D．USING
2．_____语句用于修改数据库。
　　　A．ALTER DATABASE　　　　　　　B．DROP DATABASE
　　　C．CREATE DATABASE　　　　　　　D．USE
3．在创建数据库时，确保数据库不存在时才执行创建的子句是_____。
　　　A．IF EXIST　　　　　　　　　　　B．IF NOT EXIST
　　　C．IF EXISTS　　　　　　　　　　D．IF NOT EXISTS
4．_____字段可以采用默认值。
　　　A．出生日期　　　　B．姓名　　　　C．专业　　　　D．学号
5．性别字段不宜选择_____类型。
　　　A．char　　　　　　B．tinyint　　　　C．int　　　　　D．float
6．创建表时，不允许某列为空可以使用关键字_____。
　　　A．NOT NULL　　　B．NOT BLANK　　C．NO NULL　　D．NO BLANK
7．修改表结构的语句是_____。
　　　A．ALTER STRUCTURE　　　　　　B．MODIFY STRUCTURE
　　　C．ALTER TABLE　　　　　　　　D．MODIFY TABLE
8．删除列的语句是_____。
　　　A．ALTER TABLE...DELETE COLUMN...
　　　B．ALTER TABLE...DROP COLUMN...
　　　C．ALTER TABLE...DELETE...
　　　D．ALTER TABLE...DROP...
9．唯一性约束与主键约束的区别是_____。
　　　A．唯一性约束的字段可以为空值
　　　B．唯一性约束的字段不可以为空值
　　　C．唯一性约束的字段的值可以不是唯一的
　　　D．唯一性约束的字段的值不可以有重复值
10．使字段的输入值小于100的约束是_____约束。
　　　A．FOREIGN KEY　　　　　　　　B．PRIMARY KEY
　　　C．UNIQUE　　　　　　　　　　D．CHECK
11．保证一个表非主键列不输入重复值的约束是_____约束。
　　　A．CHECK　　　　　　　　　　　B．PRIMARY KEY
　　　C．UNIQUE　　　　　　　　　　D．FOREIGN KEY

二、填空题

1．系统使用的数据库，包括_____、information_schema、performance_schema和sys等。
2．关键字用于唯一_____记录。
3．空值通常表示_____、不可用或将在以后添加的数据。
4．在MySQL中，默认值即关键字_____。
5．数据完整性一般包括实体完整性、_____和用户定义的完整性。
6．完整性约束有_____约束、NOT NULL约束、PRIMARY KEY约束、UNIQUE约束、FOREIGN KEY约束。

< 83 >

7. 实体完整性可通过PRIMARY KEY、_____实现。

8. 参照完整性通过FOREIGN KEY和_____之间的对应关系实现。

三、问答题

1. 简述数据定义语言包括的主要SQL语句。

2. 在定义数据库中包括哪些语句？

3. 简述创建表、查看表、修改表、删除表使用的语句。

4. 什么数据完整性？数据完整性包括哪些内容？

四、应用题

1. 创建数据库teachsys，选择数据库teachsys。

2. 在数据库teachsys中，创建学生表student，其表结构参见附录B。

3. 在数据库teachsys中设置主键约束。

（1）创建speciality1表，以列级完整性约束方式设置主键。

（2）创建speciality2表，以表级完整性约束方式设置主键，并指定主键约束的名称。

4. 在数据库teachsys中设置唯一性约束。

（1）创建speciality3表，以列级完整性约束方式设置唯一性约束。

（2）创建speciality4表，以表级完整性约束方式设置唯一性约束，并指定唯一性约束的名称。

5. 在数据库teachsys中设置外键约束。

（1）创建student1表，以列级完整性约束方式设置外键约束。

（2）创建student2表，以表级完整性约束方式设置外键约束，并指定外键约束的名称。

6. 在数据库teachsys中设置检查约束。

（1）创建score1表，以列级完整性约束方式设置检查约束。

（2）创建score2表，以表级完整性约束方式设置检查约束，并指定检查约束的名称。

< 84 >

第7章 数据操纵

数据操纵语言用于对数据库中的表和视图进行插入、修改、删除等操作。MySQL提供了功能丰富的数据操纵语句，包括将数据插入表或视图中的插入语句INSERT，修改表或视图中的数据的修改语句UPDATE，从表或视图中删除数据的删除语句DELETE。本章介绍数据操纵语言概述、插入数据、修改数据、删除数据等内容。

教学数据库teachsys是本书的案例数据库，数据库teachsys中的专业表speciality、学生表student、课程表course、成绩表score、教师表teacher、讲课表lecture的样本数据，参见附录B。

7.1 数据操纵语言概述

数据操纵语言用于操纵数据库中的各种对象，进行插入、修改、删除等操作。

数据操纵语言包括的主要SQL语句如下。

（1）INSERT语句：将数据插入表或视图中。

（2）UPDATE语句：修改表或视图中的数据，既可以修改表或视图的一行数据，也可以修改一组或全部数据。

（3）DELETE语句：从表或视图中删除数据，可根据条件删除指定的数据。

7.2 插入数据

插入数据

下面介绍INSERT语句、REPLACE语句和插入查询结果语句。

7.2.1 INSERT语句的语法格式和插入数据的方法

向数据库的表插入一行或多行数据，使用INSERT语句，其基本语法格式如下。

```
INSERT [LOW_PRIORITY | DELAYED | HIGH_PRIORITY] [IGNORE]
```

```
    [INTO] table_name [(col_name,...)]
    VALUES({EXPR| DEFAULT},...),(...),...
```

说明如下。

（1）table_name：需要插入数据的表名。

（2）col_name：列名，插入列值的方法有两种。

- 不指定列名：必须为每个列都插入数据，且值的顺序必须与表定义的列的顺序一一对应，且数据类型相同。
- 指定列名：只需要为指定列插入数据。

（3）VALUES子句：包含各列需要插入的数据清单，数据的顺序要与列的顺序相对应。

下面介绍插入数据的方法。

1．插入全部列时，可以省略列名表

给表的所有列插入数据时，列名可以省略。设在案例数据库teachsys中，教师表teacher、teacher1、teacher2和学生表student的表结构已创建，其表结构参见附录B。

【例7.1】插入全部列时省略列名表，向teacher1表插入一条记录('100007','何思敏','男','1976-11-04','教授','计算机学院')。

在MySQL命令行客户端，代码和执行结果如下。

```
mysql> INSERT INTO teacher1
    ->        VALUES('100007','何思敏','男','1976-11-04','教授','计算机学院');
Query OK, 1 row affected (0.01 sec)
```

使用SELECT语句查询插入的数据，代码和查询结果如下。

```
mysql> SELECT * FROM teacher1;
+-----------+----------+-------+------------+-------+--------------+
| teacherid | tname    | tsex  | tbirthday  | title | school       |
+-----------+----------+-------+------------+-------+--------------+
| 100007    | 何思敏   | 男    | 1976-11-04 | 教授  | 计算机学院   |
+-----------+----------+-------+------------+-------+--------------+
1 row in set (0.00 sec)
```

可以看出插入全部列的数据成功，在插入语句中，已省略列名表，而且只有插入值表，插入值的顺序和表定义的列的顺序相同，数据类型也相同。

2．插入全部列时，不能省略列名表

如果插入值的顺序和表定义的列的顺序不同，那么在插入全部列时不能省略列名表。参见例7.2。

【例7.2】插入全部列时未省略列名表，向teacher1表插入一条记录，教师编号为"400015"，职称为"讲师"，学院为"通信学院"，姓名为"蔡桂华"，性别为"女"，出生日期为"1989-12-14"。

在MySQL命令行客户端，代码和执行结果如下。

```
mysql> INSERT INTO teacher1(teacherid, title, school, tname, tsex, tbirthday)
    ->        VALUES('400015','讲师','通信学院','蔡桂华','女','1989-12-14');
Query OK, 1 row affected (0.00 sec)
```

使用SELECT语句查询插入的数据，代码和查询结果如下。

< 86 >

```
mysql> SELECT * FROM teacher1;
+-----------+--------+-------+------------+--------+--------------+
| teacherid | tname  | tsex  | tbirthday  | title  | school       |
+-----------+--------+-------+------------+--------+--------------+
| 100007    | 何思敏 | 男    | 1976-11-04 | 教授   | 计算机学院   |
| 400015    | 蔡桂华 | 女    | 1989-12-14 | 讲师   | 通信学院     |
+-----------+--------+-------+------------+--------+--------------+
2 rows in set (0.00 sec)
```

3．为表的指定列插入数据

为表的指定列插入数据，在插入语句中，只需给出部分列的列名和对应的列值，其他列的列名和列值可以不给出，例如表定义时的默认值，或允许该列取空值。

【例7.3】 插入部分列，向teacher1表插入一条记录，教师编号为"700023"，职称为"副教授"，学院取空值，性别为"男"、取默认值，出生日期为"1982-01-18"，姓名为"肖祥"。

在MySQL命令行客户端，代码和执行结果如下。

```
mysql> INSERT INTO teacher1(teacherid, title, tbirthday, tname)
    ->     VALUES('700023','副教授','1982-01-18','肖祥');
Query OK, 1 row affected (0.01 sec)
```

使用SELECT语句查询插入的数据，代码和查询结果如下。

```
mysql> SELECT * FROM teacher1;
+-----------+--------+--------+------------+----------+-----------+
| teacherid | tname  | tsex   | birthday   | title    | school    |
+-----------+--------+--------+------------+----------+-----------+
| 100007    | 何思敏 | 男     | 1976-11-04 | 教授     | 计算机学院 |
| 400015    | 蔡桂华 | 女     | 1989-12-14 | 讲师     | 通信学院   |
| 700023    | 肖祥   | 男     | 1982-01-18 | 副教授   | NULL      |
+-----------+--------+--------+------------+----------+-----------+
3 rows in set (0.00 sec)
```

7.2.2 插入多条记录

插入多条记录时，在插入语句中，只需指定多个插入值列表，插入值列表之间用逗号隔开。

【例7.4】 插入多条记录，向teacher表插入样本数据，参见附录B。

在MySQL命令行客户端，代码和执行结果如下。

```
mysql> INSERT INTO teacher
    ->     VALUES('100007','何思敏','男','1976-11-04','教授','计算机学院'),
    ->     ('100020','万丽','女','1980-04-21','教授','计算机学院'),
    ->     ('120031','陶淑雅','女','1984-06-19','副教授','外国语学院'),
    ->     ('400015','蔡桂华','女','1989-12-14','讲师','通信学院'),
    ->     ('800028','郭正','男','1986-09-07','副教授','数学学院');
Query OK, 5 rows affected (0.01 sec)
Records: 5  Duplicates: 0  Warnings: 0
```

使用SELECT语句查询插入的数据，代码和查询结果如下。

< 87 >

```
mysql> SELECT * FROM teacher;
+-----------+--------+--------+--------------+----------+------------+
| teacherid | tname  | tsex   | tbirthday    | title    | school     |
+-----------+--------+--------+--------------+----------+------------+
| 100007    | 何思敏 | 男     | 1976-11-04   | 教授     | 计算机学院 |
| 100020    | 万丽   | 女     | 1980-04-21   | 教授     | 计算机学院 |
| 120031    | 陶淑雅 | 女     | 1984-06-19   | 副教授   | 外国语学院 |
| 400015    | 蔡桂华 | 女     | 1989-12-14   | 讲师     | 通信学院   |
| 800028    | 郭正   | 男     | 1986-09-07   | 副教授   | 数学学院   |
+-----------+--------+--------+--------------+----------+------------+
5 rows in set (0.00 sec)
```

7.2.3 REPLACE语句

REPLACE语句的语法格式与INSERT语句的基本相同，当存在相同的记录时，REPLACE语句可以在插入数据之前将与新记录冲突的旧记录删除，使新记录能够正常插入。

【例7.5】使用REPLACE语句，对teacher1表，重新插入记录('400015','蔡桂华','女','1989-12-14','讲师','通信学院')。

在MySQL命令行客户端，代码和执行结果如下。

```
mysql> REPLACE INTO teacher1
    ->       VALUES('400015','蔡桂华','女','1989-12-14','讲师','通信学院');
Query OK, 1 row affected (0.00 sec)
```

7.2.4 插入查询结果语句

将已有表的记录快速插入当前表中，使用INSERT INTO…SELECT…语句。其中，SELECT语句返回一个查询结果集，INSERT语句将这个结果集插入指定表中。

语法格式如下。

```
INSERT [INTO] table_name1(column_list1)
    SELECT (column_list2) FROM table_name2 WHERE (condition)
```

其中，table_name1是待插入数据的表名，column_list1是待插入数据的列名表；table_name2是数据来源表名，column_list2是数据来源表的列名表；column_list2列名表必须和column_list1列名表的列数相同，且数据类型匹配；condition指定查询语句的查询条件。

【例7.6】向teacher2表插入teacher表的记录。

在MySQL命令行客户端，代码和执行结果如下。

```
mysql> INSERT INTO teacher2
    ->       SELECT * FROM teacher;
Query OK, 5 rows affected (0.01 sec)
Records: 5  Duplicates: 0  Warnings: 0
```

< 88 >

7.3 修改数据

修改表中的一行或多行记录的列值使用UPDATE语句。

语法格式如下。

```
UPDATE table_name
    SET column1=value1[, column2=value2,...]
    [WHERE < condition >]
```

说明如下。

（1）SET子句：用于指定表中要修改的列名及其值，column1, column2,...为指定要修改的列名，value1, value2,...为相应的指定列修改后的值。

（2）WHERE子句：用于限定表中要修改的行，condition指定要修改的行满足的条件，若语句中不指定WHERE子句，则修改所有行。

> **注意**
>
> UPDATE语句修改的是一行或多行中的列。

7.3.1 修改指定记录

修改指定记录需要通过WHERE子句指定要修改的记录应满足的条件。

【例7.7】修改部分记录，在teacher1表中，将教师蔡桂华的出生日期改为"1989-06-14"。

在MySQL命令行客户端，代码和执行结果如下。

```
mysql> UPDATE teacher1
    ->     SET tbirthday='1989-06-14'
    ->     WHERE tname ='蔡桂华';
Query OK, 1 row affected (0.01 sec)
Rows matched: 1  Changed: 1  Warnings: 0
```

使用SELECT语句查询修改指定记录后的数据，代码和查询结果如下。

```
mysql> SELECT * FROM teacher1;
+-----------+--------+------+------------+----------+------------+
| teacherid | tname  | tsex | tbirthday  | title    | school     |
+-----------+--------+------+------------+----------+------------+
| 100007    | 何思敏 | 男   | 1976-11-04 | 教授     | 计算机学院 |
| 400015    | 蔡桂华 | 女   | 1989-06-14 | 讲师     | 通信学院   |
| 700023    | 肖祥   | 男   | 1982-01-18 | 副教授   | NULL       |
+-----------+--------+------+------------+----------+------------+
3 rows in set (0.00 sec)
```

7.3.2 修改全部记录

修改全部记录不需要指定WHERE子句。

< 89 >

【例7.8】修改全部记录，在student表中，将所有学生的总学分增加2分。

在MySQL命令行客户端，代码和执行结果如下。

```
mysql> UPDATE student
    ->     SET tc=tc+2;
Query OK, 6 rows affected (0.01 sec)
Rows matched: 6  Changed: 6  Warnings: 0
```

使用SELECT语句查询修改全部记录后的数据，代码和查询结果如下。

```
mysql> SELECT * FROM student;
+-----------+--------+--------+--------------+------+------------+
| studentid | sname  | ssex   | sbirthday    | tc   |specialityid|
+-----------+--------+--------+--------------+------+------------+
| 222001    | 唐志浩 | 男     | 2002-06-17   |   54 | 080902     |
| 222002    | 郑兰   | 女     | 2001-09-23   |   52 | 080902     |
| 222003    | 齐雨佳 | 女     | 2002-03-09   |   54 | 080902     |
| 228001    | 管明   | 男     | 2002-02-24   |   54 | 080703     |
| 228002    | 向勇   | 男     | 2001-12-14   |   52 | 080703     |
| 228004    | 许慧芳 | 女     | 2001-08-05   |   50 | 080703     |
+-----------+--------+--------+--------------+------+------------+
6 rows in set (0.00 sec)
```

7.4 删除数据

删除表中的一行或多行记录使用DELETE语句。

语法格式如下。

```
DELETE FROM table_name
    [WHERE < condition >]
```

其中，table_name是要删除数据的表名，WHERE子句是可选项，用于指定表中要删除的行，condition指定删除条件，若省略WHERE子句，则删除所有行。

!)注意

  DELETE语句删除的是一行或多行记录。如果删除所有行，则表结构仍然存在，即存在一个空表。

7.4.1 删除指定记录

删除指定记录需要通过WHERE子句指定表中要删除的行所满足的条件。

【例7.9】删除部分记录，在teacher1表中，删除教师编号为700023的行。

在MySQL命令行客户端，代码和执行结果如下。

```
mysql> DELETE FROM teacher1
```

< 90 >

```
    ->      WHERE teacherid='700023';
Query OK, 1 row affected (0.01 sec)
```

使用SELECT语句查询删除一行后的数据，代码和查询结果如下。

```
mysql> SELECT * FROM teacher1;
+-----------+-------+--------+---------------+---------+-----------+
| teacherid | tname | tsex   | tbirthday     | title   | school    |
+-----------+-------+--------+---------------+---------+-----------+
| 100007    | 何思敏 | 男     | 1976-11-04    | 教授    | 计算机学院 |
| 400015    | 蔡桂华 | 女     | 1989-06-14    | 讲师    | 通信学院  |
+-----------+-------+--------+---------------+---------+-----------+
2 rows in set (0.00 sec)
```

7.4.2 删除全部记录

删除全部记录有两种方式：一种方式是通过DELETE语句并省略WHERE子句，则删除表中所有行，在数据库中仍保留表的定义；另一种方式是通过TRUNCATE语句，则删除原来的表并重新创建一个表。

1. DELETE语句

省略WHERE子句的DELETE语句，用于删除表中所有行，而不删除表的定义。

【例7.10】使用DELETE语句删除全部记录，在teacher1表中，删除所有行。

在MySQL命令行客户端，代码和执行结果如下。

```
mysql> DELETE FROM teacher1;
Query OK, 2 rows affected (0.01 sec)
```

使用SELECT语句进行查询，代码和查询结果如下。

```
mysql> SELECT * FROM teacher1;
Empty set (0.00 sec)
```

2. TRUNCATE语句

TRUNCATE语句用于删除原来的表并重新创建一个表，而不是逐行删除表中的记录，执行速度比DELETE语句快。

语法格式如下。

```
TRUNCATE [TABLE] table_name
```

其中，table_name是要删除全部数据的表名。

【例7.11】使用TRUNCATE语句删除全部记录，在student表中，删除所有行。

在MySQL命令行客户端，代码和执行结果如下。

```
mysql> TRUNCATE student;
Query OK, 0 rows affected (0.04 sec)
```

使用SELECT语句进行查询，代码和查询结果如下。

< 91 >

```
mysql> SELECT * FROM student;
Empty set (0.00 sec)
```

本章小结

本章主要介绍了以下内容。

（1）数据操纵语言用于操纵数据库中的表和视图，进行插入、修改、删除等操作。

数据操纵语言包括的主要SQL语句有：插入数据语句INSERT、修改数据语句UPDATE、删除数据语句DELETE。

（2）插入数据的语句有：INSERT语句、REPLACE语句和插入查询结果语句。

INSERT语句用于向数据库的表插入一行或多行数据，可以为表的所有列插入数据，也可以为表的指定列插入数据和插入多行数据。

当存在相同的记录时，REPLACE语句可以在插入数据之前将与新记录冲突的旧记录删除，使新记录能够正常插入。

将已有表的记录快速插入当前表中，可以使用INSERT INTO…SELECT…语句。

（3）修改表中的一行或多行记录的列值使用UPDATE语句。

修改指定记录需要通过WHERE子句指定要修改的记录满足的条件，修改全部记录不需要指定WHERE子句。

（4）删除表中的一行或多行记录使用DELETE语句。

删除指定记录需要通过DELETE语句的WHERE子句指定表中要删除的行所满足的条件。删除全部记录有两种方式：一种方式是通过DELETE语句并省略WHERE子句，则删除表中所有行，在数据库中仍保留表的定义；另一种方式是通过TRUNCATE语句，则删除原来的表并重新创建一个表。

习题 7

一、选择题

1. 表数据操作的基本语句不包括_____。

    A. INSERT   B. DROP   C. UPDATE   D. DELETE

2. 删除表的全部记录采用_____。

    A. DELETE   B. TRUNCATE   C. A和B选项   D. INSERT

3. 以下_____语句无法添加记录。

    A. INSERT INTO…UPDATE…   B. INSERT INTO…SELECT…

    C. INSERT INTO…SET…   D. INSERT INTO…VALUES…

4. 快速清空表中的记录可采用_____语句。

    A. DELETE   B. TRUNCATE   C. CLEAR TABLE   D. DROP TABLE

5. _____字段可以采用默认值。

    A. 出生日期   B. 姓名   C. 专业   D. 学号

< 92 >

二、填空题

1. 数据操纵语言包括的主要SQL语句有：插入数据语句INSERT、修改数据语句_____、删除数据语句DELETE。

2. 插入数据的语句有_____语句和REPLACE语句。

3. 将已有表的记录快速插入当前表中，可以使用_____语句。

4. 插入数据时不指定列名，要求必须为每个列都插入数据，且值的顺序必须与表定义的列的顺序_____。

5. VALUES子句包含_____需要插入的数据，数据的顺序要与列的顺序相对应。

6. 为表的指定列插入数据，在插入语句中，除了给出部分列的值外，其他列的值为表定义时的默认值或允许该列取_____。

7. 当存在相同的记录时，REPLACE语句可以在插入数据之前将与新记录冲突的旧记录_____，使新记录能够正常插入。

8. 插入多条记录时，在插入语句中只需指定多个插入值列表，插入值列表之间用_____隔开。

9. 修改表中的一行或多行记录的_____使用UPDATE语句。

10. 修改指定记录需要通过WHERE子句指定要修改的记录满足的_____。

11. 删除全部记录有两种方式：一种方式是通过DELETE语句并省略WHERE子句；另一种方式是通过_____语句。

三、问答题

1. 简述数据操纵语言包括的主要SQL语句。

2. 简述插入数据所使用的语句。

3. 简述修改数据所使用的语句，修改数据有哪两种方法？

4. 简述删除数据所使用的语句，删除全部记录有哪两种方式？

四、应用题

设学生表student、student1、student2，以及专业表speciality、课程表course、成绩表score、教师表teacher、讲课表lecture的表结构已创建，各表的表结构和样本数据参见附录B。

1. 采用三种不同的方法，向student1表插入数据。

（1）省略列名表，插入记录('222001','唐志浩','男','2002-06-17',52,'080902')。

（2）不省略列名表，插入学号为"228004"，专业代码为"080703"，总学分为"48"，性别为"女"，出生日期为"2001-08-05"，姓名为"许慧芳"的记录。

（3）插入学号为"228006"，出生日期为"2002-01-19"，姓名为"颜强"，性别为"男"、取默认值，专业代码为'080703'，总学分为空的记录。

2. 向student表插入样本数据。

3. 使用INSERT INTO…SELECT…语句，将student表的记录快速插入student2表中。

4. 在student1表中，将学生颜强的出生日期改为"2002-07-19"。

5. 在student1表中，将所有学生的学分增加2分。

6. 采用两种不同的方法，删除表中的全部记录。

（1）使用DELETE语句，删除student1表中的全部记录。

（2）使用TRUNCATE语句，删除student2表中的全部记录。

< 93 >

第8章 数据查询

数据查询语言通过SELECT语句来实现查询功能，SELECT语句具有灵活的使用方式和强大的功能，能够实现选择、投影和连接等操作。数据查询是数据库应用中最常用、最重要的操作，用于从数据库的一个表或多个表检索出需要的数据信息。本章介绍数据查询语言概述、简单查询、连接查询、子查询、联合查询、正则表达式、窗口函数、通用表表达式等内容。

8.1 数据查询语言概述

数据查询语言包括的主要SQL语句是SELECT语句，用于从表或视图中检索数据，是使用非常频繁的SQL语句之一。

SELECT语句是SQL语言的核心，其基本语法格式如下。

```
SELECT [ALL | DISTINCT | DISTINCTROW] 列名或表达式 ...   /*SELECT子句*/
[FROM 源表... ]              /*FROM子句*/
[WHERE 条件]                 /*WHERE子句*/
[GROUP BY {列名| 表达式 | position} [ASC | DESC], ... [WITH ROLLUP]]
                            /*GROUP BY子句*/
[HAVING 条件]                /*HAVING 子句*/
[ORDER BY {列名 | 表达式 | position} [ASC | DESC] , ...]
                            /*ORDER BY子句*/
[LIMIT {[offset,] row_count | row_count OFFSET offset}]
                            /*LIMIT子句*/
```

说明如下。

（1）SELECT子句：用于指定要显示的列或表达式。

（2）FROM子句：用于指定查询数据来源的表或视图，可以指定一个表，也可以指定多个表。

（3）WHERE子句：用于指定选择行的条件。

（4）GROUP BY子句：用于指定分组表达式。

（5）HAVING 子句：用于指定满足分组的条件。

（6）ORDER BY子句：用于指定行的升序或降序排列。

（7）LIMIT子句：用于指定查询结果集包含的行数。

简单查询

8.2 简单查询

简单查询指通过SELECT语句从一个表中查询数据，下面分别介绍SELECT子句的使用、WHERE子句的使用、GROUP BY子句的使用和HAVING子句的使用、ORDER BY子句和LIMIT子句的使用等内容。

8.2.1 投影查询

SELECT子句用于选择列，选择列的查询称为投影查询。

语法格式如下。

```
SELECT [ALL | DISTINCT | DISTINCTROW] 列名或表达式 ...
```

如果没有指定这些选项ALL | DISTINCT | DISTINCTROW，则默认为ALL，即返回投影操作的所有匹配行，包括可能存在的重复行。如果指定DISTINCT或DISTINCTROW，则清除结果集中的重复行。DISTINCT与DISTINCTROW为同义词。

1. 投影指定的列

使用SELECT语句可选择表中的一列或多列，如果是多列，各列名中间要用逗号隔开。

【例8.1】投影指定的列，在teacher表中，查询所有员工的教师编号、姓名和学院。

在MySQL命令行客户端，代码和查询结果如下。

```
mysql> SELECT teacherid, tname, school
    -> FROM teacher;
+-----------+--------+--------------+
| teacherid | tname  | school       |
+-----------+--------+--------------+
| 100007    | 何思敏  | 计算机学院    |
| 100020    | 万丽    | 计算机学院    |
| 120031    | 陶淑雅  | 外国语学院    |
| 400015    | 蔡桂华  | 通信学院      |
| 800028    | 郭正    | 数学学院      |
+-----------+--------+--------------+
5 rows in set (0.00 sec)
```

2. 投影全部列

在SELECT子句指定列的位置上使用*号，就是查询表中的所有列。

【例8.2】投影全部列，在teacher表中，查询所有列。

在MySQL命令行客户端，代码如下。

```
mysql> SELECT *
    -> FROM teacher;
```

该代码与下面的代码等价，执行结果如下。

< 95 >

```
mysql> SELECT teacherid, tname, tsex, tbirthday, title, school
    -> FROM teacher;
+-----------+--------+--------+------------+----------+------------+
| teacherid | tname  | tsex   | tbirthday  | title    | school     |
+-----------+--------+--------+------------+----------+------------+
| 100007    | 何思敏  | 男     | 1976-11-04 | 教授     | 计算机学院  |
| 100020    | 万丽    | 女     | 1980-04-21 | 教授     | 计算机学院  |
| 120031    | 陶淑雅  | 女     | 1984-06-19 | 副教授   | 外国语学院  |
| 400015    | 蔡桂华  | 女     | 1989-12-14 | 讲师     | 通信学院    |
| 800028    | 郭正    | 男     | 1986-09-07 | 副教授   | 数学学院    |
+-----------+--------+--------+------------+----------+------------+
5 rows in set (0.00 sec)
```

3. 修改查询结果的列标题

为了改变查询结果中显示的列标题，可以在列名后使用AS <列别名>。

语法格式如下。

```
SELECT ... 列名 [AS 列别名]
```

【例8.3】修改列标题，在teacher表中，查询所有教师的teacherid、tname、title，并将结果中各列的标题分别修改为教师编号、姓名、职称。

在MySQL命令行客户端，代码和查询结果如下。

```
mysql> SELECT teacherid AS 教师编号, tname AS 姓名, title AS 职称
    -> FROM teacher;
+-----------+--------+--------+
| 教师编号   | 姓名    | 职称   |
+-----------+--------+--------+
| 100007    | 何思敏  | 教授   |
| 100020    | 万丽    | 教授   |
| 120031    | 陶淑雅  | 副教授 |
| 400015    | 蔡桂华  | 讲师   |
| 800028    | 郭正    | 副教授 |
+-----------+--------+--------+
5 rows in set (0.02 sec)
```

4. 计算列值

使用SELECT子句对列进行查询时，可以对数字类型的列进行计算，可以使用加（＋）、减（－）、乘（*）、除（/）等算术运算符，SELECT子句可使用表达式。

语法格式如下。

```
SELECT <表达式> [ , <表达式> ]
```

5. 去掉重复行

去掉结果集中的重复行可使用DISTINCT关键字。

语法格式如下。

```
SELECT DISTINCT <列名> [ , <列名>...]
```

< 96 >

【例8.4】 去掉重复行，在teacher表中，查询title列，消除结果中的重复行。

在MySQL命令行客户端，代码和查询结果如下。

```
mysql> SELECT DISTINCT title
    -> FROM teacher;
+------------+
| title      |
+------------+
| 教授       |
| 副教授     |
| 讲师       |
+------------+
3 rows in set (0.00 sec)
```

8.2.2　选择查询

WHERE子句用于选择行，选择行的查询称为选择查询，WHERE子句通过条件表达式给出查询条件，该子句必须紧跟在FROM子句之后。

语法格式如下。

```
WHERE 条件

条件=:
<判定条件> [ 逻辑运算符 <判定条件> ]

<判定条件> =:
表达式 { = | < | <= | > | >= | <> | != }表达式            /*比较运算*/
|表达式[ NOT ] LIKE表达式 [ ESCAPE 'escape_character ' ]   /*LIKE运算符*/
|表达式[ NOT ][ REGEXP | RLIKE ] 表达式                    /*REGEXP运算符*/
|表达式[ NOT ] BETWEEN 表达式 AND 表达式                   /*指定范围*/
|表达式IS [ NOT ] NULL                                     /*是否空值判断*/
|表达式[ NOT ] IN ( subquery |表达式[,...n] )              /*IN子句*/
|表达式{ = | < | <= | > | >= | <=> | <> | !=} { ALL | SOME | ANY } ( subquery )
                                                          /*比较子查询*/
   | EXISTS ( 子查询 )                                     /*EXISTS子查询*/
```

说明如下。

（1）判定运算包括比较运算、模式匹配、指定范围、空值判断、子查询等。

（2）判定运算的结果为TRUE、FALSE或UNKNOWN。

（3）逻辑运算符包括AND（与）、OR（或）、NOT（非），逻辑运算符的使用是有优先级的，三者之中，NOT的优先级最高，AND的优先级次之，OR的优先级最低。

（4）条件表达式可以使用多个判定运算通过逻辑运算符组成复杂的查询条件。

（5）字符串和日期必须用单引号括起来。

1．表达式比较

比较运算符用于比较两个表达式的值，共有7个运算符：=（等于）、<（小于）、<=（小于或等于）、>（大于）、>=（大于或等于）、<>（不等于）、!=（不等于）。

< 97 >

语法格式如下。

<表达式1> { = | < | <= | > | >= | <> | != } <表达式2>

【例8.5】在student表中，使用OR逻辑运算符，查询专业代码为080902或性别为男的学生。在MySQL命令行客户端，代码和查询结果如下。

```
mysql> SELECT *
    -> FROM student
    -> WHERE specialityid='080902' OR ssex='男';
+-----------+--------+--------+------------+----------+------------+
| studentid | sname  | ssex   | sbirthday  | tc       |specialityid|
+-----------+--------+--------+------------+----------+------------+
| 222001    | 唐志浩 | 男     | 2002-06-17 |       52 | 080902     |
| 222002    | 郑兰   | 女     | 2001-09-23 |       50 | 080902     |
| 222003    | 齐雨佳 | 女     | 2002-03-09 |       52 | 080902     |
| 228001    | 管明   | 男     | 2002-02-24 |       52 | 080703     |
| 228002    | 向勇   | 男     | 2001-12-14 |       50 | 080703     |
+-----------+--------+--------+------------+----------+------------+
5 rows in set (0.00 sec)
```

【例8.6】在student表中，使用 ">" 比较运算符，列出总学分在50分以上的学生记录。在MySQL命令行客户端，代码和查询结果如下。

```
mysql> SELECT *
    -> FROM student
    -> WHERE tc>50;
+-----------+--------+--------+------------+----------+------------+
| studentid | sname  | ssex   | sbirthday  | tc       |specialityid|
+-----------+--------+--------+------------+----------+------------+
| 222001    | 唐志浩 | 男     | 2002-06-17 |       52 | 080902     |
| 222003    | 齐雨佳 | 女     | 2002-03-09 |       52 | 080902     |
| 228001    | 管明   | 男     | 2002-02-24 |       52 | 080703     |
+-----------+--------+--------+------------+----------+------------+
3 rows in set (0.00 sec)
```

---

2. 指定范围

BETWEEN、NOT BETWEEN、IN是用于指定范围的三个关键字，用于查找字段值在（或不在）指定范围的行。

当要查询的条件是某个值的范围时，可以使用BETWEEN关键字。BETWEEN关键字指出查询范围。

语法格式如下。

<表达式> [NOT] BETWEEN <表达式1> AND <表达式2>

当不使用NOT关键字时，若表达式的值在表达式1与表达式2之间（包括这两个值），则返回TRUE，否则返回FALSE；使用NOT关键字时，返回值刚好相反。

【例8.7】在student表中，使用IN关键字，查询总学分为48分、50分的学生记录。

在MySQL命令行客户端，代码和查询结果如下。

< 98 >

```
mysql> SELECT *
    -> FROM student
    -> WHERE tc IN(48,50);
+-----------+--------+--------+--------------+----------+-------------+
| studentid | sname  | ssex   | sbirthday    | tc       | specialityid|
+-----------+--------+--------+--------------+----------+-------------+
| 222002    | 郑兰   | 女     | 2001-09-23   |       50 | 080902      |
| 228002    | 向勇   | 男     | 2001-12-14   |       50 | 080703      |
| 228004    | 许慧芳 | 女     | 2001-08-05   |       48 | 080703      |
+-----------+--------+--------+--------------+----------+-------------+
3 rows in set (0.00 sec)
```

3. 空值判断

判定一个表达式的值是不是空值时,使用IS NULL关键字。

语法格式如下。

```
<表达式> IS [ NOT ] NULL
```

4. 使用LIKE关键字的字符串匹配查询

LIKE关键字用于进行字符串匹配。

语法格式如下。

```
<字符串表达式1> [ NOT ] LIKE <字符串表达式2> [ ESCAPE '<转义字符>' ]
```

在使用LIKE关键字时,<字符串表达式2>可以含有通配符,通配符有以下两种。

- %: 代表0个或多个字符。
- : 代表一个字符。

LIKE匹配中使用通配符的查询也称模糊查询。

【例8.8】在teacher表中,使用通配符查询姓陶的教师记录。

在MySQL命令行客户端,代码和查询结果如下。

```
mysql> SELECT *
    -> FROM teacher
    -> WHERE tname LIKE '陶%';
+-----------+--------+--------+--------------+----------+-------------+
| teacherid | tname  | tsex   | tbirthday    | title    | school      |
+-----------+--------+--------+--------------+----------+-------------+
| 120031    | 陶淑雅 | 女     | 1984-06-19   | 副教授   | 外国语学院  |
+-----------+--------+--------+--------------+----------+-------------+
1 row in set (0.00 sec)
```

8.2.3 分组查询和统计计算

GROUP BY子句用于指定分组表达式,HAVING 子句用于指定满足分组的条件,查询数据常常需要进行统计计算和使用聚合函数。本节介绍使用聚合函数、GROUP BY子句、HAVING子句进行统计计算的方法。

< 99 >

1．聚合函数

聚合函数实现数据的统计计算，用于计算表中的数据，返回单个计算结果。聚合函数包括COUNT、SUM、AVG、MAX、MIN等函数，下面分别介绍。

（1）COUNT函数。COUNT函数用于统计一列中值的个数或统计元组个数。

统计一列中值的个数的语法格式如下。

```
COUNT ( { [ ALL | DISTINCT ] <列名> } | * )
```

其中，ALL表示对所有值进行计算，ALL为默认值，DISTINCT表示去掉重复值，COUNT函数用于计算时忽略NULL值。

统计元组个数的语法格式如下。

```
COUNT(*)
```

【例8.9】在教师表中，使用COUNT函数求教师的总人数。

在MySQL命令行客户端，代码和查询结果如下。

```
mysql> SELECT COUNT(*) AS 总人数
    -> FROM teacher;
+-------------+
| 总人数      |
+-------------+
|           5 |
+-------------+
1 row in set (0.03 sec)
```

该代码采用COUNT(*)计算总行数，总人数与总行数一致。

（2）SUM和AVG函数。SUM函数用于求出一列值的总和，AVG函数用于求出一列值的平均值，这两个函数只能用于数值类型的数据。

语法格式如下。

```
SUM / AVG ( [ ALL | DISTINCT ] <列名> )
```

其中，ALL表示对所有值进行计算，ALL为默认值，DISTINCT表示去掉重复值，SUM / AVG函数用于计算时忽略NULL值。

（3）MAX和MIN函数。MAX函数用于求出一列值中的最大值，MIN函数用于求出一列值中的最小值，这两个函数都适用于任意一种类型的数据。

语法格式如下。

```
MAX / MIN ( [ ALL | DISTINCT ] <列名> )
```

其中，ALL表示对所有值进行计算，ALL为默认值，DISTINCT表示去掉重复值，MAX / MIN函数用于计算时忽略NULL值。

【例8.10】使用MAX、MIN和AVG函数，分别查询课程号为4008的最高分、最低分、平均分。

在MySQL命令行客户端，代码和查询结果如下。

```
mysql> SELECT MAX(grade) AS 课程号4008最高分, MIN(grade) AS 课程号4008最低分,
```

< 100 >

```
AVG(grade) AS 课程号4008平均分
      -> FROM score
      -> WHERE courseid='4008';
+------------------+------------------+------------------+
| 课程号4008最高分  | 课程号4008最低分  | 课程号4008平均分  |
+------------------+------------------+------------------+
|              91 |              76 |          85.0000 |
+------------------+------------------+------------------+
1 row in set (0.00 sec)
```

2. GROUP BY子句

GROUP BY子句用于指定需要分组的列。

语法格式如下。

```
GROUP BY [ ALL ] <分组表达式> [,...n]
```

其中，分组表达式通常包含字段名，ALL表示显示所有分组。

> ⚠ **注意**
>
> 如果SELECT子句的列名表包含聚合函数，则该列名表只能包含聚合函数指定的列名和GROUP BY子句指定的列名。聚合函数通常与GROUP BY子句一起使用。

【例8.11】指定需要分组的列，查询成绩表各门课程的最高分、最低分、平均分。

在MySQL命令行客户端，代码和查询结果如下。

```
mysql> SELECT courseid AS 部门号, MAX(grade) AS 最高分, MIN(grade) AS 最低分,
AVG(grade) AS 平均分
      -> FROM score
      -> GROUP BY courseid;
+----------+--------+--------+------------+
| 课程号   | 最高分 | 最低分 | 平均分     |
+----------+--------+--------+------------+
| 1014     |     94 |     85 |    90.6667 |
| 1201     |     95 |     84 |    90.6000 |
| 8001     |     94 |     78 |    89.3333 |
| 4008     |     91 |     76 |    85.0000 |
+----------+--------+--------+------------+
4 rows in set (0.00 sec)
```

该代码采用MAX、MIN、AVG等聚合函数，并用GROUP BY子句对cno（课程号）进行分组。

3. HAVING子句

HAVING子句用于对分组按指定条件进一步筛选，过滤出满足指定条件的分组。

语法格式如下。

```
[ HAVING <条件表达式> ]
```

其中，条件表达式为筛选条件，可以使用聚合函数。

< 101 >

> **!注意**
>
> HAVING子句可以使用聚合函数，WHERE子句不可以使用聚合函数。

当WHERE子句、GROUP BY子句、HAVING子句、ORDER BY子句在一个SELECT语句中时，执行顺序如下。

（1）执行WHERE子句，在表中选择行。

（2）执行GROUP BY子句，对选取行进行分组。

（3）执行聚合函数。

（4）执行HAVING子句，筛选满足条件的分组。

（5）执行ORDER BY子句，进行排序。

> **!注意**
>
> HAVING子句要放在GROUP BY子句的后面，ORDER BY子句要放在HAVING子句的后面。

【例8.12】指定满足条件的分组，查询平均成绩在90分以上的学生的学号和平均成绩。

在MySQL命令行客户端，代码和查询结果如下。

```
mysql> SELECT studentid AS 学号, AVG(grade) AS 平均成绩
    -> FROM score
    -> GROUP BY studentid
    -> HAVING AVG(grade)>90;
+-----------+----------------+
| 学号      | 平均成绩        |
+-----------+----------------+
| 222001    |        94.0000 |
| 222003    |        92.0000 |
| 228001    |        92.3333 |
| 228002    |        90.3333 |
+-----------+----------------+
4 rows in set (0.00 sec)
```

8.2.4 排序查询和限制查询结果的数量

1. ORDER BY子句

ORDER BY子句用于对查询结果进行排序。

语法格式如下。

```
[ ORDER BY { <排序表达式> [ ASC | DESC ] } [ ,...n ]
```

其中，排序表达式可以是列名、表达式或一个正整数，ASC表示升序排列，它是系统默认的排序方式，DESC表示降序排列。

> **✎提示**
>
> 排序操作可以对数值、日期、字符三种数据类型使用，ORDER BY子句只能出现在整个SELECT语句的最后。

< 102 >

【例8.13】使用ORDER BY子句，将080902专业的学生按出生时间降序排列。

在MySQL命令行客户端，代码和查询结果如下。

```
mysql> SELECT *
    -> FROM student
    -> WHERE specialityid='080902'
    -> ORDER BY sbirthday DESC;
+-----------+-------+--------+---------------+----------+-----------+
| studentid | sname | ssex   | sbirthday     | tc       |specialityid|
+-----------+-------+--------+---------------+----------+-----------+
| 222001    | 唐志浩 | 男     | 2002-06-17    |       52 | 080902    |
| 222003    | 齐雨佳 | 女     | 2002-03-09    |       52 | 080902    |
| 222002    | 郑兰   | 女     | 2001-09-23    |       50 | 080902    |
+-----------+-------+--------+---------------+----------+-----------+
3 rows in set (0.00 sec)
```

2．LIMIT子句

LIMIT子句用于限制SELECT语句返回的行数。

语法格式如下。

```
LIMIT {[offset,] row_count | row_count OFFSET offset}
```

说明如下。

（1）offset：位置偏移量，指示从哪一行开始显示，第1行的位置偏移量是0，第2行的位置偏移量是1，……，以此类推，如果不指定位置偏移量，系统会从表中第1行开始显示。

（2）row_count：返回的行数。

（3）LIMIT子句：有两种语法格式，例如，显示表中第2行到第4行，可写为"LIMIT 1, 3"，也可写为"LIMIT 3 OFFSET 1"。

【例8.14】使用LIMIT子句，查询成绩表中成绩前3位学生的学号、课程号和成绩。

在MySQL命令行客户端，代码如下。

```
mysql> SELECT studentid, courseid, grade
    -> FROM score
    -> ORDER BY grade DESC
    -> LIMIT 0, 3;
```

该代码与下面的代码等价，执行结果如下。

```
mysql> SELECT studentid, courseid, grade
    -> FROM score
    -> ORDER BY grade DESC
    -> LIMIT 3 OFFSET 0;
+-----------+-------+--------+
| studentid |coursed| grade  |
+-----------+-------+--------+
| 222001    | 1201  |     95 |
| 222001    | 1014  |     94 |
| 228001    | 8001  |     94 |
+-----------+-------+--------+
3 rows in set (0.00 sec)
```

< 103 >

8.3 连接查询

连接查询是重要的查询方式，包括内连接、外连接和交叉连接，连接查询属于多表查询。

8.3.1 内连接

在内连接（INNER JOIN）查询中，只有满足查询条件的记录才能出现在结果集中。

内连接使用比较运算符进行表间某些字段值的比较操作，并将与连接条件相匹配的数据行组成新记录，以消除交叉连接中没有意义的数据行。

内连接有两种连接方式。

- 使用INNER JOIN的显式语法结构。

语法格式如下。

```
SELECT 目标列表达式1, 目标列表达式2,..., 目标列表达式n,
FROM table1 [INNOR] JOIN table2 ON 连接条件
[WHERE 过滤条件]
```

- 使用WHERE子句定义连接条件的隐式语法结构。

语法格式如下。

```
SELECT 目标列表达式1, 目标列表达式2,..., 目标列表达式n,
FROM table1, table2
WHERE 连接条件[AND 过滤条件]
```

说明如下。

（1）目标列表达式：需要检索的列的名称或别名。

（2）table1, table2：进行内连接的表名。

（3）连接条件：连接查询中用来连接两个表的条件，其格式如下。

```
[<表名1.>] <列名1> <比较运算符> [<表名2.>] <列名2>
```

其中，比较运算符有<、<=、=、>、>=、!=、<>。

（4）在使用INNER JOIN的连接中，连接条件放在FROM子句的ON子句中，过滤条件放在WHERE子句中。

（5）在使用WHERE子句定义连接条件的连接中，连接条件和过滤条件都放在WHERE子句中。

内连接是系统默认的，可省略INNER关键字。经常用到的内连接有等值连接与非等值连接、自然连接和自连接等，下面分别介绍。

1．等值连接与非等值连接

表之间通过比较运算符"="连接起来，称为等值连接，而使用其他运算符的连接为非等值连接。

【例8.15】使用内连接，对专业表speciality和学生表student进行等值连接。

在MySQL命令行客户端，代码如下。

< 104 >

```
mysql> SELECT speciality.*, student.*
    -> FROM speciality, student
    -> WHERE speciality.specialityid=student.specialityid;
```

该代码与下面的代码等价，执行结果如下。

```
mysql> SELECT speciality.*, student.*
    -> FROM speciality INNER JOIN student ON speciality.specialityid=
student.specialityid;
+------------+----------+-----------+----------+------+------------+-----+------------+
| specialityid| specname | studentid | sname    | ssex | sbirthday  | tc  | specialityid|
+------------+----------+-----------+----------+------+------------+-----+------------+
| 080902     | 软件工程  | 222001    | 唐志浩   | 男   |2002-06-17 | 52  | 080902     |
| 080902     | 软件工程  | 222002    | 郑兰     | 女   |2001-09-23 | 50  | 080902     |
| 080902     | 软件工程  | 222003    | 齐雨佳   | 女   |2002-03-09 | 52  | 080902     |
| 080703     | 通信工程  | 228001    | 管明     | 男   |2002-02-24 | 52  | 080703     |
| 080703     | 通信工程  | 228002    | 向勇     | 男   |2001-12-14 | 50  | 080703     |
| 080703     | 通信工程  | 228004    | 许慧芳   | 女   |2001-08-05 | 48  | 080703     |
+------------+----------+-----------+----------+------+------------+-----+------------+
6 rows in set (0.00 sec)
```

由于连接的多个表存在公共列，为了区分是哪个表中的列，引入表名前缀指定连接列。例如，student.sno表示student表的sno列，score.sno表示score表的sno列。为了简化输入，SQL允许在查询中使用表的别名，可以在FROM子句中为表定义别名，然后在查询中引用。

【例8.16】查询所有学生的成绩单，要求有学号、姓名、专业名、课程名和成绩。

对题目要求进行分析，涉及学生表student、专业表speciality、课程表course、成绩表score的连接，采用内连接。

在MySQL命令行客户端，代码和查询结果如下。

```
mysql> SELECT student.studentid, sname, specname, cname, grade
    -> FROM speciality,student, score, course
    -> WHERE speciality.specialityid=student.specialityid AND student.
studentid=score.studentid AND score.courseid=course.courseid;
```

该代码与下面的代码等价，执行结果如下。

```
mysql> SELECT student.studentid, sname, specname, cname, grade
    -> FROM speciality JOIN student ON speciality.specialityid=student.
specialityid
    ->       JOIN score ON student.studentid=score.studentid
    ->       JOIN course ON score.courseid=course.courseid;
+------------+---------+----------+----------------+----------+
| studentid  | sname   | specname | cname          | grade    |
+------------+---------+----------+----------------+----------+
| 222001     | 唐志浩  | 软件工程  | 数据库系统      |     94   |
| 222001     | 唐志浩  | 软件工程  | 英语           |     95   |
| 222001     | 唐志浩  | 软件工程  | 高等数学        |     93   |
```

< 105 >

```
| 222002      | 郑兰    | 软件工程 | 数据库系统       |        85 |
| 222002      | 郑兰    | 软件工程 | 英语             |        84 |
| 222002      | 郑兰    | 软件工程 | 高等数学         |        87 |
| 222003      | 齐雨佳  | 软件工程 | 数据库系统       |        93 |
| 222003      | 齐雨佳  | 软件工程 | 英语             |        91 |
| 222003      | 齐雨佳  | 软件工程 | 高等数学         |        92 |
| 228001      | 管明    | 通信工程 | 英语             |        92 |
| 228001      | 管明    | 通信工程 | 通信原理         |        91 |
| 228001      | 管明    | 通信工程 | 高等数学         |        94 |
| 228002      | 向勇    | 通信工程 | 英语             |        91 |
| 228002      | 向勇    | 通信工程 | 通信原理         |        88 |
| 228002      | 向勇    | 通信工程 | 高等数学         |        92 |
| 228004      | 许慧芳  | 通信工程 | 英语             |      NULL |
| 228004      | 许慧芳  | 通信工程 | 通信原理         |        76 |
| 228004      | 许慧芳  | 通信工程 | 高等数学         |        78 |
+-----------+-------+--------+----------------+---------+
18 rows in set (0.00 sec)
```

> **！注意**
>
> 　　内连接可用于多个表的连接，本例用于4个表的连接，请留意FROM子句中JOIN关键字与多个表连接的写法。

2. 自然连接

自然连接在FROM子句中使用关键字NATURAL JOIN，自然连接在目标列中去除相同的字段名。

【例8.17】对例8.15进行自然连接查询。

在MySQL命令行客户端，代码和查询结果如下。

```
mysql> SELECT *
    -> FROM speciality NATURAL JOIN student;
+-----------+-------+-------+-------+------+----------+------+
|specialityid |specname |studentid| sname  | ssex | sbirthday  | tc   |
+-----------+-------+-------+-------+------+----------+------+
| 080902      |软件工程 |222001 | 唐志浩 | 男   | 2002-06-17 |   52 |
| 080902      |软件工程 |222002 | 郑兰   | 女   | 2001-09-23 |   50 |
| 080902      |软件工程 |222003 | 齐雨佳 | 女   | 2002-03-09 |   52 |
| 080703      |通信工程 |228001 | 管明   | 男   | 2002-02-24 |   52 |
| 080703      |通信工程 |228002 | 向勇   | 男   | 2001-12-14 |   50 |
| 080703      |通信工程 |228004 | 许慧芳 | 女   | 2001-08-05 |   48 |
+-----------+-------+-------+-------+------+----------+------+
6 rows in set (0.02 sec)
```

3. 自连接

将某个表与自身进行连接，称为自表连接或自身连接，简称自连接。使用自连接需要为表指定多个别名，且对所有查询字段的引用必须使用表别名限定。

< 106 >

【例8.18】使用自连接，查询选修了"8001"课程的成绩高于学号为"222002"成绩的学生学号和课程号。

为了使用自连接，为score表指定两个别名，一个是a，一个是b。连接条件是a表的成绩大于b表的成绩，即a.grade>b.grade；选择条件是b表的学号为222002，即b.studentid='222002'；查询结果是列出a表的课程号a.courseid、学号a.studentid和成绩a.grade，并对a表的成绩降序排列。

在MySQL命令行客户端，代码如下。

```
mysql> SELECT a.studentid, a.courseid, a.grade
    -> FROM score a, score b
    -> WHERE a.grade>b.grade AND a.courseid='8001' AND b.courseid='8001'
AND b.studentid='222002'
    -> ORDER BY a.grade DESC;
```

该代码与下面的代码等价，执行结果如下。

```
mysql> SELECT a.studentid, a.courseid, a.grade
    -> FROM score a JOIN score b ON a.grade>b.grade
    -> WHERE a.courseid='8001' AND b.courseid='8001' AND b.studentid=
'222002'
    -> ORDER BY a.grade DESC;
+-----------+-------+--------+
|studentid  |coursed| grade  |
+-----------+-------+--------+
| 228001    | 8001  |     94 |
| 222001    | 8001  |     93 |
| 222003    | 8001  |     92 |
| 228002    | 8001  |     92 |
+-----------+-------+--------+
4 rows in set (0.00 sec)
```

该代码实现了自连接，使用自连接时为一个表指定了两个别名a和b。

8.3.2 外连接

在内连接的结果表中，只有满足连接条件的行才能作为结果输出。外连接的结果表不但包含满足连接条件的行，还包括相应表中的所有行。外连接分为以下两种。

- 左外连接（LEFT OUTER JOIN）：结果表中除了包括满足连接条件的行外，还包括左表的所有行，当左表有记录而在右表中没有匹配记录时，右表对应列被设置为空值（NULL）。
- 右外连接（RIGHT OUTER JOIN）：结果表中除了包括满足连接条件的行外，还包括右表的所有行，当右表有记录而在左表中没有匹配记录时，左表对应列被设置为空值（NULL）。

【例8.19】为查询教师任课情况，对教师表和讲课表进行左外连接。

在MySQL命令行客户端，代码和查询结果如下。

```
mysql> SELECT tname, courseid
    -> FROM teacher LEFT JOIN lecture ON (teacher.teacherid=lecture.teacherid);
+-----------+----------+
```

< 107 >

```
| tname     | courseid |
+-----------+----------+
| 何思敏    | 1014     |
| 万丽      | NULL     |
| 陶淑雅    | 1201     |
| 蔡桂华    | 4008     |
| 郭正      | 8001     |
+-----------+----------+
5 rows in set (0.02 sec)
```

程序分析：

在FROM子句中，使用LEFT JOIN左外连接左表teacher、右表lecture。

在查询结果的表格中，满足连接条件的行为第1行、第3行、第4行、第5行，第2行"万丽"属于左表teacher中的行，但不满足连接条件，所以该行的右表值为NULL，表示万丽老师本学期没有任课。

【例8.20】为查询课程开课情况，对讲课表和课程表进行右外连接。

在MySQL命令行客户端，代码和查询结果如下。

```
mysql> SELECT teacherid, cname
    -> FROM lecture RIGHT JOIN course ON (course.courseid=lecture.courseid);
+-----------+----------------+
|teacherid  |cname           |
+-----------+----------------+
| 100007    |数据库系统      |
| 120031    |英语            |
| 400015    |通信原理        |
| 800028    |高等数学        |
| NULL      |操作系统        |
+-----------+----------------+
5 rows in set (0.05 sec)
```

程序分析：

在FROM子句中，使用RIGHT JOIN右外连接左表lecture、右表course。

在查询结果的表格中，满足连接条件的行为第1行、第2行、第3行、第4行，第5行"操作系统"属于右表course中的行，但不满足连接条件，所以该行的左表值为NULL，表示"操作系统"本学期没有开课。

8.4 子查询

子查询

子查询又称嵌套查询，可以用一系列的简单查询构成复杂查询，从而增强SQL语句的功能。

在SQL语言中，一个SELECT-FROM-WHERE语句称为一个查询块。在WHERE子句或HAVING子句所指定的条件中，可以使用另一个查询块的结果作为条件的一部分，这种将一个查

< 108 >

询块嵌套在另一个查询块的子句所指定的条件中的查询称为嵌套查询。例如：

```
SELECT *
FROM student
WHERE studentid  IN
    (SELECT studentid
     FROM score
     WHERE courseid='1014'
     );
```

在本例中，下层查询块"SELECT studentid FROM score WHERE courseid='1014'"的查询结果，作为上层查询块"SELECT * FROM student WHERE studentid IN"的查询条件，上层查询块称为父查询或外层查询，下层查询块称为子查询（subquery）或内层查询，嵌套查询的处理过程是由内向外，即由子查询到父查询，子查询的结果作为父查询的查询条件。

SQL允许SELECT语句多层嵌套使用，即一个子查询可以嵌套其他子查询，以增强查询能力。

子查询通常与IN、EXISTS谓词和比较运算符结合使用。

8.4.1 IN子查询

在IN子查询中，使用IN谓词实现子查询和父查询的连接。

语法格式如下。

```
<表达式> [ NOT ] IN ( <子查询> )
```

在IN子查询中，首先执行括号内的子查询，再执行父查询，子查询的结果作为父查询的查询条件。

当表达式与子查询的结果集中的某个值相等时，IN关键字返回TRUE，否则返回FALSE；若使用了NOT关键字，则返回值相反。

【例8.21】使用IN谓词连接子查询和父查询，查询选修了课程号为8001的课程的学生情况。

在MySQL命令行客户端，代码和查询结果如下。

```
mysql> SELECT *                    # (b)
    -> FROM student
    -> WHERE studentid IN
    ->     (SELECT studentid       # (a)
    ->      FROM score
    ->      WHERE courseid='8001'
    ->     );
```

studentid	sname	ssex	sbirthday	tc	specialityid
222001	唐志浩	男	2002-06-17	52	080902
222002	郑兰	女	2001-09-23	50	080902
222003	齐雨佳	女	2002-03-09	52	080902
228001	管明	男	2002-02-24	52	080703
228002	向勇	男	2001-12-14	50	080703

< 109 >

```
| 228004    | 许慧芳 | 女       | 2001-08-05      |      48 | 080703    |
+----------+-------+--------+----------------+---------+-----------+
6 rows in set (0.01 sec)
```

程序分析：

（a）执行子查询，在score表中，得出选修了8001课程的学号集合(222001, 222002, 222003, 228001, 228002, 228004)。

（b）执行父查询，在student表中，以得出的学号集合为查询条件，查询出学生情况。

8.4.2 比较子查询

比较子查询是指父查询与子查询之间用比较运算符进行关联。

语法格式如下。

```
<表达式> { < | <= | = | > | >= | != | <> } { ALL | SOME | ANY } ( <子查询> )
```

其中，关键字ALL、SOME和ANY用于指定对比较运算的限制，ALL指定表达式要与子查询结果集中每个值都进行比较，当表达式与子查询结果集中每个值都满足比较关系时，才返回TRUE，否则返回FALSE；SOME和ANY指定表达式只要与子查询结果集中某个值满足比较关系时，就返回TRUE，否则返回FALSE。

【例8.22】使用比较运算符"<ALL"关联子查询和父查询，查询比所有080703专业（通信工程专业）的学生年龄都小的学生。

在MySQL命令行客户端，代码和查询结果如下。

```
mysql> SELECT *                              # (b)
    -> FROM student
    -> WHERE sbirthday<ALL
    ->     (SELECT sbirthday                 # (a)
    ->      FROM student
    ->      WHERE specialityid='080703'
    ->     );
+----------+-------+--------+----------------+---------+-----------+
|studentid | sname | ssex   | sbirthday      | tc      |specialityid|
+----------+-------+--------+----------------+---------+-----------+
| 222001   | 唐志浩 | 男      | 2002-06-17     |      52 | 080902    |
| 222003   | 齐雨佳 | 女      | 2002-03-09     |      52 | 080902    |
+----------+-------+--------+----------------+---------+-----------+
2 rows in set (0.00 sec)
```

程序分析：

（a）处理子查询，在student表中，得到选修了080703专业的学生的出生日期集合(2002-02-24，2001-12-14，2001-08-05)。

（b）处理父查询，在student表中，比所有080703专业的学生年龄都小的学生，即出生日期大于所有通信专业学生的出生日期，得出出生日期为2002-06-17和2002-03-09的学生。

< 110 >

8.4.3 EXISTS子查询

在EXISTS子查询中，使用EXISTS谓词实现父查询和子查询的连接。

EXISTS谓词只用于测试子查询是否返回行，若子查询返回一个或多个行，则EXISTS返回TRUE，否则返回FALSE；如果为NOT EXISTS，其返回值与EXISTS相反。

语法格式如下。

```
[ NOT ] EXISTS ( <子查询> )
```

在EXISTS子查询中，父查询的SELECT语句返回的每一行数据都要由子查询来评价，如果EXISTS谓词指定条件为TRUE，查询结果就包含该行，否则该行被丢弃。

【例8.23】使用EXISTS谓词连接父查询和子查询，查询选修1014课程的学生姓名。

在MySQL命令行客户端，代码和查询结果如下。

```
mysql> SELECT sname AS 姓名                    # (a)
    -> FROM student
    -> WHERE EXISTS
    ->     (SELECT *                           # (b)
    ->      FROM score
    ->      WHERE score.studentid=student.studentid AND courseid='1014'
    ->     );
+-----------+
| 姓名      |
+-----------+
| 唐志浩    |
| 郑兰      |
| 齐雨佳    |
+-----------+
3 rows in set (0.01 sec)
```

程序分析：

（a）取父查询中student表的第一条记录。

（b）与子查询相关的列值（studentid值）处理子查询，如果子查询的结果非空，则父查询的WHERE子句返回真值，取父查询中该记录的sname值放入结果表。

再取父查询中student表的下一条记录，重复此过程，直至student表的全部记录查找完毕。

> **提示**
>
> 子查询和连接往往要涉及两个表或多个表，其区别是连接可以合并两个表或多个表的数据，而带子查询的SELECT语句的结果只能来自一个表。

8.5 联合查询

联合查询将两个或多个SQL语句的查询结果集合起来，利用集合进行查询处理以完成特定的任务。联合查询使用UNION关键字，将两个或多个SQL查询语句结合成一个单独的SQL查询语句。

< 111 >

联合查询的基本语法格式如下。

```
<SELECT查询语句1>
{UNION | UNION ALL }
<SELECT查询语句2>
```

UNION语句将第一个查询的所有行与第二个查询的所有行相加。不使用关键字ALL，消除重复行，所有返回行都是唯一的。使用关键字ALL，不去掉重复记录，也不对结果自动排序。

在联合查询中，需要遵循的规则如下。

- 在构成联合查询的各个单独的查询中，列数和列的顺序必须匹配，数据类型必须兼容。
- ORDER BY子句和LIMIT子句必须置于最后一条SELECT语句之后。

【例8.24】使用UNION，查询性别为女及专业为软件工程的学生。

在MySQL命令行客户端，代码和查询结果如下。

```
mysql> SELECT studentid, sname, ssex
    -> FROM student
    -> WHERE ssex='女'
    -> UNION
    -> SELECT a.studentid, a.sname, a.ssex
    -> FROM student a, speciality b
    -> WHERE a.specialityid=b.specialityid AND specname='软件工程';
+-----------+-------+--------+
|studentid  | sname | ssex   |
+-----------+-------+--------+
| 222002    | 郑兰   | 女      |
| 222003    | 齐雨佳 | 女      |
| 228004    | 许慧芳 | 女      |
| 222001    | 唐志浩 | 男      |
+-----------+-------+--------+
4 rows in set (0.00 sec)
```

8.6 使用正则表达式进行查询

MySQL 8.0提升了正则表达式的性能，正则表达式的查询能力比通配符的查询能力更强大、更灵活，可以应用于非常复杂的查询。

正则表达式通常用来检索或替换符合某个模式的文本内容，根据指定的匹配模式匹配文本中符合要求的特殊字符串。例如，从一个文本文件中提取电话号码，查找一篇文章中重复的单词等。

在MySQL中，使用REGEXP关键字来匹配查询正则表达式。REGEXP是正则表达式（regular expression）的缩写，它的一个同义词是RLIKE。

语法格式如下。

```
match_表达式 [ NOT ][ REGEXP | RLIKE ] match_表达式
```

< 112 >

MySQL中使用REGEXP运算符指定正则表达式的字符匹配模式，可以匹配任意一个字符，可以在匹配模式中使用"|"分隔每个供选择的字符串，可以使用定位符匹配处于特定位置的文本，还可以对要匹配的字符或字符串的数目进行控制。正则表达式中常用的字符匹配选项如表8.1所示。

表8.1　正则表达式中常用的字符匹配选项

选项	说明	例子	匹配值示例
<字符串>	匹配包含指定字符串的文本	'fa'	fan, afa, faad
[ ]	匹配[ ]中的任意一个字符	'[ab]'	bay, big, app
[^]	匹配不在[ ]中的任意一个字符	'[^abc]'	desk, six,
^	匹配文本的开始字符	'^b'	bed, bridge
$	匹配文本的结束字符	'er$'	worker, teacher
.	匹配任意单个字符	'b.t'	bit, better
*	匹配零个或多个*前面的字符	'f*n'	fn, fan, begin
+	匹配+前面的字符1次或多次	'ba+'	bay, bare, battle
{n}	匹配前面的字符串至少n次	'b{2}'	bb, bbb, bbbbbb

【例8.25】在专业表中，使用正则表达式查询包含"计算机"、"软件"或"电子"的专业。在MySQL命令行客户端，代码和查询结果如下。

```
mysql> SELECT *
    -> FROM speciality
    -> WHERE specname REGEXP '计算机|软件|电子';
+-------------------+---------------+
|specialityid       | specname      |
+-------------------+---------------+
| 080701            | 电子信息工程   |
| 080702            | 电子科学与技术  |
| 080901            | 计算机科学与技术 |
| 080902            | 软件工程       |
+-------------------+---------------+
4 rows in set (0.05 sec);
```

8.7　窗口函数

在MySQL 8.0中，新增了窗口函数（window functions），可以对表进行纵向处理。窗口函数与COUNT、SUM等聚合函数对表进行纵向处理类似，但不是将多行查询结果合并成一行，而是将结果放回多行中。

语法格式如下。

```
window_function_name([expression])
    OVER ( [partition_defintion] [order_definition] [frame_definition] )
```

说明如下。

< 113 >

（1）window_function_name：窗口函数名称，expression为函数的参数表达式。

（2）OVER：指定函数执行的窗口范围的关键字，如果后面括号中什么都不写，则该窗口包含满足WHERE条件的所有行。

（3）partition_defintion：partition by子句，按照指定列进行分组，窗口函数在不同组上分别执行。

（4）order_definition：order by子句，按照指定列进行排序，窗口函数将按照排序后的记录顺序进行编号。

（5）frame_definition：frame子句，frame是当前分区的一个子集，子句用来定义子集的规则，通常用来作为滑动窗口使用。

在SELECT语句中指定包含列的窗口函数，格式如下：

```
SELECT ..., 窗口函数名([参数表达式]) OVER(子句) [ AS 窗口列标题]
FROM ... WHERE ...
```

或

```
SELECT ..., 窗口函数名([参数表达式]) OVER 窗口函数别名 [ AS 窗口列标题]
FROM ... WHERE ...
WINDOWS窗口函数别名 AS (子句)
```

下面介绍常用的窗口函数ROW_NUMBER、RANK、DENSE_RANK、NTILE。

1．ROW_NUMBER函数

ROW_NUMBER函数返回结果集分区内行的递增序号，即使存在相同的值也递增序号。

【例8.26】使用ROW_NUMBER函数，查询student表中总学分的排名。

在MySQL命令行客户端，代码和查询结果如下。

```
mysql> SELECT ROW_NUMBER() OVER(ORDER BY tc DESC) AS ROW_NUMBER_Ranking,
studentid AS 学号, sname AS 姓名, specialityid AS 专业代码, tc AS 总学分
    -> FROM student;
+-------------------+--------+--------+----------+----------+
| ROW_NUMBER_Ranking | 学号   | 姓名   | 专业代码 | 总学分   |
+-------------------+--------+--------+----------+----------+
|                 1 |222001  | 唐志浩 | 080902   |       52 |
|                 2 |222003  | 齐雨佳 | 080902   |       52 |
|                 3 |228001  | 管明   | 080703   |       52 |
|                 4 |222002  | 郑兰   | 080902   |       50 |
|                 5 |228002  | 向勇   | 080703   |       50 |
|                 6 |228004  | 许慧芳 | 080703   |       48 |
+-------------------+--------+--------+----------+----------+
6 rows in set (0.00 sec)
```

2．RANK函数

RANK函数返回结果集分区内行的排名，行的排名是相关行之前的排名数加1，不一定具有连续的排名。

【例8.27】使用RANK函数，查询student表各个专业总学分的排名。

在MySQL命令行客户端，代码和查询结果如下。

```
mysql> SELECT RANK() OVER(PARTITION BY specialityid ORDER BY tc DESC) AS
```

< 114 >

RANK_Ranking, studentid AS 学号, sname AS 姓名, specialityid AS 专业代码, tc AS 总学分

```
    -> FROM student;
+-----------+-------+-------+----------------+---------+
|RANK_Ranking| 学号  | 姓名  | 专业代码       | 总学分  |
+-----------+-------+-------+----------------+---------+
|          1 |228001 | 管明  | 080703         |      52 |
|          2 |228002 | 向勇  | 080703         |      50 |
|          3 |228004 | 许慧芳| 080703         |      48 |
|          1 |222001 | 唐志浩| 080902         |      52 |
|          1 |222003 | 齐雨佳| 080902         |      52 |
|          3 |222002 | 郑兰  | 080902         |      50 |
+-----------+-------+-------+----------------+---------+
6 rows in set (0.00 sec)
```

3．DENSE_RANK函数

DENSE_RANK函数返回结果集分区内行的排名，行的排名是该行之前的所有排名数加1，并且始终具有连续的排名。

【例8.28】使用DENSE_RANK函数，查询student表各个专业总学分的排名。

在MySQL命令行客户端，代码和查询结果如下。

```
mysql> SELECT DENSE_RANK() OVER(PARTITION BY specialityid ORDER BY tc
DESC) AS DENSE_RANK_Ranking, studentid AS 学号, sname AS 姓名, specialityid AS
专业代码, tc AS 总学分
    -> FROM student;
+-------------------+-------+-------+------------+---------+
|DENSE_RANK_Ranking | 学号  | 姓名  | 专业代码   | 总学分  |
+-------------------+-------+-------+------------+---------+
|                 1 |228001 | 管明  | 080703     |      52 |
|                 2 |228002 | 向勇  | 080703     |      50 |
|                 3 |228004 | 许慧芳| 080703     |      48 |
|                 1 |222001 | 唐志浩| 080902     |      52 |
|                 1 |222003 | 齐雨佳| 080902     |      52 |
|                 2 |222002 | 郑兰  | 080902     |      50 |
+-------------------+-------+-------+------------+---------+
6 rows in set (0.00 sec)
```

4．NTILE函数

NTILE函数将有序分区中的行分发到指定数目的组中，并为每个组编号。

【例8.29】使用NTILE函数，查询student表总学分分为两组的排名。

在MySQL命令行客户端，代码和查询结果如下。

```
mysql> SELECT NTILE(2) OVER(ORDER BY tc DESC) AS NTILE_Ranking, studentid
AS 学号, sname AS 姓名, specialityid AS 专业代码, tc AS 总学分
    -> FROM student;
+---------------+---------+-------+-------------+---------+
| NTILE_Ranking | 学号    | 姓名  | 专业代码    | 总学分  |
+---------------+---------+-------+-------------+---------+
|             1 | 222001  | 唐志浩| 080902      |      52 |
|             1 | 222003  | 齐雨佳| 080902      |      52 |
|             1 | 228001  | 管明  | 080703      |      52 |
```

< 115 >

```
|              2 | 222002  | 郑兰    | 080902        |      50 |
|              2 | 228002  | 向勇    | 080703        |      50 |
|              2 | 228004  | 许慧芳  | 080703        |      48 |
+---------------+---------+---------+---------------+---------+
6 rows in set (0.00 sec)
```

8.8 通用表表达式

通用表表达式（common table expressions，CTE）是MySQL 8.0引入的新特性，它是一种可以在当前语句中反复引用的临时结果集，作用范围是当前语句。

语法格式如下。

```
WITH [RECURSIVE] cte_name[(col_name, [, col_name]...) AS (Subquery)
[, cte_name[(col_name, [, col_name]...) AS (Subquery)]...
SELECT ... FROM cte_name WHERE ...
```

说明如下。

- RECURSIVE：如果在CTE中引用了自己的名称，则该表达式被称为递归通用表表达式。如果WITH子句中包含任何CTE，必须使用关键字RECURSIVE。
- cte_name：指定CTE的名称。
- col_name：在CTE中指定的列名。
- subquery：子查询，用于产生CTE的结果集。

WITH子句下方的SELECT语句可以直接查询CTE中的数据。

通用表表达式在当前语句中可以多次引用，这与子查询是有区别的。通用表表达式举例如下。

【例8.30】使用通用表表达式，从score表中查询学号、课程号和成绩，并指定新列名分别为c_studentid、c_courseid、c_grade，再使用SELECT语句从CTE和student表中查询姓名为"向勇"的学号、课程号和成绩。

在MySQL命令行客户端，代码和查询结果如下。

```
mysql> WITH cte_st(c_studentid, c_courseid, c_grade) AS (SELECT studentid,
courseid, grade FROM score)
    -> SELECT c_studentid, c_courseid, c_grade
    -> FROM cte_st, student
    -> WHERE student.sname='向勇' AND student.studentid =cte_st.c_studentid;
+-------------+--------------+---------------+
|c_studentid |c_courseid    | c_grade       |
+-------------+--------------+---------------+
| 228002      | 1201         |            91 |
| 228002      | 4008         |            88 |
| 228002      | 8001         |            92 |
+-------------+--------------+---------------+
3 rows in set (0.01 sec)
```

< 116 >

本章主要介绍了以下内容。

（1）数据查询语言包括的主要SQL语句是SELECT语句，用于从表或视图中检索数据，是使用非常频繁的SQL语句之一。SELECT语句是SQL语言的核心，它包含SELECT子句、FROM子句、WHERE子句、GROUP BY子句、HAVING子句、ORDER BY子句、LIMIT子句等。

（2）简单查询包括SELECT子句的使用、WHERE子句的使用、GROUP BY子句的使用、HAVING子句的使用、ORDER BY子句的使用、LIMIT子句的使用等。

（3）连接查询是重要查询方式，包括内连接查询、外连接查询和交叉连接查询。

在内连接查询中，只有满足查询条件的记录才能出现在结果集中。常用的内连接有等值连接与非等值连接、自然连接和自连接等。内连接有两种连接方式：使用INNER JOIN的显式语法结构和使用WHERE子句定义连接条件的隐式语法结构。

外连接的结果表不但包含满足连接条件的行，还包括相应表中的所有行。外连接有两种：左外连接和右外连接。

（4）将一个查询块嵌套在另一个查询块的子句指定条件中的查询称为嵌套查询，嵌套查询又称子查询。在嵌套查询中，上层查询块称为父查询或外层查询，下层查询块称为子查询或内层查询。子查询通常包括IN子查询、比较子查询和EXISTS子查询。

（5）联合查询将两个或多个SQL语句的查询结果集合起来，利用集合进行查询处理以完成特定的任务。联合查询使用关键字UNION，将两个或多个SQL查询语句结合成一个单独的SQL查询语句。

（6）MySQL 8.0提升了正则表达式的性能，正则表达式的查询能力比通配符的查询能力更强大、更灵活，可以应用于非常复杂的查询。REGEXP是正则表达式的缩写，使用REGEXP关键字来匹配查询正则表达式。

（7）在MySQL 8.0中，新增了窗口函数，可以对表进行纵向处理。窗口函数与COUNT、SUM等聚合函数对表进行纵向处理类似，但不是将多行查询结果合并成一行，而是将结果放回多行中。常用的窗口函数有ROW_NUMBER、RANK、DENSE_RANK、NTILE。

（8）通用表表达式是MySQL 8.0引入的新特性，它是一种可以在当前语句中反复引用的临时结果集，作用范围是当前语句。

习题8

一、选择题

1. 查询student表的记录数，使用_____语句。

   A. SELECT SUM(studentid) FROM student;

   B. SELECT COUNT(studentid) FROM student;

   C. SELECT MAX(studentid) FROM student;

   D. SELECT AVG(studentid) FROM student;

< 117 >

2. 统计表中的记录数，使用的聚合函数是_____。

  A. SUM   B. AVG   C. COUNT   D. MAX

3. 在SELECT语句中使用_____关键字去掉结果集中的重复行。

  A. ALL   B. MERGE

  C. UPDATE   D. DISTINCT

4. 需要将speciality表的所有行连接student表的所有行，应创建_____连接。

  A. 内   B. 外   C. 交叉   D. 自然

5. _____运算符可以用于多行运算。

  A. =   B. IN   C. <>   D. LIKE

6. 使用_____关键字进行子查询时，只注重子查询是否返回行，如果子查询返回一行或多行，则返回真，否则返回假。

  A. EXISTS   B. ANY   C. ALL   D. IN

7. 使用交叉连接查询两个表，一个表有6条记录，另一个表有9条记录，如果未使用子句，则查询结果有_____条记录。

  A. 15   B. 3   C. 9   D. 54

8. LIMIT 1,5描述的是_____。

  A. 获取第1条到第6条记录   B. 获取第1条到第5条记录

  C. 获取第2条到第6条记录   D. 获取第2条到第5条记录

二、填空题

1. 数据查询语言包括的主要SQL语句是_____语句。

2. SELECT语句有SELECT、FROM、WHERE、GROUP BY、HAVING、ORDER BY、_____等子句。

3. WHERE子句可以接收_____子句输出的数据。

4. JOIN关键字指定的连接类型有INNER JOIN、OUTER JOIN、_____三种。

5. 内连接有两种连接方式：使用_____的显式语法结构和使用WHERE子句定义连接条件的隐式语法结构。

6. 外连接有LEFT OUTER JOIN、_____两种。

7. SELECT语句的WHERE子句可以使用子查询，_____的结果作为父查询的条件。

8. 使用IN操作符实现指定匹配查询时，使用_____操作符实现任意匹配查询，使用ALL操作符实现全部匹配查询。

9. 集合运算符UNION实现了集合的_____运算。

10. MySQL中使用_____运算符指定正则表达式的字符匹配模式。

11. 窗口函数与聚合函数对表进行纵向处理类似，但不是将多行查询结果合并成一行，而是将结果放回_____中。

12. 通用表表达式是一种可以在当前语句中反复引用的_____。

三、问答题

1. SELECT语句包含哪几个子句？

2. 简单查询包括哪些子句的使用？

< 118 >

3. 常用的内连接有哪些？常用的外连接有哪些？

4. 什么是子查询？有哪些子查询？

5. 什么是窗口函数？常用的窗口函数有哪些？

6. 什么是通用表表达式？

四、应用题

1. 查询学生表的全部记录。

2. 查询成绩表中学号为228001、课程号为8001的学生成绩。

3. 查询学生表中姓齐的学生的情况。

4. 查询080703专业的最高学分的学生的情况。

5. 查询至少有3名学生选修且以4开头的课程号和平均分数。

6. 查询选修课程3门以上且成绩在85分以上的学生的情况。

7. 查询平均成绩在90分以上的学生的学号和平均成绩。

8. 将080902专业的学生按出生时间升序排列。

9. 查询8001课程的成绩第2名到第5名的信息。

10. 查询选修了"高等数学"且成绩在80分以上的学生的情况。

11. 查询选修某课程的平均成绩高于85分的教师姓名。

12. 查询数据库系统课程的任课教师。

13. 查询成绩高于平均分的成绩记录。

14. 查询选学'1201'号课程或选学'1014'号课程的学生姓名、性别、总学分。

15. 使用正则表达式查询课程表中含有"系统"或"原理"的所有课程名称。

16. 使用窗口函数ROW_NUMBER，查询课程表学分的排名。

17. 使用窗口函数RANK，查询课程表学分的排名。

18. 使用窗口函数DENSE_RANK，查询课程表学分的排名。

19. 使用窗口函数NTILE，查询课程表学分分为两组的排名。

20. 使用通用表表达式查询计算机学院的教师情况。

< 119 >

第9章 视图和索引

视图是数据库中重要的数据库对象，视图是一个虚拟表，可以从一个或多个表（或视图）导出，通过SELECT查询语句定义，以便于用户查询和处理。索引也是一个重要的数据库对象，用于提高查询速度。本章介绍视图的概念、视图操作、索引的概念、索引操作等内容。

9.1 视图概述

视图（view）是从一个或多个表（或视图）导出的虚拟表。

视图与表（基础表）有以下区别。

（1）视图是一个虚拟表。视图的结构和数据建立在对表的查询的基础上，用来导出视图的表称为基础表，导出的视图称为虚拟表。

（2）视图中的内容由SQL语句定义。在数据库中只存储视图的定义，不存放视图对应的数据，这些数据存放在原来的表（基础表）中。

（3）视图就像是基础表的窗口，它反映了一个或多个基础表的局部数据。

视图一经定义以后，就可以像表一样被查询、修改、删除和更新。

视图可以由一个表中选取的某些行和列组成，也可以由多个表中满足一定条件的数据组成，视图就像是基础表的窗口，它反映了一个或多个基础表的局部数据。

例如，教学情况视图来源于基础表：教师表、课程表、讲课表，如图9.1所示。

视图的优点如下。

（1）便于用户查询和处理。

（2）增加安全性。

（3）便于数据共享。

（4）提高了数据的逻辑独立性。

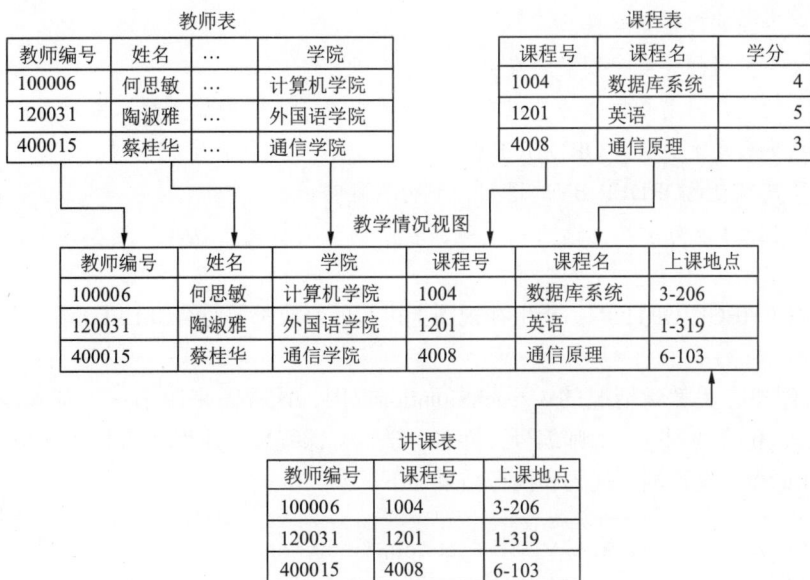

图 9.1　视图示意

视图操作

9.2　视图操作

本节介绍创建视图、查询视图、更新视图、修改视图和删除视图等内容。

9.2.1　创建视图

在MySQL中，创建视图的语句是CREATE VIEW语句。

语法格式如下。

```
CREATE [ OR REPLACE ] VIEW view_name[ (column_list) ]
    AS
    SELECT_statement
    [ WITH [ CASCADE | LOCAL ] CHECK OPTION ]
```

说明如下。

（1）OR REPLACE：可选项，在创建视图时，如果存在同名视图，则要重新创建。

（2）view_name：指定视图名称。

（3）column_list：该子句为视图中每个列指定列名，为可选子句。可以自定义视图中包含的列，若使用源表或视图中相同的列名，则不必给出列名。

（4）SELECT_statement：定义视图的SELECT语句，用于创建视图，可查询多个表或视图。

对SELECT语句有以下限制。

- 定义视图的用户必须对所涉及的基础表或其他视图有查询的权限。
- 不能包含FROM子句中的子查询。
- 不能引用系统或用户变量。

< 121 >

- 不能引用预处理语句参数。
- 在定义中引用的表或视图必须存在。
- 若引用的不是当前数据库的表或视图，则要在表或视图前加上数据库的名称。
- 在视图定义中允许使用ORDER BY语句，但是，如果从特定视图进行了选择，而该视图使用了具有自己ORDER BY的语句，它将被忽略。
- 对于SELECT语句中其他选项或子句，若所创建的视图中包含了这些选项，则语句的执行效果未定义。

（5）WITH CHECK OPTION：指出在视图上进行的修改都要符合SELECT语句所指定的限制条件。

【例9.1】创建有关教学情况的V_teachSituation视图，该视图来源于三个基础表：teacher、course、lecture，包含的列有：教师编号、姓名、学院、课程号、课程名和上课地点。

在MySQL命令行客户端，代码和执行结果如下。

```
mysql> CREATE OR REPLACE VIEW V_teachSituation
    -> AS
    -> SELECT a.teacherid, tname, title, school, b.courseid, cname, location
    -> FROM teacher a, course b, lecture c
    -> WHERE a.teacherid=c.teacherid AND b.courseid=c.courseid
    -> WITH CHECK OPTION;
Query OK, 0 rows affected (0.01 sec))
```

9.2.2 查询视图

使用SELECT语句对视图进行查询与使用SELECT语句对表进行查询类似，但可简化用户的程序设计，方便用户，通过指定列限制用户访问，提高安全性。

【例9.2】查询视图V_teachSituation。

在MySQL命令行客户端，代码和查询结果如下。

```
mysql> SELECT *
    -> FROM V_teachSituation;
+-----------+--------+--------+------------+----------+-----------+----------+
| teacherid | tname  | title  | school     | courseid | cname     | location |
+-----------+--------+--------+------------+----------+-----------+----------+
| 100007    | 何思敏 | 教授   | 计算机学院 | 1014     | 数据库系统 | 3-206    |
| 120031    | 陶淑雅 | 副教授 | 外国语学院 | 1201     | 英语      | 1-319    |
| 400015    | 蔡桂华 | 讲师   | 通信学院   | 4008     | 通信原理   | 6-103    |
| 800028    | 郭正   | 副教授 | 数学学院   | 8001     | 高等数学   | 5-211    |
+-----------+--------+--------+------------+----------+-----------+----------+
4 rows in set (0.00 sec)
```

9.2.3 更新视图

更新视图指通过视图进行插入、删除、修改数据的操作，由于视图是不存储数据的虚拟表，对视图的更新最终转化为对基础表的更新。

< 122 >

通过更新视图数据可更新基础表的数据，但只有满足可更新条件的视图才能更新。

如果视图包含下述结构中的任何一种，那么它就是不可更新的。

（1）聚合函数。

（2）DISTINCT关键字。

（3）GROUP BY子句。

（4）ORDER BY子句。

（5）HAVING子句。

（6）UNION运算符。

（7）位于选择列表中的子查询。

（8）FROM子句中包含多个表。

（9）SELECT语句中引用了不可更新视图。

（10）WHERE子句中的子查询，引用FROM子句中的表。

【例9.3】创建可更新视图V_teachRenew，包含teacher表中所有计算机学院的教师信息。

在MySQL命令行客户端，代码和执行结果如下。

```
mysql> CREATE OR REPLACE VIEW V_teachRenew
    -> AS
    -> SELECT *
    -> FROM teacher
    -> WHERE school='计算机学院';
Query OK, 0 rows affected (0.01 sec)
```

使用SELECT语句查询V_teachRenew视图，代码和查询结果如下。

```
mysql> SELECT *
    -> FROM V_teachRenew;
+-----------+-------+-------+------------+-------+------------+
| teacherid | tname | tsex  | tbirthday  | title | school     |
+-----------+-------+-------+------------+-------+------------+
| 100007    | 何思敏 | 男    | 1976-11-04 | 教授   | 计算机学院  |
| 100020    | 万丽   | 女    | 1980-04-21 | 教授   | 计算机学院  |
+-----------+-------+-------+------------+-------+------------+
2 rows in set (0.00 sec)
```

1．插入数据

使用INSERT语句通过视图向基础表插入数据。

【例9.4】向V_teachRenew视图中插入一条记录：('100015','乔智','男','1982-03-27','副教授','计算机学院')。

在MySQL命令行客户端，代码和执行结果如下。

```
mysql> INSERT INTO V_teachRenew
    -> VALUES('100015','乔智','男','1982-03-27','副教授','计算机学院');
Query OK, 1 row affected (0.01 sec)
```

使用SELECT语句查询V_teachRenew视图的基础表teacher，代码和查询结果如下。

```
mysql> SELECT *
    -> FROM teacher;
```

< 123 >

```
+-----------+--------+--------+--------------+----------+------------+
| teacherid | tname  | tsex   | tbirthday    | title    | school     |
+-----------+--------+--------+--------------+----------+------------+
| 100007    | 何思敏 | 男     | 1976-11-04   | 教授     | 计算机学院 |
| 100015    | 乔智   | 男     | 1982-03-27   | 副教授   | 计算机学院 |
| 100020    | 万丽   | 女     | 1980-04-21   | 教授     | 计算机学院 |
| 120031    | 陶淑雅 | 女     | 1984-06-19   | 副教授   | 外国语学院 |
| 400015    | 蔡桂华 | 女     | 1989-12-14   | 讲师     | 通信学院   |
| 800028    | 郭正   | 男     | 1986-09-07   | 副教授   | 数学学院   |
+-----------+--------+--------+--------------+----------+------------+
6 rows in set (0.00 sec)
```

上述语句对基础表teacher进行查询，该表已添加记录('100015','乔智','男','1982-03-27','副教授','计算机学院')。

> ⚠️ **注意**
>
> 当视图依赖的基础表有多个表时，不能向该视图插入数据。

2. 修改数据

使用UPDATE语句通过视图修改基础表的数据。

【例9.5】将V_teachRenew视图中教师编号为100015的教师的出生日期改为1982-09-27。

在MySQL命令行客户端，代码和执行结果如下。

```
mysql> UPDATE V_teachRenew SET tbirthday='1982-09-27'
    -> WHERE teacherid='100015';
Query OK, 1 row affected (0.03 sec)
Rows matched: 1  Changed: 1  Warnings: 0
```

使用SELECT语句查询V_teachRenew视图的基础表teacher，代码和查询结果如下。

```
mysql> SELECT *
    -> FROM teacher;
+-----------+--------+--------+--------------+----------+------------+
| teacherid | tname  | tsex   | tbirthday    | title    | school     |
+-----------+--------+--------+--------------+----------+------------+
| 100007    | 何思敏 | 男     | 1976-11-04   | 教授     | 计算机学院 |
| 100015    | 乔智   | 男     | 1982-09-27   | 副教授   | 计算机学院 |
| 100020    | 万丽   | 女     | 1980-04-21   | 教授     | 计算机学院 |
| 120031    | 陶淑雅 | 女     | 1984-06-19   | 副教授   | 外国语学院 |
| 400015    | 蔡桂华 | 女     | 1989-12-14   | 讲师     | 通信学院   |
| 800028    | 郭正   | 男     | 1986-09-07   | 副教授   | 数学学院   |
+-----------+--------+--------+--------------+----------+------------+
6 rows in set (0.01 sec)
```

上述语句对基础表teacher进行查询，该表已将教师编号100015的教师的出生日期改为1982-09-27。

> ⚠️ **注意**
>
> 当视图依赖的基础表有多个表时，修改一次视图只能修改一个基础表的数据。

< 124 >

3. 删除数据

使用DELETE语句通过视图向基础表删除数据。

【例9.6】删除V_teachRenew视图中教师编号为100015的记录。

在MySQL命令行客户端，代码和执行结果如下。

```
mysql> DELETE FROM V_teachRenew
    -> WHERE teacherid='100015';
Query OK, 1 row affected (0.01 sec)
```

使用SELECT语句查询V_teachRenew视图的基础表teacher，代码和查询结果如下。

```
mysql> SELECT *
    -> FROM teacher;
mysql> SELECT *
    -> FROM teacher;
+-----------+--------+-------+------------+----------+------------+
| teacherid | tname  | tsex  | tbirthday  | title    | school     |
+-----------+--------+-------+------------+----------+------------+
| 100007    | 何思敏 | 男    | 1976-11-04 | 教授     | 计算机学院 |
| 100020    | 万丽   | 女    | 1980-04-21 | 教授     | 计算机学院 |
| 120031    | 陶淑雅 | 女    | 1984-06-19 | 副教授   | 外国语学院 |
| 400015    | 蔡桂华 | 女    | 1989-12-14 | 讲师     | 通信学院   |
| 800028    | 郭正   | 男    | 1986-09-07 | 副教授   | 数学学院   |
+-----------+--------+-------+------------+----------+------------+
5 rows in set (0.00 sec)
```

上述语句对基础表teacher进行查询，该表已删除记录('100015','乔智','男','1982-09-27','副教授','计算机学院')。

> ⓘ **注意**
>
> 当视图依赖的基础表有多个表时，不能向该视图删除数据。

9.2.4 修改视图

修改视图使用ALTER VIEW语句。

语法格式如下。

```
ALTER VIEW view_name[ (column_list) ]
    AS
    SELECT_statement
    [ WITH [ CASCADE | LOCAL ] CHECK OPTION ]
```

9.2.5 删除视图

如果不再需要视图，可以进行删除，删除视图对创建该视图的基础表没有任何影响。

< 125 >

删除视图使用DROP VIEW语句。

语法格式如下。

```
DROP VIEW [IF EXISTS]
      view_name [, view_name] ...
```

其中，view_name是视图名，声明了IF EXISTS，可防止因视图不存在而出现错误信息。使用DROP VIEW语句一次可删除多个视图。

【例9.7】删除视图V_teachSituation。

在MySQL命令行客户端，代码和执行结果如下。

```
mysql> DROP VIEW V_teachSituation;
Query OK, 0 rows affected (0.01 sec)
```

ⓘ 注意

　　删除视图时，应将由该视图导出的其他视图删去。删除基础表时，应将由该表导出的其他视图删去。

9.3 索引概述

为了提高对某一本书某一章节的查找速度，不是从该书的第一页开始查找，而是首先查看书前的目录，再从目录中找到某一章节的页码，由页码快速找到这一章节。在数据库中，类似于书的目录的检索技术称为索引技术。

对数据库中的表进行查询操作时，有两种搜索扫描方式：一种是全表扫描，另一种是使用表上建立的索引扫描。

无索引的表是一个无顺序的行集（记录集），要查找某个特定的行，必须从第一行开始查找表中的每一行，查看它们是否与所需的值匹配。这是一个全表扫描，当表中有很多行的时候，很浪费时间，效率很低。

索引（index）是按照数据表中一列或多列进行索引排序，并为其建立指向数据表记录所在位置的指针，如图9.2所示。索引表中的列称为索引字段或索引项，该列的各个值称为索引值。索引访问首先搜索索引值，再通过指针直接找到数据表中对应的记录，从而快速地查找到数据。

索引　　　　　　　　　　　　　　　　　数据表

teacherid	指针		teacherid	tname	tsex	tbirthday	title	school
100007			800028	郭正	男	1986-09-07	副教授	数学学院
100020			120031	陶淑雅	女	1984-06-19	副教授	外国语学院
120031			100007	何思敏	男	1976-11-04	教授	计算机学院
400015			100020	万丽	女	1980-04-21	教授	计算机学院
800028			400015	蔡桂华	女	1989-12-14	讲师	通信学院

图9.2　索引示意

< 126 >

例如，用户对teacher表中教师编号teacherid列建立索引后，MySQL将在索引中排序teacherid列，当查找教师编号为"120031"的教师信息时，首先在索引项中找到"120031"，通过指针直接找到teacher表中相应的行('120031','陶淑雅','女','1984-06-19','副教授','外国语学院')。在这个过程中，除搜索索引项外，只需处理一行即可返回结果，如果没有教师编号列的索引，则要扫描teacher表中的所有行，从而利用索引大幅度地提高了查询速度。

索引的功能如下。

- 提高查询速度。
- 保证列值的唯一性。
- 查询优化依靠索引起作用。
- 提高ORDER BY、GROUP BY语句的执行速度。

索引的分类如下。

（1）普通索引。这是最基本的索引类型，它没有唯一性之类的限制。创建普通索引的关键字是INDEX。

（2）唯一性索引。这种索引和前面的普通索引基本相同，但有一个区别：索引列的所有值都只能出现一次，即必须是唯一的。创建唯一性索引的关键字是UNIQUE。

（3）主键。主键是一种唯一性索引，它必须指定为PRIMARY KEY。主键一般在创建表的时候指定，也可以通过修改表的方式加入主键。但是每个表只能有一个主键。

（4）聚簇索引。聚簇索引的索引顺序就是数据存储的物理顺序，这样能保证索引值相近的元组所存储的物理位置也相近。一个表只能有一个聚簇索引。

（5）全文索引。MySQL支持全文检索和全文索引。在MySQL中，全文索引的索引类型为FULLTEXT。

索引可以建立在一列上，称为单列索引，一个表可以建立多个单列索引。索引也可以建立在多个列上，称为组合索引、复合索引或多列索引。

使用索引可以提高系统的性能，加快数据检索的速度，但是使用索引要付出一定的代价。

- 增加存储空间。索引需要占用磁盘空间。
- 降低更新表中数据的速度。当更新表中数据时，系统会自动更新索引列的数据，这可能需要重新组织一个索引。

建立索引的建议如下。

- 查询中很少涉及的列、重复值比较多的列不要建立索引。
- 数据量较小的表最好不要建立索引。
- 限制表中索引的数量。
- 在表中插入数据后再创建索引。
- 如果char列或varchar列的字符数很多，可视具体情况选取前N个字符值进行索引。

9.4　索引操作

索引操作

本节介绍创建索引、查看索引、删除索引等内容。

< 127 >

9.4.1 创建索引

在MySQL中，有三种创建索引的方法：在已有的表上创建索引有CREATE INDEX语句和ALTER TABLE语句，在创建表的同时创建索引有CREATE TABLE语句。

1. 使用CREATE INDEX语句创建索引

使用CREATE INDEX语句可以在一个已有的表上创建索引。

语法格式如下。

```
CREATE [UNIQUE] INDEX index_name
    ON tbl_name ( col_name [ (length) ] [ ASC | DESC] ,...)
```

说明如下。

- index_name：指定所建立的索引名称。一个表中可建多个索引，而每个索引名称必须是唯一的。
- tbl_name：指定需要建立索引的表名。
- UNIQUE：可选项，指定所创建的索引是唯一性索引。
- col_name：指定要创建索引的列名。
- length：可选项，用于指定使用列的前length个字符创建索引。
- ASC | DESC：可选项，指定索引是按升序（ASC）还是降序（DESC）排列，默认为ASC。

【例9.8】在teacher表的tbirthday列上，创建一个普通索引I_tbirthday。

在MySQL命令行客户端，代码和执行结果如下。

```
mysql> CREATE INDEX I_tbirthday ON teacher(tbirthday);
Query OK, 0 rows affected (0.08 sec)
Records: 0  Duplicates: 0  Warnings: 0
```

上述代码执行后，在teacher表的tbirthday列上建立了一个普通索引I_tbirthday，普通索引是没有唯一性等约束的索引。该代码没有指明排序方式，因此采用默认方式，即升序索引。

【例9.9】在teacher表的出生日期列（降序）和姓名列（升序），创建一个组合索引I_tbirthdayTname。

在MySQL命令行客户端，代码和执行结果如下。

```
mysql> CREATE INDEX I_tbirthdayTname ON teacher(tbirthday DESC, tname);
Query OK, 0 rows affected (0.04 sec)
Records: 0  Duplicates: 0  Warnings: 0
```

上述代码执行后，在teacher表的tbirthday列和tname列上建立了一个组合索引I_tbirthdayTname。排序时，先按tbirthday列降序排列；若tbirthday列值相同，再按tname列升序排列。

2. 使用ALTER TABLE语句创建索引

使用ALTER TABLE语句也可以在一个已有的表上创建索引。

语法格式如下。

```
ALTER TABLE tbl_name
    ADD [UNIQUE | FULLTEXT ] [ INDEX | KEY ] [ index_name ] ( col_name [
```

< 128 >

```
(length) ] [ ASC│DESC] ,...)
```

上述语句中的tbl_name、UNIQUE、index_name、col_name、length、ASC│DESC等选项与CREATE INDEX语句中的相关选项类似，此处不再重复解释。

【例9.10】在teacher表的tname列，创建一个唯一性索引I_tname，并按降序排列。

在MySQL命令行客户端，代码和执行结果如下。

```
mysql> ALTER TABLE teacher
    -> ADD UNIQUE INDEX I_tname(tname DESC);
Query OK, 0 rows affected (0.04 sec)
Records: 0  Duplicates: 0  Warnings: 0
```

3. 使用CREATE TABLE语句创建索引

使用CREATE TABLE语句可以在创建表的同时创建索引。

语法格式如下。

```
CREATE TABLE tbl_name [ col_name data_type ]
    [ CONSTRAINT index_name ] [UNIQUE│FULLTEXT] [ INDEX│KEY ]
    [ index_name ] ( col_name [ (length) ] [ ASC│DESC] ,...)
```

上述语句中的tbl_name、index_name、UNIQUE、col_name、length、ASC│DESC等选项与CREATE INDEX语句中的相关选项类似，此处不再重复解释。

【例9.11】创建新表lecture1表，主键为teacherid和courseid，同时在location列上创建普通索引。

在MySQL命令行客户端，代码和执行结果如下。

```
mysql> CREATE TABLE lecture1
    ->     (
    ->         teacherid char(6) NOT NULL,
    ->         courseid char(4) NOT NULL,
    ->         location char(10) NULL,
    ->         PRIMARY KEY(teacherid,courseid),
    ->         INDEX(location)
    ->     );
Query OK, 0 rows affected (0.03 sec)
```

9.4.2 查看索引

查看表上建立的索引使用SHOW INDEX语句。

语法格式如下。

```
SHOW { INDEX│INDEXES│KEYS } { FROM│IN } tbl_name [{ FROM│IN } db_name ]
```

该语句以二维表的形式显示建立在表上的所有索引信息，由于显示的项目较多，不易查看，可使用\G参数。例如，查看例9.11所创建的lecture1表的索引，使用以下语句：

```
SHOW INDEX FROM lecture1 \G;
```

< 129 >

9.4.3 删除索引

索引的删除有两种方式：使用DROP INDEX语句删除索引和使用ALTER TABLE语句删除索引。

1. 使用DROP INDEX语句删除索引

DROP INDEX语句用于删除索引。

语法格式如下。

```
DROP INDEX index_name ON table_ name
```

其中，index_name是要删除的索引名，table_ name是索引所在的表。

【例9.12】删除已建索引I_tbirthdayTname。

在MySQL命令行客户端，代码和执行结果如下。

```
mysql> DROP INDEX I_tbirthdayTname ON teacher;
Query OK, 0 rows affected (0.02 sec)
Records: 0  Duplicates: 0  Warnings: 0
```

该语句执行后，表teacher上的索引I_tbirthdayTname被删除，对表teacher无影响，也不影响该表上的其他索引。

2. 使用ALTER TABLE语句删除索引

ALTER TABLE语句不仅能创建索引，还能删除索引。

语法格式如下。

```
ALTER TABLE tbl_name
    DROP INDEX index_name
```

其中，table_ name是索引所在的表，index_name是要删除的索引名。

【例9.13】删除已建索引I_tname。

在MySQL命令行客户端，代码和执行结果如下。

```
mysql> ALTER TABLE teacher
    -> DROP INDEX I_tname;
Query OK, 0 rows affected (0.02 sec)
Records: 0  Duplicates: 0  Warnings: 0
```

本章小结

本章主要介绍了以下内容。

（1）视图通过SELECT查询语句定义，它是从一个或多个表（或视图）导出的，用来导出视图的表称为基础表，导出的视图称为虚拟表。在数据库中，只存储视图的定义，不存放视图对应的数据，这些数据仍然存放在原来的基础表中。

视图的优点为：方便用户的查询和处理，增加安全性，便于数据共享，提高数据的逻辑独立性。

< 130 >

（2）创建视图使用CREATE VIEW语句，修改视图的定义使用ALTER VIEW语句，删除视图使用DROP VIEW语句。

（3）使用SELECT语句对视图进行查询与使用SELECT语句对表进行查询类似，但可简化用户的程序设计，方便用户，通过指定列限制用户访问，提高安全性。

更新视图指通过视图插入、删除、修改数据，由于视图是不存储数据的虚拟表，对视图的更新最终转化为对基础表的更新，只有满足可更新条件的视图才能更新。

（4）索引是按照数据表中一列或多列进行索引排序，并为其建立指向数据表记录所在位置的指针。索引访问首先搜索索引值，并通过指针直接找到数据表中对应的记录。

建立索引的功能为：提高查询速度，保证列值的唯一性，查询优化依靠索引起作用，提高ORDER BY、GROUP BY执行速度。

索引可分为普通索引、唯一性索引、主键、聚簇索引和全文索引。

索引可以建立在一列上，称为单列索引；也可以建立在多列上，称为组合索引、复合索引或多列索引。

（5）在MySQL中，有三种创建索引的方法：在已有的表上创建索引有CREATE INDEX语句和ALTER TABLE语句，在创建表的同时创建索引有CREATE INDEX语句。

查看表上建立的索引使用SHOW INDEX语句。

索引的删除有两种方式：使用DROP INDEX语句删除索引和使用ALTER TABLE语句删除索引。

习题 9

一、选择题

1. 下面语句中_____用于创建视图。
   A. ALTER VIEW　　　　　　　　　B. DROP VIEW
   C. CREATE TABLE　　　　　　　　D. CREATE VIEW

2. 下面语句中_____不可对视图进行操作。
   A. UPDATE　　　　　　　　　　　B. CREATE INDEX
   C. DELETE　　　　　　　　　　　D. INSERT

3. 以下关于视图的描述中，_____是错误的。
   A. 视图中保存有数据　　　　　　　B. 视图通过SELECT查询语句定义
   C. 可以通过视图操作数据库中表的数据　D. 通过视图操作的数据仍然保存在表中

4. 以下选项不正确的是_____。
   A. 视图的基础表可以是表或视图　　B. 视图占用实际的存储空间
   C. 创建视图必须通过SELECT查询语句　D. 利用视图可以将数据永久保存

5. 建立索引的主要目的是_____。
   A. 提高安全性　　　　　　　　　　B. 提高查询速度
   C. 节省存储空间　　　　　　　　　D. 提高数据更新速度

6. 不能采用_____创建索引。
   A. CREATE INDEX　　　　　　　　B. CREATE TABLE

< 131 >

C. ALTER INDEX D. ALTER TABLE

7. 能够在已有的表上建立索引的语句是_____。

A. ALTER TABLE B. CREATE TABLE

C. UPDATE TABLE D. REINDEX TABLE

8. 不属于MySQL索引类型的是_____。

A. 唯一性索引 B. 主键 C. 非空值索引 D. 全文索引

9. 索引可以提高_____操作的效率。

A. UPDATE B. DELETE C. INSERT D. SELECT

二、填空题

1. 视图的优点是方便用户操作、_____。

2. 视图的数据存放在_____中。

3. 可更新视图指_____的视图。

4. 修改视图的定义使用_____语句。

5. 索引是按照数据表中一列或多列进行索引排序，并为其建立指向数据表记录所在位置的_____。

6. 索引访问首先搜索索引值，并通过指针直接找到数据表中对应的_____。

7. 在已有的表上创建索引有_____语句和ALTER TABLE语句。

8. 在创建表的同时创建索引的语句是_____。

9. 删除索引的语句有DROP INDEX语句和_____语句。

三、问答题

1. 什么是视图？简述视图的优点。

2. 简述创建视图、查询视图、修改视图和删除视图使用的语句。

3. 什么是更新视图？

4. 什么是索引？简述索引的分类。

5. 简述创建索引、查看索引和删除索引的语句。

四、应用题

1. 创建视图V_studentSpeciality，包括学号、姓名、性别、总学分、专业代码、专业名称。

2. 查看视图V_studentSpeciality的所有记录。

3. 查看软件工程专业学生的学号、姓名、性别、总学分。

4. 更新视图V_studentSpeciality，将学号222002的总学分更改为52分。

5. 对视图V_studentSpeciality进行修改，指定专业为"通信工程"。

6. 删除V_studentSpeciality视图。

7. 在student表的sname列上，创建一个普通索引I_sname。

8. 在student表的studentid列上，创建一个索引I_studentid，要求按学号studentid字段值的前6个字符降序排列。

9. 在student表的tc列（降序）和sname列（升序），创建一个组合索引I_tcSname。

10. 查看student表的索引。

11. 删除已建索引I_sname。

< 132 >

第 **10** 章 MySQL程序设计基础

MySQL语言在标准SQL语言的基础上进行了扩展，为了用户编程方便，增加了常量、变量、运算符、表达式、内置函数等程序设计语言元素，MySQL语句由声明式SQL语句（包括CREATE语句、SELECT语句、INSERT语句等）和过程式SQL语句（如IF-THEN-ELSE控制结构语句等）组成。

MySQL程序包含3种程序控制结构：顺序结构、选择结构和循环结构，实现这3种控制结构的语句是流程控制语句，支持程序设计语言的变量和程序控制结构，与数据库的数据类型集成，提高了程序设计效率。本章介绍MySQL编程规范、常量和变量、运算符和表达式、自定义函数、流程控制语句、系统函数等内容。

10.1 MySQL编程概述

本节介绍MySQL编程规范、DELIMITER命令和BEGIN END语句块等内容。

10.1.1 MySQL编程规范

使用MySQL编程规范，可以写出高质量的程序，提高工作效率，便于和其他开发人员阅读和交流。下面介绍MySQL编程规范。

1. 数据库、表、列的命名

使用26个小写英文字母、数字0~9和下画线对数据库、表、列进行命名，且有意义。

2. SQL语法不区分大小写，但为了程序的阅读和交流，有以下建议

（1）关键字、系统函数名，使用大写。

（2）变量名以及SQL中的数据库名、表名、列名，使用小写。

3. 关于空白

（1）主要代码段之间用空行隔开。

（2）结构词居左排列。

4. 在MySQL中必须遵守的要求

（1）标识符不区分大小写。例如NAME和Name、name都是一样的。

（2）语句使用分号结束。

（3）语句的关键字、标识符、表名和列名都需要用空格分隔。

（4）字符类型和日期类型需要使用单引号括起来。

5．MySQL中的注释

注释是程序代码中不被执行的文本字符串，用于对代码进行说明或进行诊断。适当地添加注释，可以提高代码的可读性。

MySQL提供了3种注释方法。

（1）#（井号字符）：单行注释，从该字符到行尾都是注释内容。

（2）--（双连线字符）：单行注释，从双连线字符到行尾都是注释内容，双连线字符后一定要加一个空格。

（3）/*…*/（正斜杠星号字符）：多行注释，可以注释"/*"和"*/"之间包含的部分。

注释举例如下。

在MySQL命令行客户端，代码和执行结果如下。

```
mysql> /* 注释举例  */
mysql> USE teachsys;                          # 打开数据库
Database changed
mysql>  -- 查询学生的信息
mysql> SELECT *
    -> FROM teacher;    -- 指定查询的表为teacher表
+-----------+--------+-------+-------------+----------+-----------+
| teacherid | tname  | tsex  | tbirthday   | title    | school    |
+-----------+--------+-------+-------------+----------+-----------+
| 100007    | 何思敏 | 男    | 1976-11-04  | 教授     | 计算机学院 |
| 100020    | 万丽   | 女    | 1980-04-21  | 教授     | 计算机学院 |
| 120031    | 陶淑雅 | 女    | 1984-06-19  | 副教授   | 外国语学院 |
| 400015    | 蔡桂华 | 女    | 1989-12-14  | 讲师     | 通信学院   |
| 800028    | 郭正   | 男    | 1986-09-07  | 副教授   | 数学学院   |
+-----------+--------+-------+-------------+----------+-----------+
5 rows in set (0.00 sec)

mysql> /* 在SELECT子句指定列的位置上使用*号时,
    -> 为查询表中所有列  */
```

10.1.2　DELIMITER命令和BEGIN END语句块

1．DELIMITER命令

在MySQL中，服务器处理语句默认是以分号为结束标志，但是在创建存储过程的时候，存储过程体中可能包含多个SQL语句，每个SQL语句都是以分号结尾的，这时服务器处理程序的时候遇到第一个分号就会认为程序结束，这显然是不行的。为此，可使用DELIMITER命令将MySQL语句的结束标志修改为其他符号，使MySQL服务器可以完整地处理存储过程体中的多个SQL语句。

语法格式如下。

```
DELIMITER $$
```

其中，$$是用户定义的结束符，这个符号可以是一些特殊符号，例如两个"#"、两个"¥"等。当使用DELIMITER命令时，应该避免使用反斜杠"\"字符，这是MySQL的转义字符。

< 134 >

例如，修改MySQL的结束符为"//"，在MySQL命令行客户端，代码如下。

```
mysql> DELIMITER //
```

执行完这条语句后，程序结束的标志就换为双斜杠符号"//"了。

要想恢复使用分号";"作为结束符，在MySQL命令行客户端，代码如下。

```
mysql> DELIMITER ;
```

2．BEGIN…END语句块

通常使用BEGIN…END语句块定义一组语句，在MySQL语言中，局部变量、BEGIN…END语句块和流程控制语句等只能用于存储过程、函数、游标和触发器的定义中。

BEGIN…END语句块格式如下：

```
BEGIN
  [局部]变量声明;
  程序代码行集;
END;
```

10.2　常量、变量、运算符和表达式

10.2.1　常量

常量（constant）的值在定义时被指定，在程序运行过程中不能改变。常量的使用格式取决于值的数据类型。

常量可分为字符串常量、数值常量、十六进制常量、日期时间常量、位字段值、布尔值和NULL值。

- 字符串常量：字符串常量是用单引号或双引号括起来的字符序列，分为ASCII字符串常量和Unicode字符串常量。每个Unicode字符用两个字节存储，而每个ASCII字符用一个字节存储。
- 数值常量：可以分为整数常量和浮点数常量。整数常量即不带小数点的十进制数，浮点数常量是使用小数点的数值常量。
- 十六进制常量：通常指定为一个字符串常量，每对十六进制数字被转换成一个字符，其前缀为"X"或"x"。
- 日期时间常量：用单引号将表示日期时间的字符串括起来构成。
- 位字段值：可以使用b'value'格式符号书写位字段值，位字段符号用于指定分配给BIT列的值。
- 布尔值：只包含两个可能的值，分别为TRUE和FALSE。FALSE的数字值为"0"，TRUE的数字值为"1"。
- NULL值：通常用来表示"没有值""无数据"等意义，并且不同于数字类型的"0"或字符串类型的空字符串。

< 135 >

10.2.2 变量

变量（variable）和常量都用于存储数据，但变量的值可以根据程序运行的需要随时改变，而常量的值在程序运行中是不能改变的。变量名用于标识该变量，数据类型用于确定该变量存放值的格式和允许的运算。

MySQL的变量可分为用户变量和系统变量。

用户变量是用户自己定义的，使用时，用户变量前常添加一个@符号，以与列名区分。大多数的系统变量在应用时，必须在名称前加两个@符号，而某些特定的系统变量是要省略这两个@符号的。

定义用户变量可以使用SET语句。

语法格式如下。

```
SET @user_variable1=expression1 [,@user_variable2= expression2, ...]
```

其中，@user_variable1为用户变量的名称，expression1为要给变量赋的值，可以是常量、变量或它们通过运算符组成的式子。

用户变量可分为局部变量和会话用户变量。

1. 局部变量

局部变量只在BEGIN...END语句块中有效，只能在存储过程、函数中使用。声明局部变量可以使用DECLARE语句，并可以对其赋一个初始值。

（1）使用DECLARE语句声明局部变量。

语法格式如下。

```
DECLARE var_name[ ,... ] type [DEFAULT value ]
```

说明如下。

- var_name：指定局部变量的名称。
- type：局部变量的数据类型。
- DEFAULT子句：给局部变量指定一个默认值，如果不指定默认值，则默认为NULL。

例如，在BEGIN...END语句块中，声明一个整型局部变量和一个字符型局部变量。

```
DECLARE v_n int(3);
DECLARE v_str char(5);
```

> ⚠ 注意
>
> 局部变量只能在存储过程、函数的BEGIN...END语句块中声明，且在开头就声明，只能在BEGIN...END语句块中使用该变量，在其他语句块中不可以使用它。

（2）使用SET语句为局部变量赋值。

语法格式如下。

```
SET var_name=expr[, var_name=expr]...
```

< 136 >

例如，在BEGIN…END语句块中，使用SET语句给局部变量赋值。

```
SET v_n=4, v_str='World';
```

注意，该例中的这条语句无法单独执行，只能在存储过程和函数中使用。

（3）SELECT…INTO语句。

SELECT…INTO语句将选定的列值直接存储到局部变量中，返回的结果集只能有一行。

语法格式如下。

```
SELECT col_name[ ,...] INTO var_name[ ,...] table_expr
```

说明如下。

- col_name：指定列名。
- var_name：要赋值的变量名。
- table_expr：SELECT语句中FROM子句及其后面的语法部分。

例如，将学号为222001的学生的姓名和性别分别存入局部变量v_name和v_sex，这两个局部变量要预先如下声明。

```
SELECT sname,ssex INTO v_name, v_sex       /* 一次存入两个局部变量   */
FROM student
WHERE studentid='222001';
```

2．会话用户变量

会话用户变量只对当前连接的会话有效。

会话用户变量使用SET语句定义，变量的赋值可以使用"="或":="。

也可以使用SELECT语句定义会话用户变量。

10.2.3　运算符和表达式

1．运算符

运算符是一种符号，用来指定在一个或多个表达式中执行的操作。在MySQL中常用的运算符有：算术运算符、比较运算符、逻辑运算符和位运算符。

算术运算符有：+（加）、-（减）、*（乘）、/（除）、%（求模）。

比较运算符有：=（等于）、<（小于）、<=（小于或等于）、>（大于）、>=（大于或等于）、<>（不等于）、!=（不等于）、<=>（相等或都等于空）。

逻辑运算符有：NOT或!（逻辑非）、AND或&&（逻辑与）、OR或||（逻辑或）、XOR（逻辑异或）。

位运算符有：~（位取反）、&（位与）、|（位或）、^（位异或）、>>（位右移）、<<（位左移）。

2．表达式

表达式是由数字、常量、变量和运算符组成的式子，表达式的结果是一个值。根据表达式的值的数据类型，表达式可分为字符表达式、数值表达式、日期表达式。

< 137 >

10.3 自定义函数

　　MySQL中的函数包括系统函数和自定义函数。自定义函数是用户根据需要创建的函数。下面介绍自定义函数的创建、调用和删除。

10.3.1 创建和调用自定义函数

1．创建自定义函数

创建自定义函数使用CREATE FUNCTION语句。

语法格式如下。

```
CREATE FUNCTION func_name([func_parameter [,...]])
[characteristic...]
    RETURNS type
routine_body
```

　　其中，func_parameter的语法格式如下：

```
param_name type
```

　　type的语法格式如下：

```
Any valid MySQL data type
```

　　routine_body的语法格式如下：

```
valid SQL routine statement
```

　　说明如下。

　　（1）func_name：指定自定义函数的名称。

　　（2）func_parameter：指定自定义函数的参数。

　　（3）RETURNS 子句：用于声明自定义函数返回值的数据类型。

　　（4）routine_body：自定义函数体必须包含一条RETURN value语句，value用于指定自定义函数的返回值。此外，所有在存储过程中使用的SQL语句在自定义函数中也适用。这个部分以BEGIN开始，以END结束。

　　（5）characteristics：用于指定函数的特征参数，其选项由以下一个或多个选项组合而成。

language sql | [not] deterministic |{ contains sql | no sql | reads sql data | modifies sql data }

| sql security {definer | invoker }| comment 'string'

- language sql：说明函数体用SQL编写，默认选项。
- [not] deterministic：默认返回值是不确定的。
- { contains sql | no sql | reads sql data | modifies sql data }：指明子程序使用SQL语句的限制，contains sql表示函数体中包含SQL语句，默认选项，no sql表示函数体中不包含SQL语句。
- sql security {definer | invoker }：设置执行权限。
- comment 'string'：注释信息。

< 138 >

2．调用自定义函数

调用自定义函数使用SELECT关键字。

语法格式如下。

```
SELECT func_name([func_parameter [,...]])
```

【例10.1】创建一个函数F_courseName，由课程号查询课程名。

（1）创建函数F_courseName，在MySQL命令行客户端，代码和执行结果如下。

```
mysql> DELIMITER $$
mysql> CREATE FUNCTION F_courseName(v_courseid char(4))        # (a)
    ->        RETURNS char(12)                                 # (c)
    ->        DETERMINISTIC
    -> BEGIN                                                    # (d)
    ->        RETURN(SELECT cname FROM course WHERE courseid=v_courseid);
                                                               # (d.1)
    -> END $$
Query OK, 0 rows affected (0.01 sec)

mysql> DELIMITER ;
```

（2）调用函数F_courseName，在MySQL命令行客户端，代码和执行结果如下。

```
mysql> SELECT F_courseName('1201');                            # (b) (e)
+-----------------------+
| F_courseName('1201')  |
+-----------------------+
| 英语                  |
+-----------------------+
1 row in set (0.00 sec)
```

程序分析：

（a）使用CREATE FUNCTION语句创建函数F_courseName。

（b）在调用函数的语句中，通过函数名称调用函数F_courseName，实参值为'1201'，调用函数时，实参值'1201'传递给自定义函数的参数v_courseid。

（c）定义返回值的类型为char(12)。

（d）在自定义函数体中，执行语句为RETURN语句。

（d.1）在RETURN语句的括号中，SELECT语句的查询条件为courseid=v_courseid;，由课程号'1201'查询出课程名为'英语'，再将查询结果返回给调用函数的语句。

（e）输出课程名：英语。

提示

> RETURN子句中包含SELECT语句时，SELECT语句的返回结果只能是一行且只能有一列值。

10.3.2　删除自定义函数

删除自定义函数使用DROP FUNCTION语句。

< 139 >

语法格式如下。

```
DROP FUNCTION [IF EXISTS] func_name
```

其中，func_name指定要删除的自定义函数的名称。IF EXISTS用于防止由于不存在的自定义函数引发的错误。

【例10.2】删除自定义函数F_courseName。

在MySQL命令行客户端，代码和执行结果如下。

```
mysql> DROP FUNCTION IF EXISTS F_courseName;
Query OK, 0 rows affected (0.01 sec)
```

10.4 流程控制语句

流程控制语句

MySQL主要通过条件判断语句和循环语句来控制程序执行的逻辑顺序，这些语句称为流程控制语句。控制结构是程序设计语言的核心，流程控制语句通过对程序流程的组织和控制，提高编程语言的处理能力，满足程序设计的需要。

10.4.1 条件判断语句

条件判断语句包括IF-THEN-ELSE条件判断语句和CASE条件判断语句。

1. IF-THEN-ELSE条件判断语句

IF-THEN-ELSE条件判断语句可以根据不同的条件执行不同的操作。

语法格式如下。

```
IF search_condition THEN statement_list
    [ELSEIF search_condition THEN statement_list ]
    ...
    [ELSE statement_list]
END IF
```

说明如下。

- search_condition：指定判断条件。
- statement_list：要执行的SQL语句。当判断条件为真时，执行THEN后的SQL语句。

> 注意
>
> IF-THEN-ELSE条件判断语句不同于内置函数IF()。

【例10.3】创建函数F_eval，输入课程号，如果该课程的平均成绩大于80分，则显示"成绩良好"，否则显示"成绩一般或不及格"。

在MySQL命令行客户端，代码和执行结果如下。

< 140 >

（1）创建函数F_eval。

```
mysql> DELIMITER $$
mysql> CREATE FUNCTION F_eval(v_courseid char(4))        # (a)
    ->        RETURNS char(24)                            # (c)
    ->        DETERMINISTIC
    -> BEGIN                                              # (d)
    ->        DECLARE v_avg decimal(4,2);                 # (d.1)
    ->        DECLARE v_gde char(24);
    ->        SELECT AVG(grade) INTO v_avg                # (d.2)
    ->        FROM student a, course b, score c
    ->        WHERE a.studentid=c.studentid AND b.courseid=c.courseid AND
b.courseid=v_courseid;
    ->        IF v_avg>80 THEN                            # (d.3)
    ->            SET v_gde='成绩良好';
    ->        ELSE
    ->            SET v_gde='成绩一般或不及格';
    ->        END IF;
    ->        RETURN v_gde;                               # (d.4)
    -> END $$
Query OK, 0 rows affected (0.01 sec)

mysql> DELIMITER ;
```

（2）调用函数F_eval。

```
mysql> SELECT F_eval('1014');                            # (b) (e)
+------------------+
| F_eval('1014')   |
+------------------+
| 成绩良好          |
+------------------+
1 row in set (0.00 sec)
```

程序分析：

（a）使用CREATE FUNCTION语句创建函数F_eval。

（b）在调用函数的语句中，通过函数名称调用函数F_eval，实参值为'1014'，调用函数时，实参值'1014'传递给自定义函数的参数v_courseid。

（c）定义返回值的类型为char(24)。

（d）在自定义函数体中，定义变量g_avg、v_gde，执行语句为SELECT...INTO 语句、IF-THEN-ELSE语句、RETURN语句。

（d.1）定义变量g_avg、v_gde。

（d.2）在SELECT...INTO 语句中，查询高等数学课程的平均成绩，将查询结果存入变量g_avg。

（d.3）在IF-THEN-ELSE语句中，当条件表达式g_avg >80时，v_gde赋值为"成绩良好"；否则，赋值为"成绩一般或不及格"。此处v_gde赋值为"成绩良好"。

（d.4）在RETURN语句中，将v_gde的值返回给调用函数的语句。

（e）输出：成绩良好。

< 141 >

2．CASE条件判断语句

CASE条件判断语句为多分支语句，有如下两种语法格式。

```
CASE case_value
    WHEN when_value THEN statement_list
    [WHEN when_value THEN statement_list]
    ...
    [ELSE statement_list]
END CASE
```

或者

```
CASE
    WHEN search_condition THEN statement_list
    [WHEN search_condition THEN statement_list]
    ...
    [ELSE statement_list]
END CASE
```

说明如下。

- 第一种语法格式在关键字CASE后面指定参数case_value，每一个WHEN-THEN语句块中的参数when_value的值与case_value的值进行比较，如果比较的结果为真，则执行对应关键字THEN后的SQL语句。如果每一个WHEN-THEN语句块中的参数when_value都不能与case_value匹配，则执行关键字ELSE后的语句。
- 第二种语法格式中CASE关键字后面没有参数，在WHEN-THEN语句块中使用search_condition指定一个比较表达式，如果该比较表达式为真，则执行对应关键字THEN后的SQL语句。

第二种语法格式与第一种语法格式相比，能够实现更为复杂的条件判断，使用起来更方便。

【例10.4】创建函数F_title，将教师职称转变为职称类型。

在MySQL命令行客户端，代码和执行结果如下。

（1）创建函数F_title。

```
mysql> DELIMITER $$
mysql> CREATE FUNCTION F_title(v_teacherid char(6))          # (a)
    ->        RETURNS char(12)                                # (c)
    ->        DETERMINISTIC
    -> BEGIN                                                  # (d)
    ->        DECLARE v_str char(12);                         # (d.1)
    ->        DECLARE v_type char(12);
    ->        SELECT title INTO v_str FROM teacher WHERE teacherid= v_teacherid;
                                                              # (d.2)
    ->        CASE v_str                                      # (d.3)
    ->            WHEN '教授' THEN SET v_type='高级职称';
    ->            WHEN '副教授' THEN SET v_type='高级职称';
    ->            WHEN '讲师' THEN SET v_type='中级职称';
    ->            WHEN '助教' THEN SET v_type='初级职称';
    ->            ELSE SET v_type:='Nothing';
    ->        END CASE;
    ->        RETURN v_type;                                  # (d.4)
```

< 142 >

```
    -> END $$
Query OK, 0 rows affected (0.01 sec)

mysql> DELIMITER ;
```

（2）调用函数F_title。

```
mysql> SELECT F_title('100007');                              # (b) (e)
+-------------------+
| F_title('100007') |
+-------------------+
| 高级职称          |
+-------------------+
1 row in set (0.00 sec)
```

程序分析:

（a）使用CREATE FUNCTION语句创建函数F_title。

（b）在调用函数的语句中，通过函数名称调用函数F_title，实参值为'100007'，调用函数时，实参值'100007'传递给自定义函数的参数v_teacherid。

（c）定义返回值的类型为char(24)。

（d）在自定义函数体中，定义变量v_str、v_type，执行语句为SELECT...INTO 语句、CASE语句、RETURN语句。

（d.1）定义变量v_str、v_type。

（d.2）在SELECT...INTO语句中，查询条件为teacherid=v_teacherid;，由教师编号'100007'查询出职称为'教授'，将查询结果存入变量v_str。

（d.3）在CASE语句中，设定变量为v_str，根据v_str的值匹配一系列的WHEN...THEN语句块，匹配成功，即执行对应的THEN后的语句。v_str的值为'教授'，与"WHEN '教授' THEN v_type='高级职称';"语句块匹配，执行对应的THEN后的语句v_type='高级职称'。

（d.4）在RETURN语句中，将v_type的值返回给调用函数的语句。

（e）输出: 高级职称。

10.4.2　循环语句

MySQL支持3种用来创建循环的语句: WHILE循环语句、REPEAT循环语句和LOOP循环语句。

1. WHILE循环语句

WHILE循环语句的语法格式如下。

```
[ begin_label:] WHILE search_condition DO
    statement_list
END WHILE [end_label]
```

说明如下。

- WHILE循环语句首先判断条件search_condition是不是真，为真则执行statement_list语句，然后再次进行判断，为真则继续循环，为假则结束循环。
- begin_label和end_label是WHILE语句的标注，两者必须都出现，且名字相同。

< 143 >

【例10.5】 创建函数F_integerSum，计算1~100的整数和。

在MySQL命令行客户端，代码和执行结果如下。

（1）创建函数F_integerSum。

```
mysql> DELIMITER $$
mysql> CREATE FUNCTION F_integerSum(v_sum1 int)          # (a)
    -> RETURNS int                                        # (c)
    -> NO SQL
    -> BEGIN                                              # (d)
    ->     DECLARE v_n int DEFAULT 1;                     # (d.1)
    ->     DECLARE v_s int DEFAULT 0;
    ->     WHILE v_n<=v_sum1 DO                           # (d.2)
    ->         SET v_s=v_s+v_n;
    ->         SET v_n=v_n+1;
    ->     END WHILE;
    ->     RETURN v_s;                                    # (d.3)
    -> END $$
Query OK, 0 rows affected (0.01 sec)

mysql> DELIMITER ;
```

（2）调用函数F_integerSum。

```
mysql> SELECT F_integerSum(100);                          # (b) (e)
+--------------------+
| F_integerSum(100)  |
+--------------------+
|               5050 |
+--------------------+
1 row in set (0.00 sec)
```

程序分析：

（a）使用CREATE FUNCTION语句创建函数F_integerSum。

（b）在调用函数的语句中，通过函数名称调用函数F_integerSum，实参值为100，调用函数时，实参值100传递给自定义函数的参数v_sum1。

（c）定义返回值的类型为int。

（d）在自定义函数体中，定义变量v_n、v_s，执行语句为WHILE语句、RETURN语句。

（d.1）变量v_n用作循环次数计数，变量v_s用作求和累加，分别定义循环变量v_n的初值为1，求和变量v_s的初值为0。

（d.2）在WHILE语句中，首先测试是否符合循环条件，当WHILE循环的条件表达式v_n<=100为真时，进行循环，直至v_n<=100为假，退出循环。

循环开始前v_s的值为0，v_n的值为1。

由于1=0+1，3=1+2，6=3+3，……，在循环体中有以下规律：

第1次循环累加后，v_s的值为1，v_n的值自增为2，为下一次累加作准备；

第2次循环累加后，v_s的值为3，v_n的值自增为3；

第3次循环累加后，v_s的值为6，v_n的值自增为4；……。

当v_n的值增加到大于100时，循环条件表达式v_n<=100为假，退出循环。

< 144 >

（d.3）在RETURN语句中，将v_s的值返回给调用函数的语句。

（e）输出：5050。

2．REPEAT循环语句

REPEAT循环语句的语法格式如下。

```
[begin_label:] REPEAT
     statement_list
     UNTIL search_condition
END REPEAT [end_label]
```

说明如下。

- REPEAT循环语句首先执行statement_list中的语句，然后判断条件search_condition是不是真，为真则停止循环，为假则继续循环。REPEAT循环语句也可使用begin_label和end_label进行标注。
- REPEAT循环语句和WHILE循环语句的区别为：REPEAT循环语句先执行语句，后进行判断；而WHILE循环语句是先判断，条件为真后再执行语句。

【例10.6】创建函数F_evenSum，计算1~100的偶数和。

在MySQL命令行客户端，代码和执行结果如下。

（1）创建函数F_evenSum。

```
mysql> DELIMITER $$
mysql> CREATE FUNCTION F_evenSum(v_sum2 int)          # (a)
    -> RETURNS int                                    # (c)
    -> NO SQL
    -> BEGIN                                          # (d)
    ->     DECLARE v_n int DEFAULT 1;                 # (d.1)
    ->     DECLARE v_s int DEFAULT 0;
    ->     REPEAT                                     # (d.2)
    ->         IF MOD(v_n, 2)<>1 THEN
    ->             SET v_s=v_s+v_n;
    ->         END IF;
    ->         SET v_n=v_n+1;
    ->         UNTIL v_n>v_sum2
    ->     END REPEAT;
    ->     RETURN v_s;                                # (d.3)
    -> END $$
Query OK, 0 rows affected (0.01 sec)

mysql> DELIMITER ;
```

（2）调用函数F_evenSum。

```
mysql> SELECT  F_evenSum(100);                        # (b) (e)
+-----------------+
| F_evenSum(100)  |
+-----------------+
|            2550 |
+-----------------+
1 row in set (0.00 sec)
```

< 145 >

程序分析：

（a）使用CREATE FUNCTION语句创建函数F_evenSum。

（b）在调用函数的语句中，通过函数名称调用函数F_evenSum，实参值为100，调用函数时，实参值100传递给自定义函数的参数v_sum2。

（c）定义返回值的类型为int。

（d）在自定义函数体中，定义变量v_n、v_s，执行语句为REPEAT语句、RETURN语句。

（d.1）分别定义循环变量v_n的初值为1，求和变量v_s的初值为0。

（d.2）在REPEAT循环语句中，首先执行循环体中的语句，当UNTIL后面的条件表达式v_n>100为假，进行循环，直至v_n>100为真，退出循环。在循环体的IF语句中，如果v_n的值为奇数，则v_s的值累加，v_n的值自增1；否则，仅v_n的值自增1。

这种循环结构与前一种WHILE循环语句不同，REPEAT循环语句先执行了一次循环体，再测试循环条件，至少要执行一次循环体内的语句。而WHILE循环语句是先测试循环条件，然后执行循环体，其中的语句有可能一次都不执行。

（d.3）在RETURN语句中，将v_s的值返回给调用函数的语句。

（e）输出：2550。

3．LOOP循环语句

LOOP循环语句的语法格式如下。

```
[begin_label:] LOOP
    statement_list
END LOOP [end_label]
```

说明如下。

- LOOP允许某特定语句或语句块的重复执行，其中statement_list用于指定需要重复执行的语句。
- begin_label和end_label是LOOP语句的标注，两者必须都出现，且名字相同。
- 循环体statement_list中的语句一直重复至循环被退出，退出时通常伴随着一个LEAVE语句。LEAVE语句的语法格式如下：

```
LEAVE label
```

其中，label是LOOP语句中标注的自定义名字。

- 循环语句中还有一个ITERATE语句，它只可以出现在LOOP、REPEAT和WHILE语句内，意为"再次循环"。ITERATE语句的语法格式如下：

```
ITERATE label
```

这里label也是LOOP语句中标注的自定义名字。

- LEAVE语句和ITERATE语句的区别是：LEAVE语句结束整个循环，而ITERATE语句只是结束当前循环，然后开始下一个新循环。

【例10.7】创建函数F_factorial，计算10的阶乘。

在MySQL命令行客户端，代码和执行结果如下。

< 146 >

（1）创建函数F_factorial。

```
mysql> DELIMITER $$
mysql> CREATE FUNCTION F_factorial(v_prod int)        # (a)
    -> RETURNS int                                     # (c)
    -> NO SQL
    -> BEGIN                                           # (d)
    ->     DECLARE v_n int DEFAULT 1;                  # (d.1)
    ->     DECLARE v_p int DEFAULT 1;
    ->     label:LOOP                                  # (d.2)
    ->         SET v_p:=v_p*v_n;
    ->         SET v_n=v_n+1;
    ->         IF v_n>v_prod THEN
    ->             LEAVE label;
    ->         END IF;
    ->     END LOOP label;
    ->     RETURN v_p;                                 # (d.3)
    -> END $$
Query OK, 0 rows affected (0.03 sec)

mysql> DELIMITER ;
```

（2）调用函数F_factorial。

```
mysql> SELECT F_factorial(10);                        # (b) (e)
+-----------------+
| F_factorial(10) |
+-----------------+
|         3628800 |
+-----------------+
1 row in set (0.00 sec)
```

程序分析：

（a）使用CREATE FUNCTION语句创建函数F_factorial。

（b）在调用函数的语句中，通过函数名称调用函数F_factorial，实参值为10，调用函数时，实参值10传递给自定义函数的参数v_prod。

（c）定义返回值的类型为int。

（d）在自定义函数体中，定义变量v_n、v_p，执行语句为LOOP语句、RETURN语句。

（d.1）分别定义循环变量v_n的初值为1，求积变量v_p的初值为1。

（d.2）在LOOP循环语句中，允许重复执行循环体中的语句，当IF语句的条件表达式v_n>10为真时，执行LEAVE label语句，退出整个循环。

循环开始前v_p的值为1，v_n的值为1。

由于1!=1×1，2!=1!×2，3!=2!×3，……，在循环体中有如下规律：

第1次循环后，v_p的值累乘后为1，v_n自增为2，为下一次累乘作准备；

第2次循环后，v_p的值累乘后为2，v_n自增为3；

第3次循环后，v_p的值累乘后为6，v_n自增为4；……。

以此类推，直至第10次循环求出10!的值。

（d.3）在RETURN语句中，将v_p的值返回给调用函数的语句。

（e）输出：3628800。

< 147 >

10.5 系统函数

在设计MySQL程序时，经常要调用系统提供的内置函数，这些函数有100多个，使得用户能够容易地对表中数据进行操作。这些函数包括数学函数、字符串函数、日期和时间函数等，其不仅可以在SELECT语句使用，还可以在INSERT语句、UPDATE语句、DELETE语句中使用。下面简单介绍MySQL系统函数中几类常用的函数。

10.5.1 数学函数

数学函数用于对数字表达式进行数学运算并返回运算结果，其中，RAND函数用来返回0~1之间的随机值。

例如，使用RAND函数求两个随机值。在MySQL命令行客户端，代码和执行结果如下。

```
mysql> SELECT RAND(), RAND();
+----------------------+----------------------+
| RAND()               | RAND()               |
+----------------------+----------------------+
|   0.09818130275065201 |   0.023526733763075187 |
+----------------------+----------------------+
1 row in set (0.00 sec)
```

10.5.2 字符串函数

字符串函数用于对字符串进行处理。下面对一些常用的字符串函数进行介绍。

1. LENGTH函数

LENGTH函数用于返回参数值的长度，返回值为整数。参数值可以是字符串、数字或者表达式。

例如，查询字符串"电子商务"的长度。在MySQL命令行客户端，代码和执行结果如下。

```
mysql> SELECT LENGTH('电子商务');
+--------------------+
| LENGTH('电子商务') |
+--------------------+
|                  8 |
+--------------------+
1 row in set (0.00 sec)
```

2. REPLACE函数

REPLACE函数用第三个字符串表达式替换第一个字符串表达式中包含的第二个字符串表达式，并返回替换后的表达式。

例如，将"计算机网络教程"中的"教程"替换为"技术"。在MySQL命令行客户端，代码和执行结果如下。

< 148 >

```
mysql> SELECT REPLACE('计算机网络教程','教程','技术');
+----------------------------------------+
| REPLACE('计算机网络教程','教程','技术') |
+----------------------------------------+
| 计算机网络技术                          |
+----------------------------------------+
1 row in set (0.00 sec)
```

3．SUBSTRING函数

SUBSTRING(s, n , len)函数用于从字符串s的第n个位置开始截取长度为len的字符串。

例如，返回字符串network中从第4个字符开始的4个字符。在MySQL命令行客户端，代码和执行结果如下。

```
mysql> SELECT SUBSTRING('network',4, 4);
+--------------------------+
| SUBSTRING('network',4, 4) |
+--------------------------+
| work                     |
+--------------------------+
1 row in set (0.00 sec)
```

10.5.3 日期和时间函数

日期和时间函数用于对表中的日期和时间数据进行处理，其中，CURDATE函数和CURRENT_DATE函数用于返回当前日期。

例如，获取当前日期。在MySQL命令行客户端，代码和执行结果如下。

```
mysql> SELECT CURDATE(), CURRENT_DATE();
+------------+----------------+
| CURDATE()  | CURRENT_DATE() |
+------------+----------------+
| 2023-11-24 | 2023-11-24     |
+------------+----------------+
1 row in set (0.00 sec)
```

本章小结

本章主要介绍了以下内容。

（1）使用MySQL编程规范，可以写出高质量的程序，提高工作效率，便于其他开发人员阅读和与其交流。

（2）常量的值在定义时被指定，在程序运行过程中不能改变，常量的使用格式取决于值的数据类型。常量可分为字符串常量、数值常量、十六进制常量、日期时间常量、位字段值、布尔值和NULL值。

< 149 >

变量的值可以根据程序运行的需要随时改变，变量名用于标识该变量，数据类型用于确定该变量存放值的格式和允许的运算。MySQL的变量可分为用户变量和系统变量。用户变量是用户自己定义的，使用时，用户变量前常添加一个@符号，以与列名区分。用户变量可分为局部变量和会话用户变量。

（3）运算符是一种符号，用来指定在一个或多个表达式中执行的操作。在MySQL中常用的运算符有：算术运算符、比较运算符、逻辑运算符和位运算符。

表达式是由数字、常量、变量和运算符组成的式子，表达式的结果是一个值。根据表达式的值的数据类型，表达式可分为字符表达式、数值表达式、日期表达式。

（4）自定义函数是用户根据需要创建的函数，创建自定义函数使用CREATE FUNCTION语句，调用自定义函数使用SELECT关键字，删除自定义函数使用DROP FUNCTION语句。

（5）MySQL主要通过条件语句和循环语句来控制程序执行的逻辑顺序，这种语句称为控制结构，控制结构是程序设计语言的核心。条件语句包括IF-THEN-ELSE条件语句和CASE条件语句。

MySQL支持三种用来创建循环的语句：WHILE循环语句、REPEAT循环语句和LOOP循环语句。

（6）系统函数即MySQL提供的丰富的内置函数，使得用户能够容易地对表中数据进行操作，这些函数可分为数学函数、字符串函数、日期和时间函数等。

习题 10

一、选择题

1. MySQL提供的单行注释语句可以是使用_____开始的一行内容。
   A. /　　　　　　　B. /*　　　　　　　C. (　　　　　　　D. #
2. 用户变量前面的字符是_____。
   A. @@　　　　　　B. @　　　　　　　C. *　　　　　　　D. #
3. 关于用户变量错误的是_____。
   A. 用户变量用于临时存放数据　　　B. 用户变量可用于SQL语句中
   C. 用户变量可以先引用后定义　　　D. @符号必须放在用户变量前面
4. 下列算术运算符中，错误的是_____。
   A. +　　　　　　　B. ~　　　　　　　C. *　　　　　　　D. -
5. 下列字符串函数的名称中，错误的是_____。
   A. SUBSTR( )　　B. LEFT( )　　　C. RIGHT( )　　　D. ASCII( )

二、填空题

1. 从双连线字符"--"到行尾都是注释内容，双连线字符后一定要加一个_____。
2. 使用DELIMITER命令将MySQL语句的_____修改为其他符号，使MySQL服务器可以完整地处理存储过程体中的多个SQL语句。
3. 在MySQL语言中，BEGIN...END语句块只能用于存储过程、_____、游标和触发器的定义中。

< 150 >

4. MySQL主要通过条件语句和_____来控制程序执行的逻辑顺序，这种语句称为控制结构。

5. MySQL语句由声明式SQL语句和_____SQL语句组成，并以标准SQL语言为主体。

6. MySQL扩展增加的程序设计语言要素，包括常量、变量、运算符、表达式、_____等。

7. 系统函数即MySQL提供的丰富的内置函数，使得用户能够_____地对表中数据进行操作。

三、问答题

1. MySQL编程规范有何作用？

2. 什么是变量？变量可分为哪两类？

3. 什么是自定义函数？简述其创建、调用和删除所用的语句。

4. 简述MySQL条件语句。

5. 简述MySQL循环语句。

6. 什么是系统函数？常用的系统函数有哪几种？

四、应用题

1. 对于course表，定义用户变量@courseid并赋值，查询课程号等于该用户变量的值时的课程信息。

2. 对于course表，定义用户变量@cname，获取课程号为1201的课程名称。

3. 将学生成绩转变为成绩等级。

4. 创建函数，计算1~100的奇数和。

5. 从字符串"Good morning"中获取子字符串"morning"。

< 151 >

第 11 章　存储过程、游标和触发器

存储过程可以加快数据库的处理速度，提高数据库编程的灵活性，存储过程通过CALL语句调用；游标是一种对SELECT语句的结果集进行访问的机制，可以使用游标对查询结果集进行处理；触发器在基于某个表的特定事件出现时触发执行，用于保障数据的完整性。本章包括存储过程概述，存储过程的创建、调用和删除；游标概述、声明游标、打开游标、读取数据、关闭游标；触发器概述，创建触发器、使用触发器和删除触发器等内容。

11.1　存储过程

存储过程

本节包括存储过程概述、创建存储过程、存储过程的调用和删除等内容，下面分别介绍。

11.1.1　存储过程概述

在SQL语句的执行中，存在的问题是每次执行前都需要预先编译，这成为语句执行效率的瓶颈问题。存储过程可以将语句编译后存储在数据库服务器端，用户通过指定存储过程的名称并给出参数（如果该存储过程带有参数）来执行编译后的语句。用户将经常需要执行的特定的操作写成存储过程，通过过程名就可以多次调用它，从而实现程序的模块化设计，这种方式提高了程序的效率，节省了用户的时间。

对于应用问题的处理，如果是一些比较简单的应用问题，可以针对一个表或多个表通过单条语句进行处理，但对于较为复杂的应用问题，往往需要针对多个表通过多条语句和控制结构进行处理，例如学生成绩单的处理、商品订单的处理等。存储过程是一组完成特定功能的SQL语句集，即一段存放在数据库服务器端的代码，可由声明式SQL语句（例如CREATE语句、SELECT语句、INSERT语句等）和过程式SQL语句（如IF-THEN-ELSE控制结构语句）组成，可以对较为复杂的应用问题进行处理。

概括起来，存储过程的优点如下。

（1）提高了程序执行的效率，加快了执行速度。

（2）可以处理较为复杂的应用问题。

（3）可以提高系统性能。

（4）增强了数据库的安全性。

（5）可增强SQL语言的功能和灵活性。

（6）存储过程允许模块化程序设计。

（7）可以减少网络流量。

在MySQL中，自定义函数与存储过程很相似，都是由SQL语句和过程式语句组成的代码片段，并且可以从应用程序和SQL中调用。自定义函数与存储过程也有一些区别，列举如下。

（1）调用自定义函数不能用CALL语句，而调用存储过程需要使用CALL语句。

（2）自定义函数必须包含一条RETURN语句，而存储过程不允许包含RETURN语句。

11.1.2　创建存储过程和调用存储过程

1．创建存储过程

创建存储过程使用的是CREATE PROCEDURE语句。

语法格式如下。

```
CREATE PROCEDURE sp_name( [ proc_parameter[,...] ] )
    [ characteristic... ]
routine_body
```

其中，proc_parameter的格式为：

```
[IN | OUT | INOUT] param_name type
```

characteristic的格式为：

```
COMMENT 'string'
| LANGUAGE SQL
| [NOT] DETERMINISTIC
| { CONTAINS SQL | NO SQL | READS SQL DATA | MODIFIES SQL DATA }
| SQL SECURITY { DEFINER | INVOKER }
```

routine_body的格式为：

```
valid SQL routine statement
```

说明如下。

（1）sp_name：存储过程的名称。

（2）proc_parameter：存储过程的参数列表。其中，param_name为参数名，type为参数类型。存储过程的参数类型有输入参数、输出参数、输入/输出参数三种，分别用IN、OUT和INOUT三个关键字标识。存储过程中的参数称为形式参数（简称形参），调用带参数的存储过程则应提供相应的实际参数（简称实参）。

- IN：向存储过程传递参数，只能将实参的值传递给形参，在存储过程内部只能读不能写，对应IN关键字的实参可以是常量或变量。
- OUT：从存储过程输出参数，存储过程结束时形参的值会赋给实参，在存储过程内部可以读或写，对应OUT关键字的实参必须是变量。
- INOUT：具有前面两种参数的特性，调用时实参的值传递给形参，结束时形参的值传递给实参，对应IN OUT关键字的实参必须是变量。

< 153 >

存储过程可以有一个或多个参数，也可以没有参数。

（3）characteristic：存储过程的特征。

- COMMENT 'string'：对存储过程的描述，string为描述内容。这个信息可以用SHOW CREATE PROCEDURE语句显示。
- LANGUAGE SQL：表明编写这个存储过程的语言为SQL语言。
- DETERMINISTIC：设置为DETERMINISTIC表示存储过程对同样的输入参数产生相同的结果，设置为NOT DETERMINISTIC表示会产生不确定的结果。
- CONTAINS SQL | NO SQL：CONTAINS SQL表示存储过程包含读或写数据的语句，NO SQL表示存储过程不包含SQL语句。
- SQL SECURITY：该特征可以用来指定存储过程是使用创建该存储过程的用户（DEFINER）的许可执行，还是使用调用者（INVOKER）的许可执行。

（4）routine_body：存储过程体，包含在过程调用时必须执行的SQL语句。这个部分以BEGIN开始，以END结束。

2．调用存储过程

存储过程创建完毕后，可以在程序、触发器或者其他存储过程中被调用，存储过程的调用采用CALL语句。

语法格式如下。

```
CALL sp_name([ parameter [,...]])
CALL sp_name[()]
```

说明如下。

- sp_name：指定被调用的存储过程的名称。
- parameter：指定调用存储过程要使用的参数，调用语句参数的个数必须等于存储过程参数的个数。
- 调用不含参数的存储过程，使用CALL sp_name( )语句与使用CALL sp_name语句相同。

存储过程可以带参数，也可以不带参数。下面的例题分别介绍不带参数的存储过程和带参数的存储过程的创建。

【例11.1】 一个不带参数的存储过程的举例，存储过程名为P_string，输出"Network Engineering"。

在MySQL命令行客户端，代码和执行结果如下。

（1）创建存储过程。

```
mysql> DELIMITER $$
mysql> CREATE PROCEDURE P_string()                        # (a)
    -> BEGIN                                               # (c)
    ->     SELECT 'Network Engineering';                  # (c.1)
    -> END $$
Query OK, 0 rows affected (0.01 sec)

mysql> DELIMITER ;
```

（2）调用存储过程。

```
mysql> CALL P_string();                                   # (b)
```

< 154 >

```
+----------------------+
| Network Engineering  |
+----------------------+
| Network Engineering  |
+----------------------+
1 row in set (0.00 sec)
Query OK, 0 rows affected (0.00 sec)
```

程序分析：

（a）使用CREATE PROCEDURE语句创建不带参数的存储过程P_string。

（b）使用CALL语句调用存储过程P_string。

（c）在存储过程体中，执行语句为SELECT语句。

（c.1）使用SELECT语句输出"Network Engineering"。

【例11.2】使用IN参数的存储过程举例，存储过程名为P_name，查询指定教师编号的教师姓名。

在MySQL命令行客户端，代码和执行结果如下。

（1）创建存储过程。

```
mysql> DELIMITER $$
mysql> CREATE  PROCEDURE  P_name(IN  v_teacherid char(6))          # (a)
    -> BEGIN                                                       # (c)
    ->     SELECT tname FROM teacher WHERE teacherid=v_teacherid;
                                                                  # (c.1)
    -> END $$
Query OK, 0 rows affected (0.01 sec)

mysql> DELIMITER ;
```

（2）调用存储过程。

```
mysql> CALL P_name('100007');                                     # (b)
+----------+
| tname    |
+----------+
| 何思敏   |
+----------+
1 row in set (0.00 sec)
Query OK, 0 rows affected (0.01 sec)
```

程序分析：

（a）使用CREATE PROCEDURE语句创建带参数的存储过程P_name，形参v_teacherid为输入参数。

（b）使用CALL语句调用存储过程P_name，调用时，实参值'100007'传递给形参v_teacherid。

（c）在存储过程体中，执行语句为SELECT语句。

（c.1）在SELECT语句的查询条件中，教师编号teacherid由形参指定为'100007'，查询并输出教师姓名。

【例11.3】使用IN参数和OUT参数创建存储过程P_deleteTeacher，其作用为删除教师记录，并调用该过程。

< 155 >

在MySQL命令行客户端，代码和执行结果如下。

（1）创建存储过程。

```
mysql> DELIMITER $$
mysql> CREATE PROCEDURE P_deleteTeacher(IN v_teacherid char(6), OUT v_msg
char(8))                                              # (a)  (d)
    -> BEGIN                                          # (c)
    ->     DELETE FROM teacher WHERE teacherid=v_teacherid;   # (c.1)
    ->     SET v_msg='删除成功';                        # (c.2)
    -> END $$
Query OK, 0 rows affected (0.01 sec)

mysql> DELIMITER ;
```

（2）调用存储过程。

```
mysql> CALL P_deleteTeacher('100012', @msg);               # (b)
Query OK, 1 row affected (0.01 sec)
```

查看执行结果。

```
mysql> SELECT @msg;                                        # (e)
+---------+
| @msg    |
+---------+
| 删除成功 |
+---------+
1 row in set (0.00 sec)
```

程序分析：

（a）使用CREATE PROCEDURE语句创建带参数的存储过程P_deleteTeacher，形参v_teacherid为输入参数，形参v_msg为输出参数。

（b）使用CALL语句调用存储过程P_deleteTeacher，实参值'100012'传递给形参v_teacherid，实参@msg为变量。

（c）在存储过程体中，执行语句为DELETE 语句、SET语句。

（c.1）在DELETE 语句中，删除的是教师编号teacherid由形参指定为'100012'的行。

（c.2）使用SET语句为形参v_msg赋值'删除成功'。

（d）存储过程P_deleteTeacher通过输出参数v_msg赋值给实参@msg。

（e）使用SELECT语句输出@msg的值。

11.1.3 删除存储过程

当某个存储过程不再需要时，为释放它占用的内存资源，应将其删除。

删除存储过程使用DROP PROCEDURE语句。

语法格式如下。

```
DROP PROCEDURE [ IF EXISTS] sp_name;
```

< 156 >

其中，sp_name指定要删除的存储过程名称；IF EXISTS用于防止由于不存在的存储过程引发的错误。

【例11.4】删除存储过程P_name。

在MySQL命令行客户端，代码和执行结果如下。

```
mysql> DROP PROCEDURE P_name;
Query OK, 0 rows affected (0.03 sec)
```

11.2　游标

本节包括游标概述、声明游标、打开游标、读取数据、关闭游标等内容。

11.2.1　游标概述

游标是一种对SELECT语句的结果集进行访问的机制，可以使用游标对查询结果集进行处理。在MySQL中，游标一定要在存储过程或自定义函数中使用，不能单独在查询中使用。游标包括结果集和指针两个部分，游标结果集是定义游标的SELECT语句的结果集，游标指针指向该结果集的某一行。

一个游标包括以下4条语句。

- DECLARE语句：该语句声明了一个游标，定义要使用的SELECT语句。
- OPEN语句：该语句用于打开游标。
- FETCH语句：该语句把产生的结果集的有关列读取到存储过程或自定义函数的变量中。
- CLOSE语句：该语句用于关闭游标。

11.2.2　声明游标

使用游标前，必须先声明游标。

语法格式如下。

```
DECLARE cursor_name CURSOR FOR select_statement
```

说明如下。

- cursor_name：指定创建的游标名称。
- select_statement：指定一个SELECT语句，返回的是一行或多行的数据。这里的SELECT语句不能有INTO子句。

11.2.3　打开游标

必须打开游标后，才能使用游标。该过程将游标连接到由SELECT语句返回的结果集中。在MySQL中，使用OPEN语句打开游标。

语法格式如下。

< 157 >

```
OPEN cursor_name
```

其中，cursor_name用于指定要打开的游标。在程序中，一个游标可以打开多次，由于其他的用户或程序本身已经更新了表，所以每次打开的结果集可能不同。

11.2.4 读取数据

游标打开后，可以使用FETCH…INTO语句从中读取数据。

语法格式如下。

```
FETCH cursor_name INTO var_name [ , var_name] ...
```

说明如下。

- cursor_name：用于指定已打开的游标。
- var_name：用于指定存放数据的变量名。

FETCH语句将游标指向的一行数据赋给一些变量，子句中变量的数目必须等于声明游标时SELECT子句中列的数目。游标相当于一个指针，指向当前的一行数据。

11.2.5 关闭游标

游标使用完以后，要及时关闭。关闭游标使用CLOSE语句。

语法格式如下。

```
CLOSE cursor_name
```

其中，cursor_name用于指定要关闭的游标。

【例11.5】定义一个带游标的存储过程，计算teacher表中行的数目。

在MySQL命令行客户端，代码和执行结果如下。

（1）创建存储过程。

```
mysql> DELIMITER $$
mysql> CREATE PROCEDURE P_teacherRow(OUT v_rows int)           # (a) (d)
    -> BEGIN                                                    # (c)
    ->     DECLARE v_teacherid char(6);                        # (c.1)
    ->     DECLARE FOUND boolean DEFAULT TRUE;                  # (c.2)
    ->     DECLARE CUR_teacher CURSOR FOR SELECT teacherid FROM teacher;
                                                               # (c.3)
    ->     DECLARE CONTINUE HANDLER FOR NOT FOUND               # (c.4)
    ->     SET FOUND=FALSE;
    ->     SET v_rows=0;                                        # (c.5)
    ->     OPEN CUR_teacher;                                    # (c.6)
    ->     FETCH CUR_teacher into v_teacherid;                  # (c.7)
    ->     WHILE found DO                                       # (c.7.1)
    ->         SET v_rows=v_rows+1;
    ->         FETCH CUR_teacher INTO v_teacherid;
    ->     END WHILE;
    ->     CLOSE CUR_teacher;                                   # (c.8)
    -> END $$
```

< 158 >

```
Query OK, 0 rows affected (0.01 sec)

mysql> DELIMITER ;
```

（2）调用存储过程。

```
mysql> CALL P_teacherRow(@rows);                              # (b)
Query OK, 0 rows affected (0.01 sec)
```

（3）查看执行结果。

```
mysql> SELECT @rows;                                          # (e)
+--------+
| @rows  |
+--------+
|      5 |
+--------+
1 row in set (0.00 sec)
```

程序分析：

（a）使用CREATE PROCEDURE语句创建带参数的存储过程P_teacherRow，形参v_rows为输出参数。

（b）使用CALL语句调用存储过程P_teacherRow，实参@rows为变量。

（c）在存储过程体中，声明变量v_teacherid、FOUND，声明游标，声明CONTINUE HANDLER句柄，输出参数v_rows赋值为0，打开游标，读取数据，关闭游标。

（c.1）声明变量v_teacherid类型为char(6)。

（c.2）声明变量FOUND类型为boolean，默认值为TRUE。

（c.3）声明游标CUR_teacher。

（c.4）声明CONTINUE HANDLER句柄，当游标读不到记录时，使FOUND为FALSE。

（c.5）输出参数v_rows赋值为0。

（c.6）打开游标CUR_teacher。

（c.7）使用FETCH...INTO语句读取游标第一行数据，并将结果存放到指定的变量v_teacherid中。

（c.7.1）当WHILE循环的条件表达式FOUND为TRUE时，进行循环。每一次循环使变量v_rows自增1，从结果集中读取下一行数据存放到指定的变量v_teacherid中，直到指针指向结果集中最后一条记录之后为止，此时FOUND为FALSE，退出循环。

在循环体中，输出参数v_rows自增1，读取游标的下一行数据，并将结果存放到指定的变量中。

（c.8）关闭游标CUR_teacher。

（d）存储过程P_teacherRow通过输出参数v_rows赋值给实参@rows。

（e）使用SELECT语句输出@rows的值。

⚠️ 注意

本例定义了一个CONTINUE HANDLER句柄，用于控制循环语句，以使游标下移。

< 159 >

触发器

11.3 触发器

本节包括触发器概述、创建触发器、使用触发器和删除触发器等内容。

11.3.1 触发器概述

触发器用于实现数据库的完整性，使多个表之间的数据保持一致。

触发器是一个被指定关联到表的数据库对象，与表的关系密切，用于保护表中的数据，它不需要用户调用，在一个表的特定事件出现时会被激活，此时某些MySQL语句会自动执行。

触发器是MySQL响应INSERT、UPDATE、DELETE语句而自动执行的一条或一组MySQL语句。

触发器的特点如下。

（1）用于实现数据库的完整性。

（2）可对数据库中的相关表实现级联更改。

（3）可以提供更强大的约束。

（4）可以评估数据修改前后表的状态，并根据该差异采取措施。

（5）强制表的修改要合乎业务规则。

触发器的缺点是增加了决策和维护的复杂程度。

11.3.2 创建触发器

创建触发器使用CREATE TRIGGER语句。

语法格式如下。

```
CREATE TRIGGER trigger_name trigger_time trigger_event
    ON tbl_name FOR EACH ROW trigger_body
```

说明如下。

（1）trigger_name：指定触发器名称。

（2）trigger_time：触发器被触发的时刻，有两个选项，BEFORE用于激活其语句之前触发，AFTER用于激活其语句之后触发。

（3）trigger_event：触发事件，有INSERT、UPDATE、DELETE。

- INSERT：在表中插入新行时激活触发器。
- UPDATE：更新表中某一行时激活触发器。
- DELETE：删除表中某一行时激活触发器。

（4）FOR EACH ROW：对于受触发事件影响的每一行，指定都要激活触发器的动作。

（5）trigger_body：触发动作的主体，即触发体，包含触发器激活时将要执行的语句。如果要执行多个语句，可使用BEGIN...END复合语句结构。

综上所述，创建触发器的语法结构包括触发器定义和触发体两部分。触发器定义包含指定触发器名称、指定触发时间、指定触发事件等。触发体由MySQL语句块组成，它是触发器的执行部分。

在触发器的创建中，每个表每个事件每次只允许一个触发器，所以每条INSERT、UPDATE、

< 160 >

DELETE语句的前面或后面可创建一个触发器，每个表最多可创建6个触发器。

MySQL支持三种触发器：INSERT触发器、UPDATE触发器、DELETE触发器。

1．INSERT触发器

INSERT触发器在INSERT语句执行之前或之后执行。

（1）INSERT触发器的触发体内可引用一个名为NEW的虚拟表来访问被插入的行。

（2）在BEFORE INSERT触发器中，NEW中的值可以被更新。

【例11.6】在teacher表上创建触发器T_insertTeacher，当向teacher表插入一条记录时，显示插入记录的教师的姓名。

在MySQL命令行客户端，代码和执行结果如下。

（1）创建触发器。

```
mysql> CREATE TRIGGER T_insertTeacher AFTER INSERT
    ->      ON teacher FOR EACH ROW SET @str1=NEW.tname;        # (a)
Query OK, 0 rows affected (0.01 sec)
```

（2）验证触发器。向teacher表通过INSERT语句插入一条记录。

```
mysql> INSERT INTO teacher VALUES('800012','盛芬 ','女','1985-02-25','副教授
','数学学院');                                                   # (b)
Query OK, 1 row affected (0.01 sec)

mysql> SELECT @str1;                                            # (c)
+--------+
| @str1  |
+--------+
| 盛芬   |
+--------+
1 row in set (0.00 sec)
```

程序分析：

（a）使用CREATE TRIGGER语句创建触发器T_insertTeacher，指定触发时间为BEFORE，触发事件为INSERT语句，触发对象为teacher表，由于使用了FOR EACH ROW子句，触发级别为行级触发器，为变量@str1赋值NEW.tname，NEW.tname为新插入记录的姓名列的值。

（b）以INSERT语句为触发事件激活触发器T_insertTeacher，该语句向teacher表插入一条记录。

（c）使用SELECT语句输出@str1的值。

2．UPDATE触发器

UPDATE触发器在UPDATE语句执行之前或之后执行。

（1）UPDATE触发器的触发体内可引用一个名为OLD的虚拟表来访问更新以前的值，也可引用一个名为NEW的虚拟表来访问更新以后的值。

（2）在BEFORE UPDATE触发器中，NEW中的值可能已被更新。

（3）OLD中的值不能被更新。

【例11.7】在teacher表上创建一个触发器T_updateTeacherLecture，当更新表teacher中的教师编号时，同时更新lecture表中相应的所有教师编号。

在MySQL命令行客户端，代码和执行结果如下。

< 161 >

（1）创建触发器。

```
mysql> DELIMITER $$
mysql> CREATE TRIGGER T_updateTeacherLecture AFTER UPDATE
    ->      ON teacher FOR EACH ROW                          # (a)
    -> BEGIN                                                 # (c)
    ->      UPDATE lecture SET teacherid=NEW.teacherid WHERE teacherid=OLD.
teacherid;                                                   # (c.1)
    -> END $$
Query OK, 0 rows affected (0.01 sec)

mysql> DELIMITER;
```

（2）验证触发器。

```
mysql> UPDATE teacher SET teacherid='120035' WHERE teacherid='120031';
                                                             # (b)
Query OK, 1 row affected (0.01 sec)
Rows matched: 1  Changed: 1  Warnings: 0

mysql> SELECT * FROM lecture WHERE teacherid='120035';       # (d)
+-------------+----------+------------+
| teacherid   | coursed  | location   |
+-------------+----------+------------+
| 120035      | 1201     | 1-319      |
+-------------+----------+------------+
1 row in set (0.00 sec)
```

程序分析：

（a）使用CREATE TRIGGER语句创建触发器T_updateTeacherLecture，指定触发时间为AFTER，触发事件为UPDATE语句，触发对象为teacher表，由于使用了FOR EACH ROW子句，触发级别为行级触发器。

（b）以UPDATE语句为触发事件激活触发器T_updateTeacherLecture，该语句将teacher表更新前的教师编号'120031'，修改为更新后的教师编号'120035'。

（c）在触发体中，执行语句为UPDATE语句。

（c.1）使用UPDATE语句修改lecture表，指定修改条件是教师编号为OLD.teacherid，即更新前的教师编号'120031"；修改后的教师编号为NEW.teacherid，即更新后的教师编号'120035'。

（d）使用SELECT语句，查询输出 lecture表中教师编号为'120035'的记录。

3．DELETE触发器

DELETE触发器在DELETE语句执行之前或之后执行。

（1）DELETE触发器的触发体内可引用一个名为OLD的虚拟表来访问被删除的行。

（2）OLD虚拟表中的值不能被更新。

【例11.8】在teacher表上创建一个触发器T_deleteTeacherLecture，当删除表teacher中某个教师的记录时，同时将lecture表中与该教师有关的数据全部删除。

在MySQL命令行客户端，代码和执行结果如下。

（1）创建触发器。

```
mysql> DELIMITER $$
```

< 162 >

```
mysql> CREATE TRIGGER T_deleteTeacherLecture AFTER DELETE
    ->       ON teacher FOR EACH ROW                        # (a)
    -> BEGIN                                                # (c)
    ->       DELETE FROM lecture WHERE teacherid=OLD.teacherid;  # (c.1)
    -> END $$
Query OK, 0 rows affected (0.04 sec)

mysql> DELIMITER;
```

（2）验证触发器。

```
mysql> DELETE FROM teacher WHERE teacherid='800028';       # (b)
Query OK, 1 row affected (0.03 sec)

mysql> SELECT * FROM lecture WHERE teacherid='800028';     # (d)
Empty set (0.00 sec)
```

程序分析：

（a）使用CREATE TRIGGER语句创建触发器T_deleteTeacherLecture，指定触发时间为AFTER，触发事件为DELETE语句，触发对象为teacher表，由于使用了FOR EACH ROW子句，触发级别为行级触发器。

（b）以DELETE语句为触活事件激活触发器T_deleteTeacherLecture，该语句删除teacher表中教师编号为'800028'的记录。

（c）在触发体中，执行语句为DELETE语句。

（c.1）使用DELETE语句删除lecture表的记录，指定删除条件是教师编号为OLD.teacherid，即被删除记录的教师编号'800028'。

（d）使用SELECT语句，查询输出lecture表中教师编号为"800028"的记录，查询结果为空集，即该记录已被删除。

11.3.3 删除触发器

删除触发器使用DROP TRIGGER语句。

语法格式如下。

```
DROP TRIGGER [schema_name] trigger_name
```

说明如下。

- schema_name：可选项，指定触发器所在数据库名称，如果没有指定，则为当前默认数据库。
- trigger_name：要删除的触发器名称。

当删除一个表时，同时自动删除该表上的触发器。

【例11.9】删除触发器T_insertTeacher。

在MySQL命令行客户端，代码和执行结果如下。

```
mysql> DROP TRIGGER T_insertTeacher;
Query OK, 0 rows affected (0.03 sec)
```

本章小结

本章主要介绍了以下内容。

（1）存储过程是MySQL支持的过程式数据库对象，它是一组完成特定功能的SQL语句集，即一段存放在数据库中的代码，可由声明式SQL语句和过程式SQL语句组成。

创建存储过程使用CREATE PROCEDURE语句，调用存储过程使用CALL语句，删除存储过程使用DROP PROCEDURE语句。

存储过程可以有一个或多个参数，也可以没有参数。存储过程的参数类型有输入参数、输出参数、输入/输出参数三种，分别用IN、OUT和INOUT三个关键字标识。

存储过程体以BEGIN开始，以END结束。

（2）游标是一种对SELECT语句的结果集进行访问的机制，可以使用游标对查询结果集进行处理。在MySQL中，游标一定要在存储过程或自定义函数中使用，不能单独在查询中使用。游标包括结果集和指针两个部分，游标结果集是定义游标的SELECT语句的结果集，游标指针指向该结果集的某一行。

一个游标包括4条语句：声明游标使用DECLARE语句，打开游标使用OPEN语句，读取游标使用FETCH语句，关闭游标使用CLOSE语句。

（3）触发器是一个被指定关联到表的过程式数据库对象，在一个表的特定事件出现时将会被激活，此时某些MySQL语句会自动执行。

触发器操作包括创建触发器、使用触发器和删除触发器。创建触发器使用CREATE TRIGGER语句，删除触发器使用DROP TRIGGER语句。

MySQL支持三种触发器：INSERT触发器、UPDATE触发器、DELETE触发器。INSERT触发器在INSERT语句执行之前或之后执行。UPDATE触发器在UPDATE语句执行之前或之后执行。DELETE触发器在DELETE语句执行之前或之后执行。

习题 11

一、选择题

1. 下列关于存储过程的说法中，正确的是_____。
   A. 用户可以向存储过程传递参数，但不能输出存储过程产生的结果
   B. 存储过程的执行是在客户端完成的
   C. 在定义存储过程的代码中可以包括数据的增、删、改、查语句
   D. 存储过程是存储在客户端的可执行代码

2. 创建存储过程的用处主要是_____。
   A. 提高数据操作效率
   B. 实现复杂的业务规则
   C. 维护数据的一致性
   D. 增强引用的完整性

3. 关于存储过程的参数，正确的说法是_____。
   A. 存储过程的输入参数可以不输入信息而调用过程
   B. 可以指定字符参数的字符长度
   C. 存储过程的输出参数可以是常量

< 164 >

D. 以上说法都不对

4. 存储过程中不能使用的循环语句是_____。

    A. WHILE   B. REPEAT   C. FOR   D. LOOP

5. 定义触发器的主要作用是_____。

    A. 提高数据的查询效率   B. 加强数据的保密性

    C. 增强数据的安全性   D. 实现复杂的约束

6. MySQL支持的触发器不包括_____。

    A. INSERT触发器   B. CHECK触发器

    C. UPDATE触发器   D. DELETE触发器

7. MySQL为每个触发器创立了两个虚拟表_____。

    A. NEW和OLD   B. INT和CHAR   C. MAX和MIN   D. AVG和SUM

8. 数据库对象_____可用来实现表间的参照关系。

    A. 索引   B. 存储过程   C. 触发器   D. 视图

二、填空题

1. 创建存储过程的语句是_____。

2. 调用存储过程使用_____语句。

3. 存储过程可由声明式SQL语句和_____SQL语句组成。

4. 存储过程参数的关键字有IN、OUT和_____。

5. 自定义函数必须_____一条RETURN语句，而存储过程不允许包含RETURN语句。

6. 在MySQL中，游标一定要在_____中使用，不能单独在查询中使用。

7. MySQL的触发器有INSERT触发器、UPDATE触发器和_____三类。

8. 创建触发器使用_____语句。

9. UPDATE触发器在UPDATE语句执行之前或_____执行。

三、问答题

1. 什么是存储过程？简述创建存储过程、调用存储过程、删除存储过程使用的语句。

2. 存储过程的参数有哪几种类型？分别写出其关键字。

3. 什么是游标？游标包括哪些语句？

4. 什么是触发器？简述创建触发器、删除触发器使用的语句。

5. 在MySQL中，触发器有哪几类？

四、应用题

1. 创建向课程表插入一条记录的存储过程。

2. 创建修改课程表中学分的存储过程。

3. 创建删除课程表中记录的存储过程。

4. 创建一个使用游标的存储过程，计算课程表中行的数目。

5. 删除第1题所创建的存储过程。

6. 创建一个触发器，当向课程表插入一条记录时，显示插入记录的课程名。

7. 创建一个触发器，当更新课程表中的课程号时，同时更新成绩表中相应的所有课程号。

8. 创建一个触发器，当删除课程表中某个课程的记录时，同时将成绩表中与该课程有关的数据全部删除。

9. 删除第6题所创建的触发器。

< 165 >

第12章 事务管理

用户使用数据库时，在很多情况下是多个用户共享数据库，这就存在并发处理问题。事务是由一系列的数据操作命令序列组成的，是数据库应用程序的基本逻辑操作单元，锁机制用于对多个用户进行并发控制。本章介绍事务的概念和特性、事务控制语句、事务的并发处理和锁机制等内容。

12.1 事务

12.1.1 事务的概念

在MySQL环境中，事务（transaction）是由作为一个逻辑单元的一条或多条SQL语句组成的。其结果是作为整体永久性地修改数据库的内容，或者作为整体取消对数据库的修改。

事务是数据库程序的基本单位。一般地，一个程序包含多个事务，数据存储的逻辑单位是数据块，数据操作的逻辑单位是事务。

现实生活中的银行转账、网上购物、库存控制、股票交易等都是事物的例子。例如，将资金从一个银行账户转到另一个银行账户，第一个操作从一个银行账户中减少一定的资金，第二个操作向另一个银行账户中增加相应的资金，减少和增加这两个操作必须作为整体永久性地记录到数据库中，否则资金会丢失。如果转账发生问题，必须同时取消这两个操作。一个事务可以包括多条INSERT、UPDATE和DELETE语句。

12.1.2 事务特性

事务定义为一个逻辑工作单元，即一组不可分割的SQL语句。数据库理论对事务有更严格的定义，指明事务有4个基本特性，称为ACID特性，每个事务处理必须满足ACID原则，即原子性（atomicity）、一致性（consistency）、隔离性（isolation）和持久性（durability）。

（1）原子性。事的原子性是指事务中所包含的所有操作要么全做，要么全不做。事务必须是原子工作单元，即一个事务中包含的所有SQL语句组成一个工作单元。

（2）一致性。事务必须确保数据库的状态保持一致，当事务开始时，数据库的状态是一致的，当事务结束时，也必须使数据库的状态一致。例如，在事务开始时，数据库的所有数据都满足已设置的各种约束条件和业务规则，在事务结束时，数据虽然不同，必须仍然满足先前设置的各种约束条件和业务规则，事务把数据库从一个一致性状态带入另一个一致性状态。

（3）隔离性。多个事务可以独立运行，彼此不会发生影响。这表明事务必须是独立的，它不应以任何方式依赖于其他事务或影响其他事务。

（4）持久性。一个事务一旦提交，它对数据库中数据的改变永久有效，即使以后系统崩溃也是如此。

12.2 事务控制语句

事务的基本操作包括开始、提交、撤销、保存等环节。在MySQL中，当一个会话开始时，系统变量@@AUTOCOMMIT的值为1，即自动提交功能是打开的，用户每执行一条SQL语句后，该语句对数据库的修改就立即被提交成为持久性修改并保存到磁盘上，一个事务也就结束了。

由于MySQL默认采用自动提交模式，即如果不显式地开启一个事务，则每个SQL语句都被当成一个事务执行提交操作，因此，用户必须关闭自动提交，事务才能由多条SQL语句组成。可以使用以下语句关闭自动提交。

```
SET @@AUTOCOMMIT=0
```

执行此语句后，必须明确地指示每个事务的终止，事务中的SQL语句对数据库所做的修改才能成为持久化修改。

1．开始事务

开始事务可以使用START TRANSACTION语句来显式地启动一个事务。另外，当一个应用程序的第一条SQL语句或者在COMMIT或ROLLBACK语句后的第一条SQL语句执行后，一个新的事务也就开始了。

语法格式如下。

```
START TRANSACTION | BEGIN WORK
```

其中，BEGIN WORK语句可以替代START TRANSACTION语句，但是START TRANSACTION语句更为常用。

2．提交事务

COMMIT语句是提交语句，它使得自从事务开始以来所执行的所有数据修改成为数据库的永久部分，也标志着一个事务的结束。

语法格式如下。

```
COMMIT [WORK] [AND [NO] CHAIN] [[NO] RELEASE]
```

其中，可选的AND CHAIN子句会在当前事务结束时立刻启动一个新事务，并且新事务与刚结束的事务有相同的隔离等级。

< 167 >

> **!注意**
>
> MySQL使用的是平面事务模型，因此嵌套的事务是不允许的。在第一个事务里使用START TRANSACTION命令后，当第二个事务开始时，自动提交第一个事务。同样，下面的这些MySQL语句运行时都会隐式地执行一个COMMIT命令：
>
> - DROP DATABASE / DROP TABLE
> - CREATE INDEX / DROP INDEX
> - ALTER TABLE / RENAME TABLE
> - LOCK TABLES / UNLOCK TABLES
> - SET AUTOCOMMIT=1

3．撤销事务

撤销事务使用ROLLBACK语句，它撤销事务所做的修改，并结束当前这个事务。

语法格式如下。

```
ROLLBACK [WORK] [AND [NO] CHAIN] [[NO] RELEASE]
```

4．设置保存点

ROLLBACK语句除了撤销整个事务外，还可以用来使事务回滚到某个点，在这之前需要使用SAVEPOINT语句设置一个保存点。

语法格式如下。

```
SAVEPOINT 保存点名
```

ROLLBACK TO SAVEPOINT语句会向已命名的保存点回滚一个事务。如果在保存点被设置后当前事务对数据进行了更改，则这些更改会在回滚中被撤销。

语法格式如下。

```
ROLLBACK [WORK] TO SAVEPOINT保存点名
```

当事务回滚到某个保存点后，在该保存点之后设置的保存点将被删除。

5．关闭MySQL自动提交

有以下两种方法关闭MySQL自动提交。

（1）显式地关闭自动提交

使用如下命令可以显式地关闭MySQL自动提交：

```
SET @@AUTOCOMMIT=0;
```

（2）隐式地关闭自动提交。

使用如下命令可以隐式地关闭自动提交：

```
START TRANSACTION;
```

隐式地关闭自动提交，不会修改变量@@AUTOCOMMIT的值。

【例12.1】显式地关闭自动提交，开始事务，更新课程表中操作系统的学分，使用COMMIT语句提交事务。

< 168 >

在MySQL命令行客户端，代码和执行结果如下。

```
mysql> # 显式地关闭自动提交
mysql> SET @@AUTOCOMMIT=0;
Query OK, 0 rows affected (0.00 sec)

mysql> # 开始事务
mysql> BEGIN WORK;
Query OK, 0 rows affected (0.00 sec)

mysql> # 更新课程表中操作系统的学分
mysql> UPDATE course SET credit=4 WHERE courseid='1007';
Query OK, 1 row affected (0.00 sec)
Rows matched: 1  Changed: 1  Warnings: 0

mysql> # 使用COMMIT语句提交事务
mysql> COMMIT;
Query OK, 0 rows affected (0.00 sec)

mysql> SELECT * FROM course;
+-----------+----------------+-----------+
| courseid  | cname          | credit    |
+-----------+----------------+-----------+
| 1007      | 操作系统        |        4  |
| 1014      | 数据库系统      |        4  |
| 1201      | 英语           |        5  |
| 4008      | 通信原理        |        4  |
| 8001      | 高等数学        |        5  |
+-----------+----------------+-----------+
5 rows in set (0.00 sec)
```

【例12.2】开始事务并隐式地关闭自动提交，更新课程表中数据库系统的学分，使用ROLLBACK语句回滚事务，取消更新操作，并提交事务。

在MySQL命令行客户端，代码和执行结果如下。

```
mysql> # 开始事务并隐式地关闭自动提交
mysql> START TRANSACTION;
Query OK, 0 rows affected (0.00 sec)

mysql> # 更新课程表中数据库系统的学分
mysql> UPDATE course SET credit=5 WHERE courseid='1014';
Query OK, 1 row affected (0.00 sec)
Rows matched: 1  Changed: 1  Warnings: 0

mysql> SELECT * FROM course;
+-----------+----------------+-----------+
| courseid  | cname          | credit    |
+-----------+----------------+-----------+
| 1007      | 操作系统        |        4  |
| 1014      | 数据库系统      |        5  |
| 1201      | 英语           |        5  |
| 4008      | 通信原理        |        4  |
```

< 169 >

```
| 8001       | 高等数学        |         5 |
+-----------+----------------+-----------+
5 rows in set (0.00 sec)

mysql> # 使用ROLLBACK语句回滚并提交事务，取消更新操作
mysql> ROLLBACK;
Query OK, 0 rows affected (0.00 sec)

mysql> SELECT * FROM course;
+-----------+----------------+-----------+
| courseid  | cname          | credit    |
+-----------+----------------+-----------+
| 1007      | 操作系统        |         4 |
| 1014      | 数据库系统      |         4 |
| 1201      | 英语            |         5 |
| 4008      | 通信原理        |         4 |
| 8001      | 高等数学        |         5 |
+-----------+----------------+-----------+
5 rows in set (0.00 sec)
```

【例12.3】开始事务，向课程表插入一行数据，设置保存点，然后删除该行，再回滚事务到保存点，取消删除操作，提交事务。

在MySQL命令行客户端，代码和执行结果如下。

```
mysql> # 开始事务
mysql> START TRANSACTION;
Query OK, 0 rows affected (0.00 sec)

mysql> # 向课程表插入课程号为'1005'的一行数据，使用SAVEPOINT 语句设置保存点cou_sp
mysql> INSERT INTO course VALUES('1005','数据结构',4);
Query OK, 1 row affected (0.00 sec)

mysql> SELECT * FROM course;
+-----------+----------------+-----------+
| courseid  | cname          | credit    |
+-----------+----------------+-----------+
| 1005      | 数据结构        |         4 |
| 1007      | 操作系统        |         4 |
| 1014      | 数据库系统      |         4 |
| 1201      | 英语            |         5 |
| 4008      | 通信原理        |         4 |
| 8001      | 高等数学        |         5 |
+-----------+----------------+-----------+
6 rows in set (0.00 sec)

mysql> SAVEPOINT cou_sp;
Query OK, 0 rows affected (0.00 sec)

mysql> # 删除课程号为'1005'的一行数据
mysql> DELETE FROM course WHERE courseid='1005';
Query OK, 1 row affected (0.00 sec)
```

< 170 >

```
mysql> SELECT * FROM course;
+----------+----------------+-----------+
| courseid | cname          | credit    |
+----------+----------------+-----------+
| 1007     | 操作系统        |         4 |
| 1014     | 数据库系统      |         4 |
| 1201     | 英语            |         5 |
| 4008     | 通信原理        |         4 |
| 8001     | 高等数学        |         5 |
+----------+----------------+-----------+
5 rows in set (0.00 sec)

mysql> # 回滚事务到保存点cou_sp，取消删除操作
mysql> ROLLBACK TO SAVEPOINT cou_sp;
Query OK, 0 rows affected (0.00 sec)

mysql> # 提交事务，课程号为'1005'的一行数据仍然保存在课程表中
mysql> COMMIT;
Query OK, 0 rows affected (0.00 sec)

mysql> SELECT * FROM course;
+----------+----------------+-----------+
| courseid | cname          | credit    |
+----------+----------------+-----------+
| 1005     | 数据结构        |         4 |
| 1007     | 操作系统        |         4 |
| 1014     | 数据库系统      |         4 |
| 1201     | 英语            |         5 |
| 4008     | 通信原理        |         4 |
| 8001     | 高等数学        |         5 |
+----------+----------------+-----------+
6 rows in set (0.00 sec)
```

12.3 事务的并发处理

在MySQL中，并发控制是用锁来实现的。如果事务与事务之间存在并发操作，事务的隔离性是通过事务的隔离级别来实现的，而事务的隔离级别则是由事务并发处理的锁机制来管理的，由此保证同一时刻执行多个事务时，一个事务的执行不能被其他事务干扰。

事务隔离级别（transaction isolation level）是一个事务对数据库的修改与并行的另一个事务的隔离程度。

在并发事务中，可能发生以下3种异常情况。

- 脏读（dirty read）：读取未提交的数据。
- 不可重复读（non-repeatable read）：同一个事务前后两次读取的数据不同。
- 幻读（phantom read）：同一个事务前后两条相同的查询语句的查询结果应相同，在此期间另一事务插入并提交了新记录，当本事务更新时，会发现新插入的记录，好像以前读到的数据是幻觉。

< 171 >

为了处理并发事务中可能出现的幻读、不可重复读、脏读等问题，数据库实现了不同级别的事务隔离，以防止事务的相互影响。基于ANSI/ISO SQL规范，MySQL提供了4种事务隔离级别，隔离级别从低到高依次为：未提交读（READ UNCOMMITTED）、提交读（READ COMMITTED）、可重复读（REPEATABLE READ）、可串行化（SERIALIZABLE）。

（1）未提交读。该隔离级别提供了事务之间最小限度的隔离，所有事务都可看到其他未提交事务的执行结果。脏读、不可重复读和幻读都允许，该隔离级别很少实际应用。

（2）提交读。该隔离级别满足了隔离的简单定义，即一个事务只能看见已提交事务所做的改变。该隔离级别不允许脏读，但允许不可重复读、幻读。

（3）可重复读。这是MySQL默认的事务隔离级别，它确保同一事务内相同的查询语句的执行结果一致。该隔离级别不允许不可重复读和脏读，但允许幻读。

（4）可串行化。如果隔离级别为可串行化，用户之间通过一个接一个顺序地执行当前的事务提供了事务之间最大限度的隔离。脏读、不可重复读和幻读在该隔离级别都不允许。

低级别的事务隔离可以提高事务的并发访问性能，但会导致较多的并发问题，例如脏读、不可重复读、幻读等；高级别的事务隔离可以有效地避免并发问题，却降低了事务的并发访问性能，可能导致出现大量的锁等待，甚至死锁现象。

定义隔离级别可以使用SET TRANSACTION语句，只有支持事务的存储引擎才可以定义一个隔离级别。

语法格式如下。

```
SET [GLOBAL | SESSION] TRANSACTION ISOLATION LEVEL
    ( READ UNCOMMITTED
    | READ COMMITTED
    | REPEATABLE READ
    | SERIALIZABLE )
```

说明如下。

（1）如果指定GLOBAL，那么定义的隔离级别将适用于所有的SQL用户；如果指定SESSION，则隔离级别只适用于当前运行的会话和连接。

（2）MySQL默认为REPEATABLE READ隔离级别。

系统变量TX_ISOLATION中存储了事务的隔离级别，可以使用如下SELECT语句获得当前隔离级别的值：

```
mysql> SELECT @@transaction_isolation
```

12.4 管理锁

多用户同时并发访问，不仅通过事务机制，还需要通过锁来防止数据并发操作过程中引起的问题。锁是防止其他事务访问指定资源的手段，它是实现并发控制的主要方法和重要保障。

< 172 >

12.4.1　锁机制

MySQL引入锁机制管理的并发访问，通过不同类型的锁来控制多用户并发访问，实现数据访问的一致性。

锁机制中的基本概念如下。

（1）锁的粒度。锁的粒度是指锁的作用范围。锁的粒度可以分为服务器级锁（server-level locking）和存储引擎级锁（storage-engine-level locking）。InnoDB存储引擎支持表级锁以及行级锁，MyISAM存储引擎支持表级锁。

（2）隐式锁与显式锁。MySQL自动加锁称为隐式锁，数据库开发人员手动加锁称为显式锁。

（3）锁的类型。锁的类型包括读锁（read lock）和写锁（write lock），其中读锁也称为共享锁，写锁也称为排他锁或者独占锁。读锁允许其他MySQL客户机对数据同时"读"，但不允许其他MySQL客户机对数据任何"写"。写锁不允许其他MySQL客户机对数据同时读，也不允许其他MySQL客户机对数据同时写。

12.4.2　锁的级别

MySQL有3种锁的级别，介绍如下。

1. 表级锁

表级锁指整个表被客户锁定。根据锁定的类型，其他客户不能向表中插入记录，甚至从中读数据也受到限制。表级锁包括读锁和写锁两种。

LOCK TABLES语句用于锁定当前线程的表。

语法格式如下。

```
LOCK TABLES table_name[AS alias]{READ [LOCAL]|[LOS_PRIORITY]WRITE}
```

相关说明如下。

（1）表锁定支持以下类型的锁定。

- READ：读锁定，确保用户可以读取表，但是不能修改表。
- WRITE：写锁定，只有锁定该表的用户可以修改表，其他用户无法访问该表。

（2）在锁定表时会隐式地提交所有事务，在开始一个事务时，如START TRANSACTION，会隐式解开所有表锁定。

（3）在事务表中，系统变量@@AUTOCOMMIT的值必须设为0。否则，MySQL会在调用lock tables之后立刻释放表锁定，并且很容易形成死锁。

例如，在student表上设置一个只读锁定。

```
LOCK TABLES student READ;
```

在score表上设置一个写锁定。

```
LOCK TABLES score WRITE;
```

在锁定表以后，可以使用UNLOCK TABLES命令解除锁定，该命令不需要指出解除锁定的表的名字。

< 173 >

语法格式如下。

```
UNLOCK TABLES;
```

2．行级锁

对比表级锁或页级锁，行级锁对锁定过程提供了更精细的控制。在这种情况下，只有线程使用的行是被锁定的。表中的其他行对其他线程都是可用的。行级锁并不是由MySQL提供的锁定机制，而是由存储引擎自己实现的，其中InnoDB的锁定机制就是行级锁定。

行级锁的类型包括共享锁（share locks）、排他锁（exclusive locks）和意向锁（intention locks）。共享锁（S）又称为读锁，排他锁（X）又称为写锁。

（1）共享锁。如果事务T1获得了数据行D上的共享锁，则T1对数据项D可以读但不可以写。事务T1对数据行D加上共享锁，则其他事务对数据行D的排他锁请求不会成功，而对数据行D的共享锁请求可以成功。

（2）排他锁。如果事务T1获得了数据行D上的排他锁，则T1对数据行既可读又可写。事务T1对数据行D加上排他锁，则其他事务对数据行D的任务封锁请求都不会成功，直至事务T1释放数据行D上的排他锁。

（3）意向锁。意向锁是一种表级锁，锁定的粒度是整张表，意向锁指如果对一个节点加意向锁，则说明该节点的下层节点正在被加锁。

意向锁分为意向共享锁（IS）和意向排他锁（IX）两类。

- 意向共享锁：事务在向表中某些行加共享锁时，MySQL会自动地向该表施加意向共享锁。
- 意向排他锁：事务在向表中某些行加排他锁时，MySQL会自动地向该表施加意向排他锁。

MySQL锁的兼容性如表12.1所示。

表12.1　MySQL锁的兼容性

锁名	排他锁	共享锁	意向排他锁	意向共享锁
X	互斥	互斥	互斥	互斥
S	互斥	兼容	互斥	兼容
IX	互斥	互斥	兼容	兼容
IS	互斥	兼容	兼容	兼容

3．页级锁

MySQL将锁定表中的某些行（称作页），被锁定的行只对锁定最初的线程是可行的。

12.4.3　死锁

1．死锁发生的原因

两个或两个以上的事务分别申请封锁对方已经封锁的数据对象，导致长期等待而无法继续运行下去的现象称为死锁。

例如，事务T1封锁了数据R1，事务T2封锁了数据R2，然后T1又请求封锁R2，但T2已封锁了R2，于是T1等待T2释放R2上的锁。接着T2又申请封锁R1，但T1已封锁了R1，T2也只能等待T1释放R1上的锁。这样就形成了T1等待T2，而T2又等待T1的局面，T1和T2两个事务永远不能结

< 174 >

束，这就发生了死锁。

死锁是指事务永远不会释放它们所占用的锁，死锁中的两个或两个以上的事务都将无限期地等待下去。

2．对死锁的处理

在MySQL的InnoDB存储引擎中，当检测到死锁时，通常是一个事务释放锁并回滚，而让另一个事务获得锁，继续完成事务。

3．避免死锁的方法

通常情况下，由程序开发人员通过调整业务流程、事务大小、数据库访问的SQL语句，绝大多数死锁都可以避免。

避免死锁的几种常用方法如下。

- 在应用中，如果不同的程序会并发存取多个表，应尽量约定以相同的顺序来访问表，这样可以大幅度降低发生死锁的机会。
- 在程序以批量方式处理数据的时候，如果事先对数据排序，保证每个线程按固定的顺序来处理记录，也可以大幅度降低死锁的发生概率。
- 在事务中，如果要更新记录，应该直接申请足够级别的锁，即排他锁，而不要先申请共享锁，更新时再申请排他锁。

本章小结

本章主要介绍了以下内容。

（1）在MySQL环境中，事务是由作为一个逻辑单元的一条或多条SQL语句组成的，其结果是作为整体永久性地修改数据库的内容，或者作为整体取消对数据库的修改。

事务有4个基本特性，称为ACID特性，即原子性、一致性、隔离性和持久性。

（2）事务的基本操作包括开始、提交、撤销、保存等环节。开始事务使用START TRANSACTION语句或BEGIN WORK语句，提交事务使用COMMIT语句，撤销事务使用ROLLBACK语句，设置保存点使用SAVEPOINT语句。

由于MySQL默认采用自动提交模式，即如果不显式地开启一个事务，则每个SQL语句都被当成一个事务执行提交操作，因此，用户必须关闭自动提交，事务才能由多条SQL语句组成。使用SET @@AUTOCOMMIT=0; 命令，可以显式地关闭自动提交。使用START TRANSACTION; 命令，可以隐式地关闭自动提交。

（3）为了处理并发事务中可能出现的幻读、不可重复读、脏读等问题，数据库实现了不同级别的事务隔离，以防止事务的相互影响。基于ANSI/ISO SQL规范，MySQL提供了4种事务隔离级别，隔离级别从低到高依次为：未提交读、提交读、可重复读、可串行化。

（4）MySQL有3种锁的级别：表级锁、行级锁、页级锁。

表级锁指整个表被客户锁定。表级锁包括读锁和写锁两种。

对比表级锁或页级锁，行级锁对锁定过程提供了更精细的控制。行级锁的类型包括共享锁、排他锁和意向锁。共享锁又称为读锁，排他锁又称为写锁。

MySQL将锁定表中的某些行称作页，被锁定的行只对锁定最初的线程是可行的。

（5）两个或两个以上的事务分别申请封锁对方已经封锁的数据对象，导致长期等待而无法继

< 175 >

续运行下去的现象称为死锁。

　　在MySQL的InnoDB存储引擎中，当检测到死锁时，通常是一个事务释放锁并回滚，而让另一个事务获得锁，继续完成事务。

习题 12

一、选择题

　　1. 在一个事务执行的过程中，正在访问的数据被其他事务修改，导致处理结果不正确，是违背了_____。

　　　　A. 原子性　　　　　B. 一致性　　　　　C. 隔离性　　　　　　　D. 持久性

　　2. "一个事务一旦提交，它对数据库中数据的改变永久有效，即使以后系统崩溃也是如此"，该性质是_____。

　　　　A. 原子性　　　　　B. 一致性　　　　　C. 隔离性　　　　　　　D. 持久性

　　3. _____语句会结束事务。

　　　　A. SAVEPOINT　　　　　　　　　　B. COMMIT

　　　　C. END TRANSACTION　　　　　　D. ROLLBACK TO SAVEPOINT

　　4. 关键字_____与事务控制无关。

　　　　A. COMMIT　　　　B. SAVEPOINT　　　C. DECLARE　　　　D. ROLLBACK

　　5. MySQL中的锁不包括_____。

　　　　A. 插入锁　　　　　B. 排他锁　　　　　C. 共享锁　　　　　D. 意向排锁

　　6. 事务隔离级别不包括_____。

　　　　A. READ UNCOMMITTED　　　　　B. READ COMMITTED

　　　　C. REPETABLE READ　　　　　　　D. REPETABLE ONLY

二、填空题

　　1. 事务的特性有原子性、_____、隔离性、持久性。

　　2. 锁机制有_____、共享锁两类。

　　3. 事务处理可能存在的3种问题是脏读、不可重复读、_____。

　　4. 在MySQL中使用_____命令提交事务。

　　5. 在MySQL中使用_____命令回滚事务。

　　6. 在MySQL中使用_____命令设置保存点。

　　7. 事务的基本操作包括开始、_____、撤销、保存等环节。

　　8. 由于MySQL默认采用自动提交模式，用户必须_____，事务才能由多条SQL语句组成。

　　9. 行级锁定的类型包括共享锁、排他锁和_____。

三、问答题

　　1. 什么是事务？简述事务的基本特性。

　　2. 简述事务的基本操作使用的语句。

　　3. MySQL提供了哪几种事务隔离级别？

< 176 >

4. MySQL有哪几种锁的级别?

5. 什么是死锁? MySQL检测到死锁时怎样处理?

四、应用题

1. 显式地关闭自动提交并开始事务,删除教师表中一个教师的记录,使用COMMIT语句提交事务。

2. 隐式地关闭自动提交并开始事务,删除教师表中另一个教师的记录,使用ROLLBACK语句取消删除操作,提交事务。

3. 开始事务,更新教师表中一个教师的职称,设置保存点,然后恢复该教师原来的职称,再回滚事务到保存点,取消恢复操作,提交事务。

< 177 >

第13章 安全管理

数据库的安全性是指保护数据库以防止不合法使用所造成的数据泄露、更改或破坏。安全管理是评价一个数据库管理系统的重要指标，MySQL提供了访问控制，以此确保MySQL服务器的安全访问。数据库安全管理指拥有相应权限的用户才可以访问数据库中的相应对象，执行相应合法操作，用户应对他们需要的数据具有适当的访问权。例如，仅允许第一个用户查询表，第二个用户被授权更新和删除表的数据，授权第三个用户创建新表等。只有用已有的用户名登录到MySQL系统后才能访问数据库的数据，前面都是用root用户来登录的，怎样创建用户并给新建用户授予适当的权限是MySQL安全管理的重要内容。本章介绍权限系统、用户管理、权限管理、角色管理等内容。

13.1 权限系统

在MySQL数据库管理系统中，主要是通过用户权限管理实现其安全性控制的。在服务器上运行MySQL时，数据库管理员的职责是使MySQL免遭用户的非法侵入，拒绝其访问数据库，保证数据库的安全性和完整性。

13.1.1 MySQL权限系统的工作过程

MySQL的访问控制分为两个阶段：连接核实阶段和请求核实阶段。

1. 连接核实阶段

当用户试图连接MySQL服务器时，MySQL对用户提供的信息使用user表中的3个字段（Host、User、Password）进行身份验证，仅当用户提供的主机名、用户名和密码与user表中对应字段值完全匹配时，才接受连接。

2. 请求核实阶段

接受连接后，服务器进入请求核实阶段，对该连接上的每个请求，MySQL服务器检查该请求要执行什么操作，是否有足够的权限执行它，这些权限保存在user、db、host、tables_priv、columns_priv权限表中。

确认权限时，MySQL首先检查指定的权限是否在user表中被授予，如果没有被授予权限，则继续检查db表，权限限定于数据库层级；如果在该层级没有找到指定的权限，则继续检查tables_priv表和columns_priv表，权限限定于表级和列级；如果所有权限表都检查完毕，没有找到允许的权限操作，MySQL将返回错误信息，用户的请求操作不能执行，操作失败。

13.1.2 MySQL权限表

MySQL服务器通过权限来控制用户对数据库的访问，权限表存在名为mysql的MySQL数据库中，这些权限表中最重要的是user表。此外，还有db表、tables_priv表和columns_priv表、proc_priv表等。

在MySQL权限表的结构中，顶层是user表，它是全局级的；下一层是db表和host表，它们是数据库级的；底层是tables_priv表和columns_priv表，它们是表级和列级的。低等级的表只能从高等级的表得到必要的范围或权限。

1. user表

user表是MySQL中最重要的一个权限表，记录允许连接到服务器的账号信息，里面的权限是全局级的，即针对所有用户数据库的所有表。MySQL 13.0中user表有51个字段，可分为4类，分别是用户列、权限列、安全列和资源控制列。在mysql数据库中，使用以下命令可以查看user表的表结构：

```
mysql> DESC user;
```

2. db表

db表也是mysql数据库中非常重要的权限表。db表中存储了用户对某个数据库的操作权限，决定用户能从哪个主机存取哪个数据库。db表的字段大致可以分为两类，分别是用户列和权限列。

3. tables_priv表和tables_priv表

tables_priv表用于对表进行权限设置，tables_priv表包含8个字段，分别是Host、Db、User、Table_name、Grantor、Timestamp、Table_priv和Column_priv。

Columns_priv表用于对表的某一列进行权限设置，Columns_priv表包含7个字段，分别是Host、Db、User、Table_name、Column_name、Timestamp和Column_priv。

4. procs_priv表

procs_priv表可以存储过程和存储函数进行权限设置。procs_priv表包含8个字段，分别是Host、Db、User、Routine_name、Routine_type、Grantor、Proc_priv和Timestamp。

13.2 用户管理

用户管理

一个新安装的MySQL系统，只有一个名为root的用户，可使用以下语句进行查看：

```
mysql> SELECT host, user, authentication_string FROM mysql.user;
+-----------+-------+-------------------------------------------+
| host      | user  | authentication_string                     |
+-----------+-------+-------------------------------------------+
| localhost | root  | *6BB4837EB74329105EE4568DDA7DC67ED2CA2AD9 |
+-----------+-------+-------------------------------------------+
1 rows in set (0.00 sec)
```

< 179 >

root用户是在安装MySQL服务器后由系统创建的，被赋予了操作和管理MySQL数据库的所有权限。在实际操作中，为了避免恶意用户冒名使用root账号操作和控制数据库，通常需要创建一系列具备适当权限的用户，尽可能不用或少用root账号登录系统，以确保安全访问。

下面介绍用户管理中的创建用户、删除用户、修改用户账号和口令等操作。

13.2.1 创建用户

创建用户使用CREATE USER语句，用于创建一个或多个用户并设置口令。使用CREATE USER语句，必须拥有mysql数据库的全局CREATE USER权限或INSERT权限。

语法格式如下。

```
CREATE USER user_specification [ , user_specification ] ...
```

其中，user_specification的语法格式如下。

```
user
[
    IDENTIFIED BY [ PASSWORD ] 'password'
    | IDENTIFIED WITH auth_plugin [ AS 'auth_string']
]
```

说明如下。

- user：指定创建的用户账号，格式为'user_name'@'host_name'，其中，user_name是用户名，host_name是主机名，如果未指定主机名，则主机名默认为%，即为一组主机。
- IDENTIFIED BY子句：用于指定用户账号对应的口令，如果用户账号无口令，可省略该子句。
- PASSWORD：可选项，用于指定散列口令。
- password：指定用户账号的口令，口令可以是由字母和数字组成的明文，也可以是散列值。
- IDENTIFIED WITH子句：用于指定验证用户账号的认证插件。
- auth_plugin：指定认证插件的名称。

【例13.1】创建用户he，口令为'1234'；创建用户fan，口令为'lmn'；创建用户lu，口令为'p456'；创建用户wen，口令为'pq2'。

在MySQL命令行客户端，代码和执行结果如下。

```
mysql> CREATE USER 'he'@'localhost' IDENTIFIED BY '1234',
    ->     'fan'@'localhost' IDENTIFIED BY 'lmn',
    ->     'lu'@'localhost' IDENTIFIED BY 'p456',
    ->     'wen'@'localhost' IDENTIFIED BY 'pq2';
Query OK, 0 rows affected (0.02 sec)
```

使用CREATE USER语句的注意事项如下。

- 使用CREATE USER语句创建一个用户账号后，会在mysql数据库的user表中添加一个新记录。如果创建的账户存在，该语句执行时会出错。
- 如果两个用户名相同而主机名不同，MySQL认为是不同的用户。
- 使用CREATE USER语句时没有为用户指定口令，MySQL允许该用户不使用口令登录系统，但为了安全，不推荐使用这种方法。

< 180 >

- 新创建的用户拥有的权限很少，只允许进行不需要权限的操作。

13.2.2 删除用户

删除用户使用DROP USER语句。使用DROP USER语句，必须拥有mysql数据库的全局CREATE USER权限或DELETE权限。

语法格式如下。

```
DROP USER user [ user ]...
```

【例13.2】删除用户lu。

在MySQL命令行客户端，代码和执行结果如下。

```
mysql> DROP USER 'lu'@'localhost';
Query OK, 0 rows affected (0.01 sec)
```

使用DROP USER语句的注意事项如下。

- DROP USER语句用于删除一个或多个账户，并消除其权限。
- 在DROP USER语句中，如果未指定主机名，则主机名默认为%。

13.2.3 修改用户账号

修改用户账号使用RENAME USER语句。使用RENAME USER语句，必须拥有mysql数据库的全局CREATE USER权限或UPDATE权限。

语法格式如下。

```
RENAME USER old_user TO new_user [ , old_user TO new_user ]...
```

说明如下。

- old_user：已存在的MySQL用户账号。
- new_user：新的MySQL用户账号。

【例13.3】将用户fan的名字修改为yang。

在MySQL命令行客户端，代码和执行结果如下。

```
mysql> RENAME USER 'fan'@'localhost' TO 'yang'@'localhost';
Query OK, 0 rows affected (0.01 sec)
```

使用RENAME USER语句的注意事项如下。

- RENAME USER语句用于对原有MySQL账号进行重命名。
- 如果系统中新账户已存在或旧账户不存在，该语句执行时会出错。

13.2.4 修改用户口令

修改用户口令使用SET PASSWORD语句。

语法格式如下。

```
SET PASSWORD FOR user='password'
```

< 181 >

【例13.4】将用户yang的口令修改为'abc'。

在MySQL命令行客户端，代码和执行结果如下。

```
mysql> SET PASSWORD FOR 'yang'@'localhost'='abc';
Query OK, 0 rows affected (0.01 sec)
```

使用SET PASSWORD语句时，如果系统中账户不存在，语句执行会出错。

13.3 权限管理

创建一个新用户后，该用户还没有访问权限，因而无法操作数据库，还需要为该用户授予适当的权限。

13.3.1 授予权限

权限的授予使用GRANT语句。

语法格式如下。

```
GRANT
    priv_type[ (column_list) ] [ ,priv_type[ (column_list) ] ]...
    ON [ object_type ] priv_level
    TO user_specification[ , user_specification ]...
    [ REQUIRE | NONE | ssl_option [ [ AND ] ssl_option ]... | ]
    [ WITH with_option...]
```

其中，object_type的取值如下。

```
TABLE | FUNCTION | PROCEDURE
```

priv_level的取值如下。

```
* | *.* | db_name.* | db_name.tbl_name | tbl_name | db_name.routine _name
```

user_specification的取值如下。

```
user
[
    IDENTIFIED BY [ PASSWORD ] 'password'
    | IDENTIFIED WITH auth_plugin [ AS 'auth_string']
]
```

with_option的取值如下。

```
GRANT OPTION
| MAX_QUERIES_PER_HOUR count | MAX_UPDATES_PER_HOUR count
| MAX_CONNECTIONS_PER_HOUR count | MAX_USER_PER_HOUR count
```

< 182 >

说明如下。

（1）priv_type：指定权限的名称，例如SELECT、INSERT、UPDATE、DELETE等操作。

（2）column_list：可选项，用于指定要授予表中哪些列。

（3）ON子句：用于指定权限授予的对象和级别，例如要授予权限的数据库名或表名等。

（4）object_type：可选项，用于指定权限授予的对象类型，包括表、函数和存储过程。

（5）priv_level：指定权限的级别，授予的权限有以下几组。

- 列权限：和表中的一个具体列相关。例如，使用UPDATE语句更新表student中sno列的值的权限。
- 表权限：和一个具体表中的所有数据相关。例如，使用SELECT语句查询表student的所有数据的权限。
- 数据库权限：和一个具体的数据库中的所有表相关。例如，在已有的teachsys数据库中创建新表的权限。
- 用户权限：和MySQL所有的数据库相关。例如，删除已有的数据库或者创建一个新的数据库的权限。

在GRANT语句中，可用于指定权限级别的值的格式如下。

- *：表示当前数据库中所有表。
- *.*：表示所有数据库中所有表。
- db_name.*：表示某个数据库中所有表。
- db_name.tbl_name：表示某个数据库中的某个表或视图。
- tbl_name：表示某个表或视图。
- db_name.routine_name：表示某个数据库中的某个存储过程或函数。

（6）TO子句：指定被授予权限的用户。

（7）user_specification：可选项，与CREATE USER语句中的user_specification部分一样。

（8）WITH子句：用于实现权限的转移和限制。

1. 授予列权限

授予列权限时，priv_level的值只能是SELECT、INSERT和UPDATE，权限后面需要加上列名列表。

【例13.5】授予用户he在数据库teachsys的teacher表上对教师编号列和姓名列的查询权限。

在MySQL命令行客户端，代码和执行结果如下。

```
mysql> GRANT SELECT(teacherid, tname)
    ->      ON teachsys.teacher
    ->      TO 'he'@'localhost';
Query OK, 0 rows affected (0.01 sec)
```

2. 授予表权限

授予表权限时，priv_level可以是以下值。

- SELECT：授予用户使用SELECT语句访问特定的表的权限。
- INSERT：授予用户使用INSERT语句向一个特定表中添加行的权限。
- UPDATE：授予用户使用UPDATE语句修改特定表中值的权限。
- DELETE：授予用户使用DELETE语句向一个特定表中删除行的权限。
- REFERENCES：授予用户创建一个外键来参照特定的表的权限。

< 183 >

- CREATE：授予用户使用特定的名字创建一个表的权限。
- ALTER：授予用户使用 ALTER TABLE 语句修改表的权限。
- DROP：授予用户删除表的权限。
- INDEX：授予用户在表上定义索引的权限。
- ALL 或 ALL PRIVILEGES：表示所有权限名。

【例13.6】创建新用户 wu 和 yue 后，授予它们在数据库 teachsys 的 teacher 表上查询和删除行的权限。

在 MySQL 命令行客户端，代码和执行结果如下。

```
mysql> CREATE USER 'wu'@'localhost' IDENTIFIED BY 't401',
    ->     'yue'@'localhost' IDENTIFIED BY 't402';
Query OK, 0 rows affected (0.01 sec)

mysql> GRANT SELECT, DELETE
    ->     ON teachsys.teacher
    ->     TO 'wu'@'localhost', 'yue'@'localhost';
Query OK, 0 rows affected (0.01 sec)
```

3．授予数据库权限

授予数据库权限时，priv_level 可以是以下值。

- SELECT：授予用户使用 SELECT 语句访问特定数据库中所有表和视图的权限。
- INSERT：授予用户使用 INSERT 语句向特定数据库中所有表添加行的权限。
- UPDATE：授予用户使用 UPDATE 语句更新特定数据库中所有表的值的权限。
- DELETE：授予用户使用 DELETE 语句删除特定数据库中所有表的行的权限。
- REFERENCES：授予用户创建指向特定的数据库中表的外键的权限。
- CREATE：授予用户使用 CREATE TABLE 语句在特定数据库中创建新表的权限。
- ALTER：授予用户使用 ALTER TABLE 语句修改特定数据库中所有表的权限。
- DROP：授予用户删除特定数据库中所有表和视图的权限。
- INDEX：授予用户在特定数据库中的所有表上定义和删除索引的权限。
- CREATE TEMPORARY TABLES：授予用户在特定数据库中创建临时表的权限。
- CREATE VIEW：授予用户在特定数据库中创建新的视图的权限。
- SHOW VIEW：授予用户查看特定数据库中已有视图的视图定义的权限。
- CREATE ROUTINE：授予用户为特定的数据库创建存储过程和存储函数的权限。
- ALTER ROUTINE：授予用户更新和删除数据库中已有的存储过程和存储函数的权限。
- EXECUTE ROUTINE：授予用户调用特定数据库的存储过程和存储函数的权限。
- LOCK TABLES：授予用户锁定特定数据库的已有表的权限。
- ALL 或 ALL PRIVILEGES：表示所有权限名。

【例13.7】授予用户 yang 对数据库 teachsys 执行所有数据库操作的权限。

在 MySQL 命令行客户端，代码和执行结果如下。

```
mysql> GRANT ALL
    ->     ON teachsys.*
    ->     TO 'yang'@'localhost';
Query OK, 0 rows affected (0.01 sec)
```

< 184 >

【例13.8】授予用户wen对所有数据库中所有表的查询和添加行的权限。

在MySQL命令行客户端，代码和执行结果如下。

```
mysql> GRANT SELECT, INSERT
    ->        ON *.*
    ->        TO 'wen'@'localhost';
Query OK, 0 rows affected (0.01 sec)
```

【例13.9】授予新建用户qi对所有数据库中所有表的创建新表和删除表的权限。

在MySQL命令行客户端，代码和执行结果如下。

```
mysql> CREATE USER 'qi'@'localhost' IDENTIFIED BY 't403';
Query OK, 0 rows affected (0.01 sec)

mysql> GRANT CREATE, DROP
    ->        ON *.*
    ->        TO 'qi'@'localhost';
Query OK, 0 rows affected (0.01 sec)
```

4. 授予用户权限

授予用户权限时，priv_level可以是以下值。

- CREATE USER：授予用户创建和删除新用户的权限。
- SHOW DATABASES：授予用户使用SHOW DATABASES语句查看所有已有的数据库的定义的权限。

【例13.10】授予新建用户guan创建新用户的权限。

在MySQL命令行客户端，代码和执行结果如下。

```
mysql> CREATE USER 'guan'@'localhost' IDENTIFIED BY 't404';
Query OK, 0 rows affected (0.01 sec)

mysql> GRANT CREATE USER
    ->        ON *.*
    ->        TO 'guan'@'localhost';
Query OK, 0 rows affected (0.01 sec)
```

通过user表，可以查询以上用户对所有数据库的权限，在MySQL命令行客户端，代码如下。

```
mysql> SELECT Host, User, Select_priv, Insert_priv, Create_priv, Drop_
priv, Create_user_priv
    ->        FROM mysql.user;
```

5. 权限的转移

在GRANT语句中，将WITH子句指定为WITH GRANT OPTION，表示TO子句中所指定的所有用户都具有将自己所拥有的权限授予其他用户的权利，而无论其他用户是否拥有该权限。

【例13.11】授予新建用户yu在数据库teachsys的teacher表上添加行和更新表的值的权限，并允许将自身的权限授予其他用户。

在MySQL命令行客户端，代码和执行结果如下。

```
mysql> CREATE USER 'yu'@'localhost' IDENTIFIED BY 't405';
Query OK, 0 rows affected (0.01 sec)
```

< 185 >

```
mysql> GRANT INSERT, UPDATE
    ->      ON teachsys.teacher
    ->      TO 'yu'@'localhost'
    ->      WITH GRANT OPTION;
Query OK, 0 rows affected (0.01 sec)
```

13.3.2 权限的撤销

撤销用户的权限使用REVOKE语句。使用REVOKE语句，必须拥有mysql数据库的全局CREATE USER权限或UPDATE权限。

语法格式如下。

```
REVOKE priv_type[ (column_list) ] [ ,priv_type[ (column_list) ] ]...
    ON [ object_type ] priv_level
    FROM user[ , user ]...
REVOKE ALL PRIVILIEGES, GRANT OPTION
    FROM user[ , user ]...
```

说明如下。

- REVOKE语句和GRANT语句的语法格式相似，但具有相反的效果。
- 第一种语法格式用于回收某些特定的权限。
- 第二种语法格式用于回收特定用户的所有权限。

【例13.12】回收用户yu在数据库teachsys的teacher表上添加行的权限。

在MySQL命令行客户端，代码和执行结果如下。

```
mysql> REVOKE INSERT
    ->      ON teachsys.teacher
    ->      FROM 'yu'@'localhost';
Query OK, 0 rows affected (0.01 sec)
```

通过tables_priv表，可以查询以上用户对employee表的权限，在MySQL命令行客户端，代码如下。

```
mysql> SELECT Host, Db, User, Table_name, Table_priv, Column_priv
    ->      FROM mysql.tables_priv;
```

13.4 角色管理

角色（role）是一组权限的集合，将一组权限授予某个角色，再将角色授予某个用户，可以简化权限管理，更方便地管理用户权限。MySQL 8.0新增了对角色的支持，提高了数据库的安全性和性能。

13.4.1 创建角色

使用CREATE ROLE语句在数据库中创建角色。

< 186 >

语法格式如下。

```
CREATE ROLE 'role_name' [ @'host_name' ] [, role_name [ @'host_name' ] ] ...
```

【例13.13】创建3个角色edu1、edu2、edu3。

在MySQL命令行客户端，代码和执行结果如下。

```
mysql> CREATE ROLE 'edu1','edu2', 'edu3';
Query OK, 0 rows affected (0.01 sec)
```

13.4.2 授予角色权限和回收权限

当角色被建立后，角色没有任何权限，可以使用GRANT语句给角色授予权限，同时可以使用REVOKE语句取消角色的权限。角色权限的授予与回收和用户权限的授予的语法相同。

【例13.14】分别授予角色edu1、edu2、edu3权限。

在MySQL命令行客户端，代码和执行结果如下。

```
mysql> GRANT SELECT ON teachsys.teacher TO 'edu3';
Query OK, 0 rows affected (0.01 sec)

mysql> GRANT INSERT, UPDATE, DELETE ON teachsys.teacher TO 'edu2';
Query OK, 0 rows affected (0.01 sec)

mysql> GRANT SELECT, INSERT, UPDATE, DELETE ON teachsys.teacher TO 'edu1';
Query OK, 0 rows affected (0.01 sec)
```

【例13.15】取消角色edu2的UPDATE权限。

在MySQL命令行客户端，代码和执行结果如下。

```
mysql> REVOKE UPDATE ON teachsys.teacher FROM 'edu2';
Query OK, 0 rows affected (0.01 sec)
```

13.4.3 将角色授予用户

将角色授予用户使用GRANT语句。

语法格式如下。

```
GRANT role [ , role2,...] TO user [ , user2,...];
```

【例13.16】将角色edu1授予用户wen。

在MySQL命令行客户端，代码和执行结果如下。

```
mysql> GRANT 'edu1' TO 'wen'@'localhost';
Query OK, 0 rows affected (0.01 sec)
```

13.4.4 删除角色

使用DROP ROLE删除角色，使用该角色的用户的权限同时也被回收。

< 187 >

语法格式如下。

```
DROP ROLE role [ ,role2 ]...
```

【例13.17】删除角色edu3。

在MySQL命令行客户端，代码和执行结果如下。

```
mysql> DROP ROLE 'edu3';
Query OK, 0 rows affected (0.01 sec)
```

本章小结

本章主要介绍了以下内容。

（1）安全管理是评价一个数据库管理系统的重要指标，MySQL提供了访问控制，以此确保MySQL服务器的安全访问。MySQL数据库的安全管理指拥有相应权限的用户才可以访问数据库中的相应对象，执行相应的合法操作，用户应对他们需要的数据具有适当的访问权，既不能多，也不能少。

（2）在MySQL数据库管理系统中，主要是通过用户权限管理实现其安全控制的。

MySQL的访问控制分为两个阶段：连接核实阶段和请求核实阶段。

MySQL权限表存在名为mysql的MySQL数据库中，这些权限表中最重要的是user表，此外，还有db表、tables_priv表和columns_priv表、proc_priv表等。

在MySQL权限表的结构中，顶层是user表，它是全局级的；下一层是db表和host表，它们是数据库级的；底层是tables_priv表和columns_priv表，它们是表级和列级的。低等级的表只能从高等级的表得到必要的范围或权限。

（3）root用户是在安装MySQL服务器后由系统创建的，被赋予了操作和管理MySQL数据库的所有权限。在实际操作中，为了避免恶意用户冒名使用root账号操作和控制数据库，通常需要创建一系列具备适当权限的用户，尽可能不用或少用root账号登录系统，以确保安全访问。

（4）用户管理包括创建用户、删除用户、修改用户账号和口令等操作。创建用户使用CREATE USER语句，删除用户使用DROP USER语句，修改用户账号使用RENAME USER语句，修改用户口令使用SET PASSWORD语句。

（5）权限管理包括授予权限、撤销权限等操作。授予的权限可分为授予列权限、授予表权限、授予数据库权限、授予用户权限4组。权限的授予使用GRANT语句，撤销权限使用REVOKE语句。

（6）角色是一组权限的集合，将一组权限授予某个角色，再将角色授予某个用户，可以简化权限管理，更方便地管理用户权限。角色管理包括创建角色、授予角色权限和回收权限、将角色授予用户、删除角色等操作。创建角色使用CREATE ROLE语句，使用GRANT语句给角色授予权限，使用REVOKE语句取消角色的权限，将角色授予用户使用GRANT语句，删除角色使用DROP ROLE语句。

< 188 >

习题 13

一、选择题

1. 在MySQL中，存储用户全局权限的表是_____。
   A. columns_priv　　B. user　　　　　C. procs_priv　　　　D. tables_priv
2. 添加用户的语句是_____。
   A. CREATE　　　B. INSERT　　　C. REVOKE　　　　D. RENAME
3. 撤销用户权限的语句是_____。
   A. GRANT　　　B. UPDATE　　　C. GRANT　　　　D. REVOKE

二、填空题

1. MySQL权限表存在名为_____的MySQL数据库中。
2. MySQL的访问控制分为两个阶段：连接核实阶段和_____阶段。
3. root用户是在安装MySQL服务器后由系统创建的，被赋予了操作和管理MySQL数据库的_____权限。
4. 删除用户使用_____语句。
5. 权限的授予使用_____语句。
6. 角色的授予使用_____语句。

三、问答题

1. MySQL权限表存在哪个数据库中？有哪些权限表？
2. 用户管理包括哪些操作？简述其使用的语句。
3. 权限管理包括哪些操作？它们使用的语句有哪些？
4. 角色管理包括哪些操作？它们使用哪些语句？

四、应用题

1. 以系统管理员root身份登录到MySQL，创建两个学生用户 st1、st2，创建一个教师用户teach1，创建一个管理员用户adm1。
2. 授予用户adm1创建表和视图的权限后，回收创建视图的权限。
3. 授予用户teach1在teacher表上添加、修改和删除数据的权限后，回收修改权限。
4. 创建学生角色stRole，授予查询student表的权限；创建教师角色teachRole，授予在student表上修改和查询的权限；创建管理员角色admRole，授予在student表上添加、修改、删除和查询的权限。
5. 将学生用户st1、st2定义为学生角色stRole的成员，将教师用户teach1定义为教师角色teachRole的成员，将管理员用户adm1定义为管理员角色admRole的成员，显示用户st1、st2、teach1、adm1具有的权限信息。
6. 删除学生角色stRole，删除教师角色teachRole，删除管理员角色admRole。
7. 删除学生用户st1、st2，删除教师用户teach1，删除管理员用户adm1。

< 189 >

第14章 备份和恢复

为了保证数据的安全和防止意外事故的发生，需要定期地对数据进行备份。如果数据受到破坏，可以使用备份的数据进行恢复。备份和恢复是数据库管理中常用的操作，提供备份和恢复机制是一项重要的系统管理工作。本章介绍备份和恢复的基本概念、备份数据、恢复数据等内容。

14.1 备份和恢复的基本概念

数据库中的数据丢失或被破坏可能是由以下原因造成的。

（1）计算机硬件故障。由于使用不当或产品质量等原因，计算机硬件可能会出现故障，导致不能使用。

（2）软件故障。由于软件设计上的失误或用户使用的不当，软件系统可能会由于误操作数据而导致数据被破坏。

（3）病毒。破坏性病毒会破坏系统软件、硬件和数据。

（4）误操作。例如，用户错误使用了DELETE、UPDATE等命令而引起数据丢失或被破坏；错误使用DROP DATABASE或DROP TABLE语句，会让数据库或数据表中的数据被清除；又如 DELETE * FROM table_name语句，可以清空数据表。这样的错误很容易发生。

（5）自然灾害。如火灾、洪水或地震等，它们会造成极大的破坏，会毁坏计算机系统及其数据。

（6）盗窃。一些重要数据可能会被盗窃。

面对上述情况，数据库系统提供了备份和恢复策略来保证数据库中数据的可靠性和完整性。

数据库备份是通过导出数据或复制表文件等方式制作数据库的副本。数据库恢复是当数据库出现故障或受到破坏时，将数据库备份加载到系统，从而使数据库从错误状态恢复到备份时的正确状态。数据库的恢复以备份为基础，它是与备份相对应的系统维护和管理工作。

14.2 备份数据

MySQL数据库常用的备份数据的方法有使用SELECT...INTO OUTFILE语句导出表数据、使用mysqldump命令备份数据等，下面分别介绍。

14.2.1 导出表数据

使用SELECT...INTO OUTFILE语句可导出表数据的文本文件，并且可以使用LOAD DATA INFILE语句恢复先前导出表的数据。但只能导出或导入表的数据内容，不包括表结构。

语法格式如下。

```
SELECT columnist FROM table WHERE condition INTO OUTFILE 'filename' [OPTIONS]
```

其中，OPTIONS的取值如下。

```
FIELDS TERMINATED BY 'value'
FIELDS [OPTIONALLY] ENCLOSED BY 'value'
FIELDS ESCAPED BY 'value'
LINES STARTING BY 'value'
LINES TERMINATED BY 'value'
```

说明如下。

（1）filename：指定导出文件名。

（2）在OPTIONS中可加入以下两个自选的子句，它们的作用是决定数据行在文件中存放的格式。

- FIELDS子句：在FIELDS子句中有三个亚子句——TERMINATED BY、[OPTIONALLY] ENCLOSED BY和ESCAPED BY。如果指定了FIELDS子句，则这三个亚子句中至少要指定一个。

TERMINATED BY子句用来指定字段值之间的符号，例如，"TERMINATED BY ','"指定逗号作为两个字段值之间的标志。

ENCLOSED BY子句用来指定包裹文件中字符值的符号，例如，"ENCLOSED BY ' " '"表示文件中字符值放在双引号之间，若加上关键字OPTIONALLY则表示所有的值都放在双引号之间。

ESCAPED BY子句用来指定转义字符，例如，"ESCAPED BY '*'"将"*"指定为转义字符，取代"\"，如空格将表示为"*N"。

- LINES子句：在LINES子句中使用TERMINATED BY指定一行结束的标志，如"LINES TERMINATED BY '?'"表示一行以"?"作为结束标志。

如果FIELDS和LINES子句都不指定，则默认声明以下子句。

```
FIELDS TERMINATED BY '\t' ENCLOSED BY '' ESCAPED BY '\\'
LINES TERMINATED BY '\n'
```

MySQL对使用SELECT...INTO OUTFILE语句和LOAD DATA INFILE语句导出与导入的目录有权限限制，需要对指定目录进行操作，指定目录为C:/ProgramData/MySQL/MySQL Server 8.0/

< 191 >

Uploads/。

【例14.1】备份teachsys数据库中teacher表中的数据到指定目录C:/ProgramData/MySQL/MySQL Server 8.0/Uploads/，要求字段值如果是字符就用双引号标注，字段值之间用逗号隔开，每行以问号为结束标志。

在MySQL命令行客户端，代码和执行结果如下。

```
mysql> SELECT * FROM teacher
    ->       INTO OUTFILE 'C:/ProgramData/MySQL/MySQL Server 8.0/Uploads/
teacher.txt'
    ->       FIELDS TERMINATED BY ','
    ->       OPTIONALLY ENCLOSED BY '"'
    ->       LINES TERMINATED BY '?';
Query OK, 5 rows affected (0.00 sec)
```

导出成功后，备份数据teacher.txt文件的内容如图14.1所示。

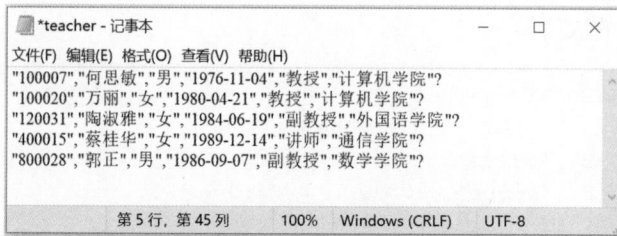

图 14.1　备份数据 teacher.txt 文件的内容

14.2.2　使用mysqldump命令备份数据

MySQL提供了很多客户端程序和实用工具，MySQL目录下的bin子目录存储这些客户端程序，mysqldump命令是其中之一。

使用客户端程序的方法如下。

（1）单击"开始"菜单，在"运行"文本框中输入"cmd"命令，按Enter键，进入DOS窗口。

（2）输入"cd C:\Program Files\MySQL\MySQL Server 8.0\bin"命令，按Enter键，进入安装MySQL的bin目录。

进入MySQL客户端实用程序运行界面，如图14.2所示。

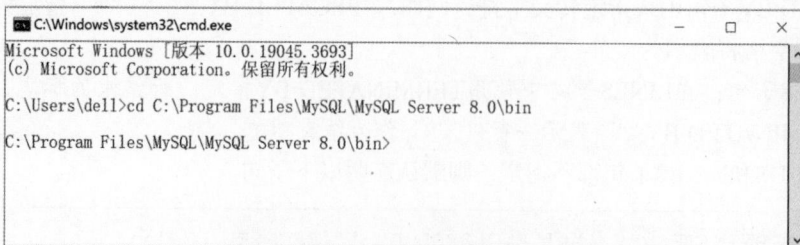

图 14.2　MySQL 客户端实用程序运行界面

mysqldump命令可将数据库的数据备份成一个文本文件，其工作原理为首先查出要备份的表的结构，在文本文件中生成一个CREATE语句；然后将表中的记录转换成INSERT语句。以后在

< 192 >

恢复数据时，将使用这些CREATE语句和INSERT语句。

mysqldump命令可用于备份表、备份数据库和备份整个数据库系统，下面分别介绍。

1．备份表

使用mysqldump命令可备份一个数据库的一个表或多个表。

语法格式如下。

```
mysqldump -u username -p dbname table1 table2...>filename.sql
```

说明如下。

- dbname：指定数据库名称。
- table1 table2...：指定一个表或多个表的名称。
- filename.sql：备份文件的名称，文件名前可加上一个绝对路径，通常备份成后缀为.sql的文件。

【例14.2】用mysqldump命令备份teachsys数据库中的teacher表到D盘backup目录下。

操作前先在Windows 中创建目录D:\backup。

```
mysqldump -u root -p teachsys teacher>D:\backup\teacher.sql
```

使用mysqldump命令备份teacher表，如图14.3所示。

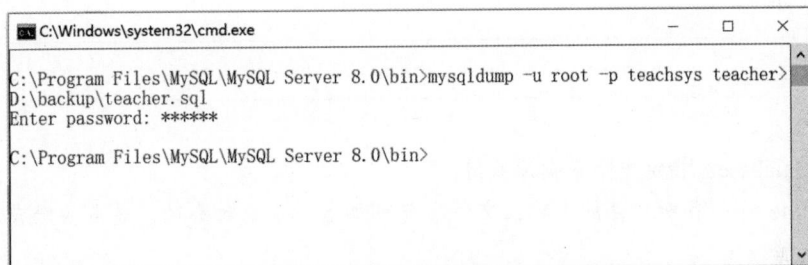

图 14.3　使用 mysqldump 命令备份 teacher 表

2．备份数据库

使用mysqldump命令可备份一个数据库或多个数据库。

（1）备份一个数据库。

语法格式如下。

```
mysqldump -u username-p dbname > filename.sql
```

说明如下。

- dbname：指定数据库名称。
- filename.sql：备份文件的名称，文件名前可加上一个绝对路径，通常备份成后缀为.sql的文件。

【例14.3】备份teachsys数据库到D盘backup目录下。

```
mysqldump -u root -p teachsys>D:\backup\teachsys.sql
```

使用mysqldump命令备份teachsys数据库，如图14.4所示。

< 193 >

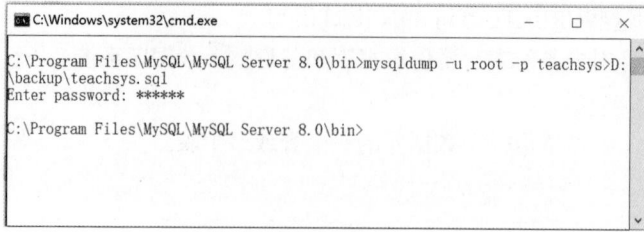

图 14.4　使用 mysqldump 命令备份 teachsys 数据库

（2）备份多个数据库。

语法格式如下。

```
mysqldump -u username -p -database [dbname, [dbname...]]> filename.sql
```

说明如下。

● dbname：指定数据库名称。

● filename.sql：备份文件的名称，文件名前可加上一个绝对路径，通常备份成后缀为.sql的
文件。

3．备份整个数据库系统

使用mysqldump命令可备份整个数据库系统。

语法格式如下。

```
mysqldump -u username-p --all-database> filename.sql
```

说明如下。

● --all-database：指定整个数据库系统。

● filename.sql：备份文件的名称，文件名前可加上一个绝对路径，通常备份成后缀为.sql的
文件。

【例14.4】备份MySQL服务器上的所有数据库到D盘backup目录下。

```
mysqldump -u root -p --all-databases>D:\backup\alldata.sql
```

使用mysqldump命令备份MySQL服务器上的所有数据库，如图14.5所示。

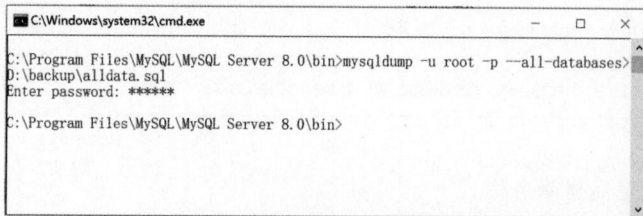

图 14.5　使用 mysqldump 命令备份 MySQL 服务器上的所有数据库

14.3 恢复数据

恢复数据

MySQL数据库常用的恢复数据的方法有使用LOAD DATA INFILE语句导入表数据、使用

< 194 >

mysql命令恢复数据等，下面分别介绍。

14.3.1 导入表数据

导入表数据可使用LOAD DATA INFILE语句。

语法格式如下。

```
LOAD DATA [LOCAL] INFILE filename INTO TABLE 'tablename' [OPTIONS] [IGNORE
number LINES]
```

其中，OPTIONS的取值如下。

```
FIELDS TERMINATED BY 'value'
FIELDS [OPTIONALLY] ENCLOSED BY 'value'
FIELDS ESCAPED BY 'value'
LINES STARTING BY 'value'
LINES TERMINATED BY 'value'
```

说明如下。

（1）filename：待导入的数据备份文件名。

（2）tablename：指定需要导入数据的表名。

（3）在OPTIONS中可加入以下两个自选的子句，它们的作用是决定数据行在文件中存放的格式。

- FIELDS子句：在FIELDS子句中有三个亚子句——TERMINATED BY、[OPTIONALLY] ENCLOSED BY和ESCAPED BY。如果指定了FIELDS子句，则这三个亚子句中至少要指定一个。

TERMINATED BY子句用来指定字段值之间的符号，例如，"TERMINATED BY ','"指定逗号作为两个字段值之间的标志。

ENCLOSED BY子句用来指定包裹文件中字符值的符号，例如，"ENCLOSED BY '"'"表示文件中字符值放在双引号之间，若加上关键字OPTIONALLY则表示所有的值都放在双引号之间。

ESCAPED BY子句用来指定转义字符，例如，"ESCAPED BY '*'"将"*"指定为转义字符，取代"\"，如空格将表示为"*N"。

- LINES子句：在LINES子句中使用TERMINATED BY指定一行结束的标志，如"LINES TERMINATED BY '?'"表示一行以"?"作为结束标志。

【例14.5】删除teachsys数据库中teacher表的数据后，使用LOAD DATA INFILE语句将例14.1的备份文件teacher.txt导入空表teacher中。

在MySQL命令行客户端，代码和执行结果如下。

```
mysql> # 删除teachsys数据库中teacher表的数据
mysql> DELETE FROM teacher;
Query OK, 5 rows affected (0.01 sec)

mysql> # 查询teacher表中的数据，teacher表为空表
mysql> SELECT * FROM teacher;
Empty set (0.00 sec)
```

< 195 >

```
mysql> # 将例14.1备份后的数据导入空表teacher中
mysql> LOAD DATA INFILE 'C:/ProgramData/MySQL/MySQL Server 8.0/Uploads/
teacher.txt'
    ->        INTO TABLE teacher
    ->        FIELDS TERMINATED BY ','
    ->        OPTIONALLY ENCLOSED BY '"'
    ->        LINES TERMINATED BY '?';
Query OK, 5 rows affected (0.00 sec)
Records: 5  Deleted: 0  Skipped: 0  Warnings: 0

mysql> # 查询teacher表中的数据
mysql> SELECT * FROM teacher;
+-----------+--------+--------+----------------+----------+------------+
| teacherid | tname  | tsex   | tbirthday      | title    | school     |
+-----------+--------+--------+----------------+----------+------------+
| 100007    | 何思敏 | 男     | 1976-11-04     | 教授     | 计算机学院 |
| 100020    | 万丽   | 女     | 1980-04-21     | 教授     | 计算机学院 |
| 120031    | 陶淑雅 | 女     | 1984-06-19     | 副教授   | 外国语学院 |
| 400015    | 蔡桂华 | 女     | 1989-12-14     | 讲师     | 通信学院   |
| 800028    | 郭正   | 男     | 1986-09-07     | 副教授   | 数学学院   |
+-----------+--------+--------+----------------+----------+------------+
5 rows in set (0.01 sec)
```

14.3.2 使用mysql命令恢复数据

恢复数据可使用mysql命令。

语法格式如下。

```
mysql -u root -p [dbname]<filename.sql
```

说明如下。

- dbname：待恢复数据库的名称，该选项为可选项。
- filename.sql：备份文件的名称，文件名前可加上一个绝对路径。

【例14.6】删除teachsys数据库中各个表后，用例14.3的备份文件teachsys.sql将其恢复。

```
mysql -u root -p teachsys<D:\backup\teachsys.sql
```

使用mysql命令恢复数据库teachsys，如图14.6所示。

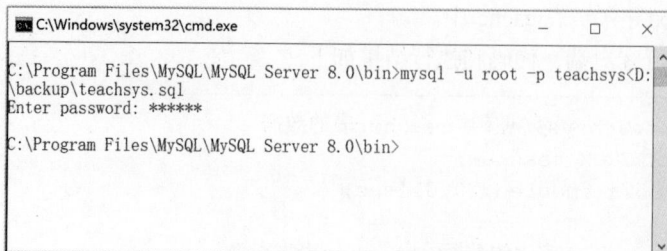

图 14.6　使用 mysql 命令恢复数据库 teachsys

< 196 >

本章小结

本章主要介绍了以下内容。

（1）数据库备份是通过导出数据或复制表文件等方式制作数据库的副本。数据库恢复是当数据库出现故障或受到破坏时，将数据库备份加载到系统，从而使数据库从错误状态恢复到备份时的正确状态。数据库的恢复以备份为基础，它是与备份相对应的系统维护和管理工作。

（2）MySQL数据库常用的备份数据的方法有使用SELECT...INTO OUTFILE语句导出表数据、使用mysqldump命令备份数据等。

使用SELECT...INTO OUTFILE语句可导出表数据的文本文件。但只能导出表的数据内容，不包括表结构。

MySQL提供了很多客户端程序和实用工具，MySQL目录下的bin子目录存储这些客户端程序，mysqldump命令是其中之一。

mysqldump命令可将数据库的数据备份成一个文本文件，其工作原理为首先查出要备份的表的结构，在文本文件中生成一个CREATE语句；然后将表中的记录转换成INSERT语句。以后在恢复数据时，将使用这些CREATE语句和INSERT语句。

mysqldump命令可用于备份表、备份数据库和备份整个数据库系统。

（3）MySQL数据库常用的恢复数据的方法有使用LOAD DATA INFILE语句导入表数据、使用mysql命令恢复数据等。

习题 14

一、选择题

1. 恢复数据库，首要工作是_____。
   A. 创建表备份　　　B. 创建数据库备份　C. 删除表备份　　　　　D. 删除日志备份
2. 导出表数据的语句是_____。
   A. mysql　　　　　　　　　　　B. mysqldump
   C. LOAD DATA INFILE　　　　　　D. SELECT...INTO OUTFILE
3. 导入表数据的语句是_____。
   A. mysql　　　　　　　　　　　B. mysqldump
   C. LOAD DATA INFILE　　　　　　D. SELECT...INTO OUTFILE
4. 可用于备份表、备份数据库和备份整个数据库系统的客户端程序是_____。
   A. mysql　　　　　　　　　　　B. mysqldump
   C. LOAD DATA INFILE　　　　　　D. SELECT...INTO OUTFILE

二、填空题

1. 数据库的恢复以_____为基础。
2. 使用SELECT...INTO OUTFILE语句只能导出表的数据内容，不包括_____。
3. mysqldump的工作原理为首先查出要备份的表的结构，在文本文件中生成一个CREATE

< 197 >

语句；然后将表中的记录转换成_____语句。

4. 恢复数据可使用_____命令。

三、问答题

1. 什么是数据库备份？什么是数据库恢复？

2. MySQL数据库常用的备份数据的方法有哪些？

3. MySQL数据库常用的恢复数据的方法有哪些？

四、应用题

1. 导出teachsys数据库的student表的数据到文本文件student.txt中。

2. 删除student表的数据后，再将文本文件student.txt中的数据导入student表中。

3. 备份teachsys数据库中的student表和speciality表。

< 198 >

第二篇

数据库实验

实验 1　E-R图设计

1. 实验目的及要求

（1）了解E-R图的构成要素。

（2）掌握E-R图的设计方法。

（3）具备设计和绘制E-R图的能力。

2. 验证性实验

（1）某同学需要开发班级信息管理系统，设计能够管理班级与学生信息的数据库，其中学生信息包括学号、姓名、年龄、性别；班级信息包括班号、年级号、班级人数。

① 确定班级实体和学生实体的属性。

学生：学号、姓名、年龄、性别。

班级：班号、班主任、班级人数。

② 确定班级和学生之间的联系，给联系命名并指出联系的类型。

一个学生只能属于一个班级，一个班级可以有很多个学生，所以班级和学生之间是一对多的关系，即$1:n$。

③ 确定联系的名称和属性。

联系的名称：属于。

④ 画出班级与学生的E-R图。

班级和学生的E-R图如实验图1.1所示。

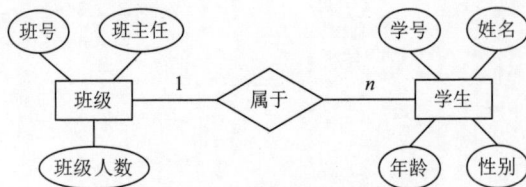

实验图 1.1　班级和学生的 E-R 图

（2）设图书借阅系统在需求分析阶段搜集到图书信息，包括书号、书名、作者、价格、复本量、库存量；学生信息，包括借书证号、姓名、专业、借书量。

① 确定图书和学生实体的属性。

图书信息：书号、书名、作者、价格、复本量、库存量。

学生信息：借书证号、姓名、专业、借书量。

② 确定图书和学生之间的联系，为联系命名并指出联系的类型。

一个学生可以借阅多种图书，一种图书可被多个学生借阅。学生借阅的图书要在数据库中记录索书号、借阅时间，所以，图书和学生之间是多对多关系，即 $m:n$。

③ 确定联系名称和属性。

联系名称：借阅；属性：索书号、借阅时间。

④ 画出图书和学生的E-R图。

图书和学生的E-R图如实验图1.2所示。

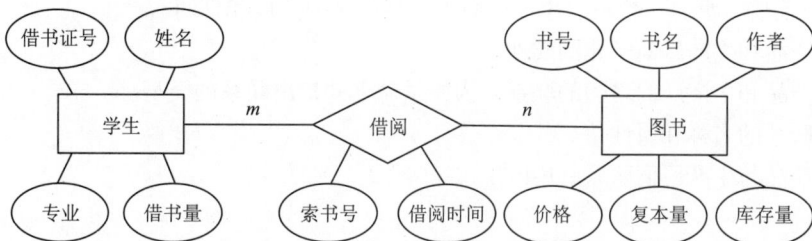

实验图 1.2　图书和学生的 E-R 图

（3）在商场销售系统中，搜集到顾客信息，包括顾客号、姓名、地址、电话；订单信息，包括订单号、单价、数量、总金额；商品信息，包括商品号、商品名称。

① 确定顾客、订单、商品实体的属性。

顾客信息：顾客号、姓名、地址、电话。

订单信息：订单号、单价、数量、总金额。

商品信息：商品号、商品名称。

② 确定顾客、订单、商品之间的联系，给联系命名并指出联系的类型。

一个顾客可拥有多个订单，一个订单只属于一个顾客，顾客和订单之间是一对多关系，即 $1:n$。一个订单可购买多种商品，一种商品可被多个订单购买，订单和商品之间是多对多关系，即 $m:n$。

③ 确定联系的名称和属性。

联系名称：订单明细；属性：单价、数量。

④ 画出顾客、订单、商品之间联系的E-R图。

顾客、订单、商品之间联系的E-R图如实验图1.3所示。

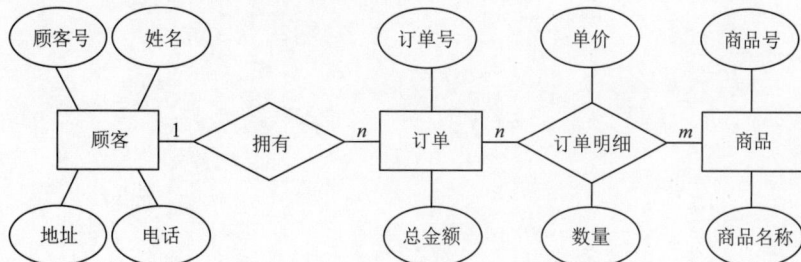

实验图 1.3　顾客、订单、商品之间联系的 E-R 图

3．设计性实验

（1）设搜集到的信息如下：

专业信息：专业编号、专业名。

学生信息：学号、姓名、性别、出生日期。

< 201 >

存在以下约束：一个专业有多名学生，一个学生只属于一个专业。

① 确定专业和学生实体的属性。

② 确定专业和学生之间的联系，为联系命名并指出联系的类型。

③ 确定联系的名称和属性。

④ 根据以上信息画出合适的E-R图。

（2）设计存储生产厂商和产品信息的数据库，生产厂商的信息包括厂商名称、地址、电话；产品信息包括品牌、型号、价格、生产厂商生产某产品的数量和日期。

① 确定产品和生产厂商实体的属性。

② 确定产品和生产厂商之间的联系，为联系命名并指出联系的类型。

③ 确定联系的名称和属性。

④ 画出产品与生产厂商联系的E-R图。

< 202 >

実験 **2** 关系代数的应用

1. 实验目的及要求

（1）了解关系代数中传统的集合运算和专门的关系运算的概念。

（2）掌握关系代数中传统的集合运算：并、交、差和笛卡儿积，解决有关的应用问题。

（3）掌握关系代数中专门的关系运算：选择、投影、连接和除，解决有关的应用问题。

2. 验证性实验

在如实验图2.1所示的学生课程数据库中，有学生关系S(Sid, Sname, Sex, Native, Speciality)，各属性的含义为学号、姓名、性别、籍贯、专业；课程关系C(Cid, Cname, Teacher)，各属性的含义为课程号、课程名、教师；选课关系SC(Sid, Cid, Grade)，各属性的含义为学号、课程号、成绩。

学生关系S

Sid	Sname	Sex	Native	Speciality
223001	杜智强	男	上海	网络工程
223002	洪群	女	四川	网络工程
227001	关晓燕	女	上海	电子科学与技术
227004	刘勇	男	北京	电子科学与技术

课程关系C

Cid	Cname	Teacher
1006	数据库原理与应用	齐林
1201	英语	游慧英
4008	通信原理	叶明辉

选课关系SC

Sid	Cid	Grade	Sid	Cid	Grade
223001	1006	92	223002	4008	81
223001	1201	95	227001	1201	87
223001	4008	93	227001	4008	84
223002	1006	82	227004	1201	94
223002	1201	77	227004	4008	92

实验图 2.1　学生关系 S、课程关系 C 和选课关系 SC

使用关系代数解决以下应用问题，并给出（1）、（5）、（10）的查询结果。

（1）查询"网络工程"专业学生的学号和姓名。

$$\Pi_{\text{Sid,Sname}}(\sigma_{\text{Speciality='网络工程'}}(S))$$

查询结果如实验图2.2所示。

（2）查询籍贯为"四川"的女学生的学号、姓名。

$$\Pi_{\text{Sid,Sname,Sex}}(\sigma_{\text{Native='四川'} \land \text{Sex='女'}}(S))$$

（3）查询选修了"1006"号课程的学生学号、姓名。

$$\Pi_{\text{Sid,Sname}}(\sigma_{\text{Cid='1006'}}(SC) \bowtie S)$$

（4）查询选修了"1006"号课程或"4008"号课程的学生学号。

$$\Pi_{\text{Sid}}(\sigma_{\text{Cid='1006'} \lor \text{Cid='4008'}}(SC))$$

（5）查询未选修"1006"课程的学生学号、姓名。

$$\Pi_{\text{Sid,Sname}} - \Pi_{\text{Sid,Sname}}(\sigma_{\text{Cid='1006'}}(SC) \bowtie S)$$

查询结果如实验图2.3所示。

Sid	Sname
223001	杜智强
223002	洪群

实验图 2.2　"网络工程"专业学生的学号和姓名

Sid	Sname
227001	关晓燕
227004	刘勇

实验图 2.3　未选修"1006"号课程的学生学号、姓名

（6）查询选修课程名为"数据库原理与应用"的学生学号和姓名。

$$\Pi_{\text{Sid,Sname}}(\sigma_{\text{Cname='数据库原理与应用'}}(C) \bowtie SC \bowtie S)$$

（7）查询选修"叶明辉"老师所授课程的学生姓名。

$$\Pi_{\text{Sname}}(\sigma_{\text{Teacher='叶明辉'}}(C) \bowtie SC \bowtie S)$$

（8）查询"刘勇"未选修课程的课程号。

$$\Pi_{\text{Cname}}(C) - \Pi_{\text{Cname}}(\sigma_{\text{Sname='刘勇'}}(S) \bowtie SC)$$

（9）查询"关晓燕"的"英语"成绩。

$$\Pi_{\text{Grade}}(\sigma_{\text{Cname='英语'}}(C) \bowtie SC \bowtie \sigma_{\text{Sname='关晓燕'}}(C))$$

（10）查询选修了全部课程的学生学号和姓名。

$$\Pi_{\text{Sid,Cid}}(SC) \div \Pi_{\text{Cid}}(C) \bowtie \Pi_{\text{Sid,Sname}}(S)$$

查询结果如实验图2.4所示。

Sid	Sname
223001	杜智强
223002	洪群

实验图 2.4　选修了全部课程的学生学号和姓名

3．设计性实验

（1）关系R、S如实验图2.5所示，计算$R_1 = R \cup S$，$R_2 = R - S$，$R_3 = R \cap S$，$R_4 = R \times S$。

关系R

A	B	C
a	b	c
b	a	c
c	a	b
c	b	a

关系S

A	B	C
a	c	b
b	c	a
c	a	b

实验图 2.5　关系 R、S

< 204 >

（2）关系R、S，如实验图2.6所示，计算$R_1 = R \bowtie S$，$R_2 = R \bowtie S$，$R_3 = \sigma_{A=D}(R \times S)$。

关系R

A	B	C
a	b	c
b	c	a

关系S

B	D
b	d
c	b
d	a

实验图2.6　关系R、S

（3）在如实验图2.1所示的学生课程数据库中，有学生关系S(Sid, Sname, Sex, Native, Speciality)，各属性的含义为学号、姓名、性别、籍贯、专业；课程关系C(Cid, Cname, Teacher)，各属性的含义为课程号、课程名、教师；选课关系SC(Sid, Cid, Grade)，各属性的含义为学号、课程号、成绩。试用关系代数表示下列查询语句。

① 查询"电子科学与技术"专业的学生的学号和姓名。

② 查询籍贯为"上海"的男学生的学号、姓名。

③ 查询选修了"通信原理"或"英语"课程的学号、姓名。

④ 查询至少选修了"1006"号课程和"1201"号课程的学号。

⑤ 查询选修了课程名为"数据库原理和应用"的学号、姓名和成绩。

< 205 >

规范化的理解与应用

1．实验目的及要求

（1）理解范式和规范化的概念。

（2）掌握第一范式规范化、第二范式规范化和第三范式规范化的方法，具备使用规范化方法解决应用问题的能力。

2．验证性实验

（1）设有关系模式：运动员信息(代表团编号, 地区, 运动员编号, 运动员姓名, 性别, 年龄, 项目编号, 项目名, 得分)。

① 分析该模式的主键，写出所有部分函数依赖和传递函数依赖关系。

运动员信息的主键：

(运动员编号, 项目编号)

部分函数依赖：

(运动员编号, 项目编号) $\xrightarrow{p}$ 代表团编号

(运动员编号, 项目编号) $\xrightarrow{p}$ 地区

(运动员编号, 项目编号) $\xrightarrow{p}$ 运动员姓名

(运动员编号, 项目编号) $\xrightarrow{p}$ 性别

(运动员编号, 项目编号) $\xrightarrow{p}$ 年龄

(运动员编号, 项目编号) $\xrightarrow{p}$ 项目名

传递函数依赖：

运动员编号$\longrightarrow$代表团编号, 代表团编号$\longrightarrow$地区, 运动员编号$\xrightarrow{t}$地区

---

② 将该关系模式规范化为第二范式。

消除部分函数依赖，该关系模式分解为：

运动员代表团 (运动员编号, 运动员姓名, 性别, 年龄, 代表团编号, 地区)

项目 (项目编号, 项目名)

参加比赛 (运动员编号, 项目编号, 得分)

---

③ 将第二范式规范化为第三范式。

消除传递函数依赖，运动员代表团(运动员编号, 运动员姓名, 性别, 年龄, 代表团编号, 地区)分解为：

运动员 (运动员编号，运动员姓名，性别，年龄，代表团编号)
代表团 (代表团编号，地区)

（2）设有学生信息关系模式：StudentInfo(StudentNo, Name, Sex, ClassNo, Spiciality, SocietyNo, SocietyName)，其中，StudentNo为学号，Name为姓名，Sex为性别，ClassNo为班级号，Spiciality为专业名，SocietyNo为学会编号，SocietyName为学会名。

① 分析该模式的主键，写出所有部分函数依赖和传递函数依赖关系。

(StudentNo, SocietyNo)为该表的主键。

部分函数依赖：

$$(\text{StudentNo, SocietyNo}) \xrightarrow{p} \text{Name}$$
$$(\text{StudentNo, SocietyNo}) \xrightarrow{p} \text{Sex}$$
$$(\text{StudentNo, SocietyNo}) \xrightarrow{p} \text{ClassNo}$$
$$(\text{StudentNo, SocietyNo}) \xrightarrow{p} \text{Spiciality}$$
$$(\text{StudentNo, SocietyNo}) \xrightarrow{p} \text{SocietyName}$$

传递函数依赖：

$$\text{StudentNo} \to \text{ClassNo}, \text{ClassNo} \to \text{Spiciality}, \text{StudentNo} \xrightarrow{t} \text{Spiciality}$$

② 将该关系模式规范化为第二范式。

消除部分依赖，将关系模式StudentInfo分解为学生班级模式SIT、学会模式Society、参加学会模式PS：

```
SIT(StudentNo, Name, Sex, ClassNo, Spiciality)
Society(SocietyNo, SocietyName)
PS(StudentNo, SocietyNo)
```

③ 将第二范式规范化为第三范式。

消除学生班级模式SIT(StudentNo, Name, Sex, ClassNo, Spiciality)的传递依赖，分解为学生模式ST、班级模式Class：

```
ST(StudentNo, Name, Sex, ClassNo)
Class(ClassNo, Spiciality)
```

3．设计性实验

（1）设有关系模式：员工信息(员工号, 姓名, 日期, 日营业额, 部门名, 部门经理)。

① 分析该模式的主键，写出所有部分函数依赖和传递函数依赖关系。

② 将该关系模式规范化为第二范式。

③ 将第二范式规范化为第三范式。

（2）设有教师信息关系模式：TeacherInfo(TeacherNo, Name, SchoolNo, SchoolName, CourseName, CourseName, Grade)，其中，TeacherNo为教师编号，Name为姓名，SchoolNo为学院编号，SchoolName为学院名，CourseNo为课程号，CourseName为课程名，Grade为学分。

① 分析该模式的主键，写出所有部分函数依赖和传递函数依赖关系。

② 将该关系模式规范化为第二范式。

③ 将第二范式规范化为第三范式。

< 207 >

概念结构设计和逻辑结构设计

1．实验目的及要求

（1）掌握E-R图的设计方法。

（2）掌握概念模型向逻辑模型的转换原则和方法。

（3）具备E-R图的设计能力和将概念模型转换为逻辑模型的能力。

2．验证性实验

（1）设搜集到的信息如下：

学院信息：学院编号、学院名、电话。

学生信息：学号、姓名、性别、出生日期。

存在以下约束：一个学院有多名学生，一个学生只属于一个学院。

① 确定学院和学生实体的属性。

学院：学院号、学院名、电话。

学生：学号、姓名、性别、出生日期、专业、总学分。

② 确定学院和学生之间的联系，为联系命名并指出联系的类型。

一个学生只能属于一个学院，一个学院可以有很多个学生，所以和学生之间是一对多的关系，即$1:n$。

③ 确定联系的名称和属性。

联系名称：拥有。

④ 根据以上信息画出合适的E-R图。

学院和学生的E-R图如实验图4.1所示。

⑤ 将E-R图转换为关系模式，写出关系模式并标明各自的码。

实验图 4.1　学院和学生的 E-R 图

学院(学院号,学院名,电话)，码：学院号。

学生(学号,姓名,性别,出生日期,专业,总学分,学院号)，码：学号。

（2）商店管理系统的部门、员工、订单、商品实体如下：

部门：部门号、部门名称。

员工：员工号、姓名、性别、出生日期、地址、工资。

订单：订单号、客户号、销售日期、总金额。

商品：商品号、商品名称、商品类型代码、单价、库存量、未到货商品数量。

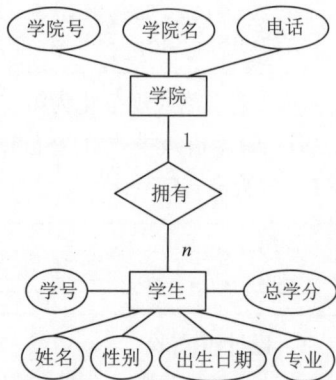

　　它们存在如下联系：一个部门拥有多个员工，一个员工只属于一个部门；一个员工可开出多个订单，一个订单只能由一个员工开出；一个订单可订购多类商品，一类商品可有多个订单。

　　① 确定部门、员工、订单、商品实体的属性。

　　部门：部门号、部门名称。

　　员工：员工号、姓名、性别、出生日期、籍贯、工资。

　　订单：订单号、客户号、销售日期、总金额。

　　商品：商品号、商品名称、商品类型、单价、库存量。

　　② 确定部门和员工、员工和订单、订单和商品之间的联系，为联系命名并指出联系的类型。

　　一个员工只能属于一个部门，一个部门可以有很多个员工，所以部门和员工之间是一对多的关系，即$1:n$，联系名称：拥有。

　　一个订单只能由一个员工开出，一个员工可开出多个订单，所以员工和订单之间是一对多的关系，即$1:n$，联系名称：开出。

　　一个订单可订购多类商品，一类商品可有多个订单，所以订单和员工之间是多对多的关系，即$m:n$，联系名称：订单明细。

　　③ 确定联系的名称和属性。

　　联系"订单明细"有单价、数量、总价、折扣率、折扣总价5个属性。

　　④ 根据以上信息画出合适的E-R图。

　　商店管理系统E-R图如实验图4.2所示。

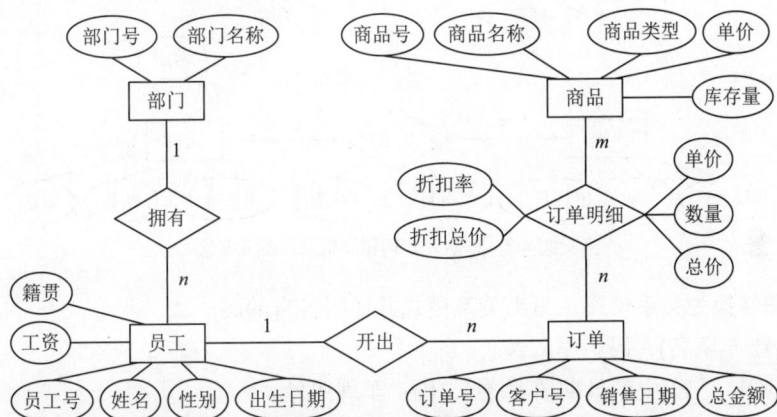

实验图 4.2　商店管理系统 E-R 图

　　⑤ 将E-R图转换为关系模式，写出关系模式并标明各自的码。

　　部门(部门号,部门名称)，码：部门号。

　　员工(员工号,姓名,性别,出生日期,籍贯,工资,部门号)，码：员工号。

　　订单(订单号,员工号,客户号,销售日期,总金额)，码：订单号。

　　商品(商品号,商品名称,商品类型,单价,库存量)，码：商品号。

　　订单明细(订单号,商品号,单价,数量,总价,折扣率,折扣总价)，码：订单号、商品号。

　　（3）设某汽车运输公司想开发车辆管理系统，其中，车队信息有车队号、车队名等；车辆信息有车牌照号、厂家、出厂日期等；司机信息有司机编号、姓名、电话等。车队与司机之间存在"聘用"联系，每个车队可聘用若干个司机，但每个司机只能应聘一个车队，车队聘用司机有"聘用开始时间"和"聘期"两个属性；车队与车辆之间存在"拥有"联系，每个车队可拥有若干车辆，但每辆车只能属于一个车队；司机与车辆之间存在着"使用"联系，司机使用车辆有"使用

< 209 >

日期"和"千米数"两个属性，每个司机可使用多辆汽车，每辆汽车可被多个司机使用。

① 确定实体和实体的属性。

车队：车队号、车队名。

车辆：车牌照号、厂家、出厂日期。

司机：司机编号、姓名、电话、车队号。

② 确定实体之间的联系，给联系命名并指出联系的类型。

车队与车辆联系类型是 $1:n$，联系名称为拥有；车队与司机联系类型是 $1:n$，联系名称为聘用；车辆和司机联系类型为 $m:n$，联系名称为使用。

③ 确定联系的名称和属性。

联系"聘用"有"聘用开始时间"和"聘期"两个属性；联系"使用"有"使用日期"和"千米数"两个属性。

④ 画出E-R图。

车队、车辆和司机联系的E-R图如实验图4.3所示。

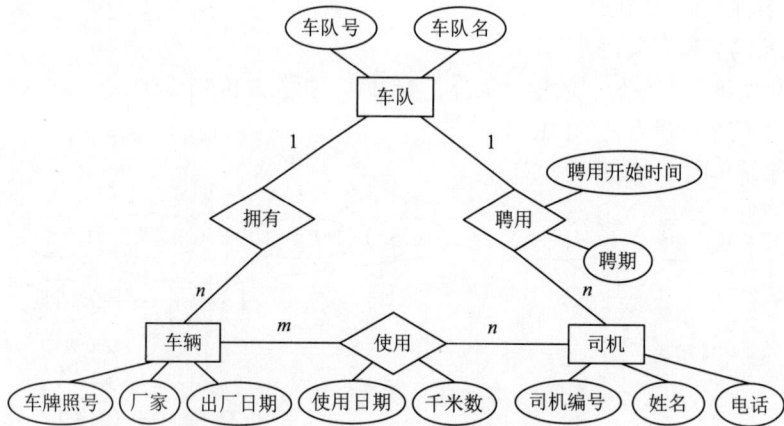

实验图 4.3 车队、车辆和司机联系的 E-R 图

⑤ 将E-R图转换为关系模式，写出关系模式并标明各自的码。

车队(车队号,车队名)，码：车队号。

车辆(车牌照号,厂家,生产日期,车队号)，码：车牌照号。

司机(司机编号,姓名,电话,车队号,聘用开始时间,聘期)，码：司机编号。

使用(司机编号,车牌照号,使用日期,千米数)，码：司机编号，车牌照号。

3. 设计性实验

（1）设有教师、课程实体如下：

教师：教师编号、姓名、性别、出生日期、职称、学院。

课程：课程号、课程名、学分。

上述实体中存在如下联系：一个教师可讲授多门课程，一门课程可有多个教师讲授。

① 确定教师实体、课程实体的属性。

② 确定教师、课程实体之间的联系，为联系命名并指出联系类型。

③ 确定联系的名称和属性。

④ 画出教师和课程联系的E-R图。

⑤ 将E-R图转换为关系模式，写出关系模式并标明各自的码。

< 210 >

（2）某房地产交易公司，需要存储房地产交易中客户、业务员和合同三者信息的数据库，其中，客户信息主要有客户编号、购房地址；业务员信息有员工号、姓名、年龄；合同信息有客户编号、员工号、合同有效时间。其中，一个业务员可以接待多个客户，每个客户只签署一份合同。

① 确定客户实体、业务员实体和合同的属性。

② 确定客户、业务员和合同三者之间的联系，为联系命名并指出联系类型。

③ 确定联系的名称和属性。

④ 画出客户、业务员和合同三者关系的E-R图。

⑤ 将E-R图转换为关系模式，写出关系模式并标明各自的码。

< 211 >

MySQL数据库的安装、启动和关闭

1. 实验目的及要求

（1）了解MySQL 8.0的新特性。

（2）掌握MySQL 8.0的安装和配置。

（3）掌握MySQL服务器的启动和关闭。

（4）掌握用MySQL命令行客户端和Windows命令行两种方式登录服务器。

2. 实验内容

（1）安装和配置MySQL 8.0的步骤参见第5章。

（2）启动和关闭MySQL服务器的操作步骤如下。

① 选中桌面的"计算机"图标，右击，在弹出的快捷菜单中选择"管理"命令，出现"计算机管理"窗口，展开左边的"服务和应用程序"，单击其中的"服务"，出现"服务"窗口，如实验图5.1所示。可以看出，MySQL服务已启动，服务的启动类型为自动类型。

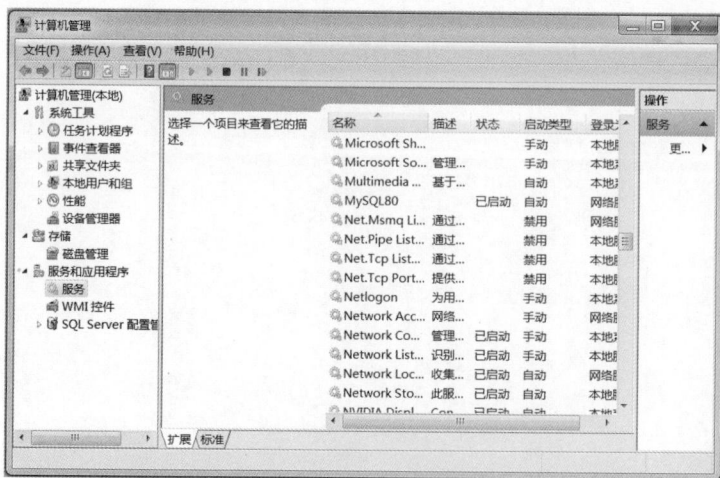

实验图 5.1 "服务"窗口

② 在实验图5.1中，可以更改MySQL服务的启动类型，选中服务名称为"MySQL"的项目，右击，在弹出的快捷菜单中选择"属性"命令，弹出如实验图5.2所示的对话框，在"启动类型"下拉列表中可以选择"自动"、"手动"和"禁用"等选项。

③ 在实验图5.2中，在"服务状态"栏，可以更改服务状态为"停止"、"暂停"和"恢复"。这里单击"停止"按钮，即可关闭服务器。

实验图 5.2　"MySQL 的属性（本地计算机）"对话框

（3）使用MySQL命令行客户端登录服务器。

选择"开始"→"所有程序"→"MySQL"→"MySQL Server 8.0"→"MySQL Server 8.0 Command Line Client"命令，进入密码输入窗口，输入管理员口令，即安装MySQL时自己设置的密码，这里是123456，出现命令行提示符"mysql>"，表示已经成功登录MySQL服务器。

（4）使用Windows命令行登录服务器。

以Windows命令行登录服务器的步骤如下。

① 单击"开始"菜单，在"搜索程序和文件"框中输入"cmd"命令，按Enter键，进入DOS窗口。

② 输入"cd C:\Program Files\MySQL\MySQL Server 8.0\bin"命令，按Enter键，进入安装MySQL的bin目录。

输入"C:\Program Files\MySQL\MySQL Server 8.0\bin > mysql -u root -p"命令，按Enter键，输入密码"Enter password: ******"，这里是123456，出现命令行提示符"mysql>"，表示已经成功登录MySQL服务器。

< 213 >

数据定义

1. 实验目的及要求

（1）理解数据定义语言的概念和CREATE DATABASE语句、ALTER DATABASE语句、DROP DATABASE语句的语法格式。

（2）掌握使用MySQL命令行客户端登录服务器的方法，掌握查看已有的数据库的命令和方法。

（3）掌握使用数据定义语言创建数据库的命令和方法，具备编写和调试创建数据库、修改数据库、删除数据库的代码的能力。

2. 验证性实验

（1）使用MySQL命令行客户端登录服务器。

① 选择"开始"→"所有程序"→"MySQL"→"MySQL Server 8.0"→"MySQL Server 8.0 Command Line Client"命令，进入密码输入窗口，要求输入密码：

Enter password:

② 输入管理员口令，这里是123456，出现命令行提示符"mysql >"，表示已经成功登录MySQL服务器。

（2）查看已有的数据库。

在MySQL命令行客户端输入如下语句：

```
mysql> SHOW DATABASES;
```

（3）定义数据库。

使用SQL语句定义商店数据库shoppm，商店数据库是本书的实验数据库，在实验中多次用到。

① 创建数据库shoppm。

```
mysql> CREATE DATABASE shoppm;
```

② 选择数据库shoppm。

```
mysql> USE shoppm;
```

③ 修改数据库shoppm，要求字符集为utf8，校对规则为utf8_general_ci。

```
mysql> ALTER DATABASE shoppm
    -> DEFAULT CHARACTER SET gb2312
    -> DEFAULT COLLATE gb2312_chinese_ci;
```

④ 删除数据库shoppm。

```
mysql> DROP DATABASE shoppm;
```

3．设计性实验

使用SQL语句定义学生数据库stpm。

（1）创建数据库stpm。

（2）选择数据库stpm。

（3）修改数据库stpm，要求字符集为utf8，校对规则为utf8_general_ci。

（4）删除数据库stpm。

实验**6.2** 创建表

1．实验目的及要求

（1）理解数据定义语言的概念和CREATE TABLE语句、ALTER TABLE语句、DROP TABLE语句的语法格式。

（2）理解表的基本概念。

（3）掌握使用数据定义语言创建表的操作，具备编写和调试创建表、修改表、删除表的代码的能力。

2．验证性实验

商店数据库shoppm是本书的实验数据库，在实验中多次用到，包含员工表EmplInfo、部门表DeptInfo、订单表OrderInfo、订单明细表DetailInfo、商品表GoodsInfo，各个表的结构参见书末"附录C 实验数据库——商店数据库shoppm表结构和样本数据"。

对商店数据库shoppm的订单表OrderInfo，验证和调试创建表、查看表、修改表、删除表的代码。

（1）创建OrderInfo表，显示OrderInfo表的基本结构。

```
mysql> USE shoppm;

mysql> CREATE TABLE OrderInfo
    ->    (
    ->       OrderNo varchar(6) NOT NULL PRIMARY KEY,
    ->       EmplNo varchar(4) NULL,
    ->       CustNo varchar(4) NULL,
    ->       Saledate date NOT NULL,
    ->       Cost decimal(9,2) NOT NULL
    ->    );
```

< 215 >

```
mysql> DESC OrderInfo;
```

（2）由OrderInfo表使用复制方式创建OrderInfo1表。

```
mysql> CREATE TABLE OrderInfo1 like OrderInfo;
```

（3）在OrderInfo表中增加一列OID，添加到表的第1列，不为空，取值唯一并自动增加，显示OrderInfo表的基本结构。

```
mysql> ALTER TABLE OrderInfo
    -> ADD COLUMN OID int NOT NULL UNIQUE AUTO_INCREMENT FIRST;

mysql> DESC OrderInfo;
```

（4）将OrderInfo1表的列CustID的数据类型改为char，显示OrderInfo1表的基本结构。

```
mysql> ALTER TABLE OrderInfo1
    -> MODIFY COLUMN CustNo char(4);

mysql> DESC OrderInfo1;
```

（5）在OrderInfo表中删除列OID。

```
mysql> ALTER TABLE OrderInfo
    -> DROP COLUMN OID;
```

（6）将OrderInfo1表更名为OrderInfo2表。

```
mysql> ALTER TABLE OrderInfo1
    -> RENAME TO OrderInfo2;
```

（7）删除OrderInfo2表。

```
mysql> DROP TABLE OrderInfo2;
```

3．设计性实验

对商店数据库shoppm的商品表GoodsInfo，设计、编写和调试创建表、查看表、修改表、删除表的代码。

（1）创建GoodsInfo表，显示GoodsInfo表的基本结构。

（2）由GoodsInfo表使用复制方式创建GoodsInfo1表。

（3）在GoodsInfo表中增加一列GNo，添加到表的第1列，不为空，取值唯一并自动增加，显示GoodsInfo表的基本结构。

（4）将GoodsInfo1表的列Classification的数据类型改为char，显示GoodsInfo1表的基本结构。

（5）在GoodsInfo表中删除列GNo。

（6）将GoodsInfo1表更名为GoodsInfo2表。

（7）删除GoodsInfo2表。

< 216 >

实验 **6.3**　数据完整性约束

1. 实验目的及要求

（1）理解数据完整性和实体完整性、参照完整性、用户定义的完整性的概念。

（2）掌握通过完整性约束实现数据完整性的方法和操作。

（3）具备编写PRIMARY KEY约束、UNIQUE约束、FOREIGN KEY约束、CHECK约束、NOT NULL约束的代码以实现数据完整性的能力。

2. 验证性实验

对商店数据库shoppm的订单表OrderInfo和订单明细表DetailInfo，验证和调试数据完整性的代码，完成以下操作。

（1）创建OrderInfo1表，以列级完整性约束方式定义主键。

```
mysql> USE shoppm;

mysql> CREATE TABLE OrderInfo1
    ->      (
    ->          OrderNo varchar(6) NOT NULL PRIMARY KEY,
    ->          EmplNo varchar(4) NULL,
    ->          CustNo varchar(4) NULL,
    ->          Saledate date NOT NULL,
    ->          Cost decimal(9,2) NOT NULL
    ->      );
```

（2）创建OrderInfo2表，以表级完整性约束方式定义主键，并指定主键约束的名称。

```
mysql> CREATE TABLE OrderInfo2
    ->      (
    ->          OrderNo varchar(6) NOT NULL,
    ->          EmplNo varchar(4) NULL,
    ->          CustNo varchar(4) NULL,
    ->          Saledate date NOT NULL,
    ->          Cost decimal(9,2) NOT NULL,
    ->          CONSTRAINT PK_OrderInfo2 PRIMARY KEY(OrderNo)
    ->      );
```

（3）删除上例创建的OrderInfo2表上的主键约束。

```
mysql> ALTER TABLE OrderInfo2
    -> DROP PRIMARY KEY;
```

（4）重新在OrderInfo2表上定义主键约束。

```
mysql> ALTER TABLE OrderInfo2
    -> ADD CONSTRAINT PK_OrderInfo2 PRIMARY KEY(OrderNo);
```

（5）创建OrderInfo3表，以列级完整性约束方式定义唯一性约束。

```
mysql> CREATE TABLE OrderInfo3
```

< 217 >

```
    ->     (
    ->         OrderNo varchar(6) NOT NULL PRIMARY KEY,
    ->         EmplNo varchar(4) NULL UNIQUE,
    ->         CustNo varchar(4) NULL,
    ->         Saledate date NOT NULL,
    ->         Cost decimal(9,2) NOT NULL
    ->     );
```

（6）创建OrderInfo4表，以表级完整性约束方式定义唯一性约束，并指定唯一性约束的名称。

```
mysql> CREATE TABLE OrderInfo4
    ->     (
    ->         OrderNo varchar(6) NOT NULL PRIMARY KEY,
    ->         EmplNo varchar(4) NULL,
    ->         CustNo varchar(4) NULL,
    ->         Saledate date NOT NULL,
    ->         Cost decimal(9,2) NOT NULL,
    ->         CONSTRAINT UK_OrderInfo4 UNIQUE(EmplNo)
    ->     );
```

（7）创建DetailInfo1表，以列级完整性约束方式定义外键。

```
mysql> CREATE TABLE DetailInfo1
    ->     (
    ->         OrderNo varchar(6) NOT NULL REFERENCES OrderInfo1(OrderNo),
    ->         GoodsNo varchar(4) NOT NULL,
    ->         Sunitprice decimal(8,2) NOT NULL,
    ->         Quantity int NOT NULL,
    ->         Total decimal(9,2) NOT NULL,
    ->         Discount float NOT NULL DEFAULT 0.1,
    ->         Disctotal decimal(9,2) NOT NULL,
    ->         PRIMARY KEY(OrderNo,GoodsNo)
    ->     );
```

（8）创建DetailInfo2表，以表级完整性约束方式定义外键，指定外键约束的名称，并定义相应的参照动作。

```
mysql> CREATE TABLE DetailInfo2
    ->     (
    ->         OrderNo varchar(6) NOT NULL,
    ->         GoodsNo varchar(4) NOT NULL,
    ->         Sunitprice decimal(8,2) NOT NULL,
    ->         Quantity int NOT NULL,
    ->         Total decimal(9,2) NOT NULL,
    ->         Discount float NOT NULL DEFAULT 0.1,
    ->         Disctotal decimal(9,2) NOT NULL,
    ->         PRIMARY KEY(OrderNo,GoodsNo),
    ->         CONSTRAINT FK_DetailInfo2 FOREIGN KEY(OrderNo) REFERENCES
    ->             OrderInfo2(OrderNo)
    ->         ON DELETE CASCADE
    ->         ON UPDATE RESTRICT
    ->     );
```

< 218 >

（9）删除上例创建的DetailInfo2表上的外键约束。

```
mysql> ALTER TABLE DetailInfo2
    -> DROP FOREIGN KEY FK_DetailInfo2;
```

（10）重新在DetailInfo2表上定义外键约束。

```
mysql> ALTER TABLE DetailInfo2
    -> ADD CONSTRAINT FK_DetailInfo2 FOREIGN KEY(OrderNo) REFERENCES
        OrderInfo2(OrderNo);
```

（11）创建DetailInfo3表，以列级完整性约束方式定义检查约束。

```
mysql> CREATE TABLE DetailInfo3
    ->     (
    ->         OrderNo varchar(6) NOT NULL,
    ->         GoodsNo varchar(4) NOT NULL,
    ->         Sunitprice decimal(8,2) NOT NULL,
    ->         Quantity int NOT NULL,
    ->         Total decimal(9,2) NOT NULL,
    ->         Discount float NOT NULL DEFAULT 0.1 CHECK(Discount=0 OR Discount>0),
    ->         Disctotal decimal(9,2) NOT NULL,
    ->         PRIMARY KEY(OrderNo,GoodsNo)
    ->     );
```

（12）创建DetailInfo4表，以表级完整性约束方式定义，并指定检查约束的名称。

```
mysql> CREATE TABLE DetailInfo4
    ->     (
    ->         OrderNo varchar(6) NOT NULL,
    ->         GoodsNo varchar(4) NOT NULL,
    ->         Sunitprice decimal(8,2) NOT NULL,
    ->         Quantity int NOT NULL,
    ->         Total decimal(9,2) NOT NULL,
    ->         Discount float NOT NULL DEFAULT 0.1,
    ->         Disctotal decimal(9,2) NOT NULL,
    ->         PRIMARY KEY(OrderNo,GoodsNo),
    ->         CONSTRAINT CK_OrderInfo6 CHECK(Discount=0 OR Discount>0)
    ->     );
```

3．设计性实验

对商店数据库shoppm的商品表GoodsInfo和订单明细表DetailInfo，设计、编写和调试数据完整性的代码，完成以下操作。

（1）创建GoodsInfo1表，以列级完整性约束方式定义主键。

（2）创建GoodsInfo2表，以表级完整性约束方式定义主键，并指定主键约束的名称。

（3）删除上例创建的GoodsInfo2表上的主键约束。

（4）重新在GoodsInfo2表上定义主键约束。

（5）创建GoodsInfo3表，以列级完整性约束方式定义唯一性约束。

（6）创建GoodsInfo4表，以表级完整性约束方式定义唯一性约束，并指定唯一性约束的名称。

< 219 >

（7）创建DetailInfo5表，以列级完整性约束方式定义外键。

（8）创建DetailInfo6表，以表级完整性约束方式定义外键，指定外键约束的名称，并定义相应的参照动作。

（9）删除上例创建的DetailInfo6表上的外键约束。

（10）重新在DetailInfo6表上定义外键约束。

（11）在storeexpm数据库中，创建GoodsInfo5表，以列级完整性约束方式定义检查约束。

（12）在storeexpm数据库中，创建GoodsInfo6表，以表级完整性约束方式定义检查约束，并指定检查约束的名称。

< 220 >

1．实验目的及要求

（1）理解数据操纵语言的概念和INSERT语句、UPDATE语句、DELETE语句的语法格式。

（2）掌握使用数据操纵语言的INSERT语句进行表数据的插入、使用UPDATE语句进行表数据的修改和使用DELETE语句进行表数据的删除的操作。

（3）具备编写和调试插入数据、修改数据和删除数据的代码的能力。

2．验证性实验

商店数据库shoppm是本书的实验数据库，其中的员工表EmplInfo、部门表DeptInfo、订单表OrderInfo、订单明细表DetailInfo、商品表GoodsInfo的表结构和样本数据参见书末附录C。

设订单表OrderInfo、OrderInfo1、OrderInfo2的表结构已创建，验证和调试表数据的插入、修改和删除的代码，完成以下操作。

（1）向OrderInfo表插入样本数据。

```
mysql> INSERT INTO OrderInfo VALUES
    ->      ('S00001','E001','C001','2024-01-20',21657.40),
    ->      ('S00002','E006','C002','2024-01-20',36620.10),
    ->      ('S00003','E005','C003','2024-01-20',15978.60),
    ->      ('S00004',NULL,'C004','2024-01-20',15978.60);
```

（2）使用INSERT INTO…SELECT…语句，将OrderInfo表的记录快速插入OrderInfo1表中。

```
mysql> INSERT INTO OrderInfo1
    ->      SELECT * FROM OrderInfo;
```

（3）采用三种不同的方法，向OrderInfo2表插入数据。

① 省略列名表，插入记录('S00001','E001','C001','2024-01-20',21657.40)。

```
mysql> INSERT INTO OrderInfo2
    ->      VALUES('S00001','E001','C001','2024-01-20',21657.40);
```

② 不省略列名表，插入订单号为"S00003"，销售日期为"2024-01-20"，总金额为15978.60，员工号为"E005"，客户号为"C003"的记录。

```
mysql> INSERT INTO OrderInfo2(OrderNo, Saledate, Cost, EmplNo, CustNo)
    ->         VALUES('S00003','2024-01-20',15978.60,'E005','C003');
```

③ 插入订单号为"S00006"，销售日期为"2024-01-20"，总金额为7989.30，员工号为空，客户号为空的记录。

```
mysql> INSERT INTO OrderInfo2(OrderNo, Saledate, Cost)
    ->         VALUES('S00006','2024-01-20',7989.30);
```

（4）在OrderInfo2表中，将订单号为"S00006"的客户号改为"C006"。

```
mysql> UPDATE OrderInfo2
    ->     SET CustNo='C006'
    ->     WHERE OrderNo='S00006';
```

（5）在OrderInfo2表中，删除订单号为"S00006"的记录。

```
mysql> DELETE FROM OrderInfo2
    ->         WHERE OrderNo='S00006';
```

（6）采用两种不同的方法，删除表中的全部记录。

① 使用DELETE语句，删除OrderInfo1表中的全部记录。

```
mysql> DELETE FROM OrderInfo1;
```

② 使用TRUNCATE语句，删除OrderInfo2表中的全部记录。

```
mysql> TRUNCATE OrderInfo2;
```

3．设计性实验

设商品表GoodsInfo、GoodsInfo1、GoodsInfo2的表结构已创建好，设计、编写、调试表数据的插入、修改和删除的代码，完成以下操作。

（1）向商品表GoodsInfo插入样本数据。

（2）使用INSERT INTO…SELECT…语句，将GoodsInfo表的记录快速插入GoodsInfo1表中。

（3）采用三种不同的方法，向GoodsInfo2表插入数据。

① 省略列名表，插入记录('1001','Microsoft Surface Pro 7','笔记本电脑',6288.00,6)。

② 不省略列名表，插入商品号为"2001"，商品类型为"平板电脑"，商品名称为"Apple iPad Pro"，单价为7029.00，库存量为4的记录。

③ 插入商品类型为"服务器"，商品名称为"DELL PowerEdgeT140"，库存量取默认值，商品号为"3001"，单价为空值的记录。

（4）在GoodsInfo1表中，将商品名称为"EPSON L565"的库存量改为7。

（5）在GoodsInfo2表中，删除商品类型为"平板电脑"的记录。

（6）采用两种不同的方法，删除表中的全部记录。

① 使用DELETE语句，删除GoodsInfo1表中的全部记录。

② 使用TRUNCATE语句，删除GoodsInfo2表中的全部记录。

< 222 >

实验 **8** 数据查询

实验 8.1 简单查询、窗口函数和通用表表达式

1. 实验目的及要求

（1）理解SELECT语句、窗口函数和通用表表达式的语法格式。

（2）掌握SELECT语句、窗口函数和通用表表达式的操作和使用方法。

（3）具备编写和调试SELECT语句、窗口函数和通用表表达式以进行数据库查询的能力。

2. 验证性实验

对实验数据库shoppm的订单表OrderInfo、员工表EmplInfo，验证和调试查询语句的代码，完成以下操作。

（1）使用两种方式，查询订单表的所有记录。

① 使用列名表查询。

```
mysql> SELECT OrderNo, EmplNo, CustNo, Saledate, Cost
    -> FROM OrderInfo;
```

② 使用*查询。

```
mysql> SELECT *
    -> FROM OrderInfo;
```

（2）查询订单表中有关订单号、销售日期和总金额的记录。

```
mysql> SELECT OrderNo, Saledate, Cost
    -> FROM OrderInfo;
```

（3）通过两种方式查询员工表中工资在3000元到5000元之间的员工信息。

① 指定范围关键字查询。

```
mysql> SELECT *
    -> FROM EmplInfo
    -> WHERE Wages BETWEEN 3000 AND 5000;
```

② 使用比较运算符查询。

```
mysql> SELECT *
    -> FROM EmplInfo
    -> WHERE Wages>=3000 AND Wages<=5000;
```

（4）通过两种方式查询籍贯是上海的员工的姓名、出生日期和部门号。

① 使用LIKE关键字。

```
mysql> SELECT EmplName, Birthday, DeptNo
    -> FROM EmplInfo
    -> WHERE Native LIKE '上海%';
```

② 使用REGEXP关键字。

```
mysql> SELECT EmplName, Birthday, DeptNo
    -> FROM EmplInfo
    -> WHERE Native REGEXP '^上海';
```

（5）查询各个部门的员工人数。

```
mysql> SELECT DeptNo AS 部门, COUNT(EmplNo) AS 员工人数
    -> FROM EmplInfo
    -> GROUP BY DeptNo;
```

（6）查询每个部门的总工资和最高工资。

```
mysql> SELECT DeptNo AS 部门, SUM(Wages) AS 总工资, MAX(Wages) AS 最高工资
    -> FROM EmplInfo
    -> GROUP BY DeptNo;
```

（7）查询总金额，按照总金额从高到低的顺序排列。

```
mysql> SELECT *
    -> FROM OrderInfo
    -> ORDER BY Cost DESC;
```

（8）从高到低排列总金额，通过两种方式查询第1名到第3名的信息。
① 使用LIMIT offset row_count格式。

```
mysql> SELECT OrderNo, Cost
    -> FROM OrderInfo
    -> ORDER BY Cost DESC
    -> LIMIT 0, 3;
```

② 使用LIMIT row_count OFFSET offset格式。

```
mysql> SELECT OrderNo, Cost
    -> FROM OrderInfo
    -> ORDER BY Cost DESC
    -> LIMIT 3 OFFSET 0;
```

< 224 >

（9）使用正则表达式查询籍贯为上海和北京的员工。

```
mysql> SELECT *
    -> FROM EmplInfo
    -> WHERE Native REGEXP '上海|北京';
```

（10）使用窗口函数ROW_NUMBER、RANK、DENSE_RANK、NTILE分别查询总金额的排名。

① 使用ROW_NUMBER函数。

```
mysql> SELECT ROW_NUMBER() OVER(ORDER BY Cost DESC) AS ROW_NUMBER_Ranking,
OrderNo AS 订单号, EmplNo AS 员工号, CustNo AS 客户号, Saledate AS 销售日期,
Cost AS 总金额
    -> FROM OrderInfo;
```

② 使用RANK函数。

```
mysql> SELECT RANK() OVER(ORDER BY Cost DESC) AS RANK_Ranking, OrderNo AS 订
单号, EmplNo AS 员工号, CustNo AS 客户号, Saledate AS 销售日期, Cost AS 总金额
    -> FROM OrderInfo;
```

③ 使用DENSE_RANK函数。

```
mysql> SELECT DENSE_RANK() OVER(ORDER BY Cost DESC) AS DENSE_RANK_Ranking,
OrderNo AS 订单号, EmplNo AS 员工号, CustNo AS 客户号, Saledate AS 销售日期,
Cost AS 总金额
    -> FROM OrderInfo;
```

④ 使用NTILE函数。

```
mysql> SELECT NTILE(2) OVER(ORDER BY Cost DESC) AS NTILE_Ranking, OrderNo
AS 订单号, EmplNo AS 员工号, CustNo AS 客户号, Saledate AS 销售日期, Cost AS
总金额
    -> FROM OrderInfo;
```

（11）使用通用表表达式查询订单号为S00002的订单号、员工号、销售日期和总金额。

```
mysql> WITH cte_OrderInfo(c_OrderNo, c_EmplNo, c_Saledate, c_Cost) AS
(SELECT OrderNo, EmplNo, Saledate, Cost FROM OrderInfo)
    -> SELECT c_OrderNo, c_EmplNo, c_Saledate, c_Cost
    -> FROM cte_OrderInfo, OrderInfo
    -> WHERE OrderInfo.OrderNo='S00002' AND OrderInfo.OrderNo =cte_
OrderInfo.c_OrderNo;
```

3．设计性实验

对实验数据库shoppm的商品表GoodsInfo，设计、编写和调试查询语句的代码，完成以下操作。

（1）使用两种方式，查询商品表的所有记录。

① 使用列名表查询。

② 使用 *查询。

< 225 >

（2）查询商品表所有商品号、商品名称和库存量的记录。

（3）通过两种方式查询商品表中价格在1000元到7000元之间的商品。

① 指定范围关键字查询。

② 使用比较运算符查询。

（4）查询商品类型含有"平板"的商品号、商品名称和单价。

（5）查询各个商品类型的商品数。

（6）查询每个商品类型的最高单价。

（7）查询商品单价，按照单价从高到低的顺序排列。

（8）从高到低排列商品单价，通过两种方式查询第1名到第3名的信息。

① 使用LIMIT offset row_count格式。

② 使用LIMIT row_count OFFSET offset格式。

（9）使用正则表达式查询商品名称含有DELL和EPSON的商品。

（10）使用窗口函数ROW_NUMBER、RANK、DENSE_RANK、NTILE分别查询库存量的排名。

① 使用ROW_NUMBER函数。

② 使用RANK函数。

③ 使用DENSE_RANK函数。

④ 使用NTILE函数。

（11）使用通用表表达式查询商品号为1002的商品名称、商品类型、单价和库存量。

实验 **8.2**　连接查询和子查询

1．实验目的及要求

（1）理解数据查询语言的概念和多表查询中连接查询、子查询以及联合查询的语法格式。

（2）掌握多表查询中连接查询、子查询以及联合查询的操作和使用方法。

（3）具备编写和调试多表查询中连接查询、子查询以及联合查询语句以进行数据库查询的能力。

2．验证性实验

在实验数据库shoppm中进行连接查询、子查询，验证和和调试查询语句的代码，完成以下操作。

（1）对订单表和订单明细表进行连接，查询订单及订单明细信息。

① 使用INNER JOIN的显式语法结构。

```
mysql> SELECT *
    -> FROM OrderInfo INNER JOIN DetailInfo ON OrderInfo.
OrderNo=DetailInfo.OrderNo;
```

② 使用WHERE子句定义连接条件的隐式语法结构。

```
mysql> SELECT *
    -> FROM OrderInfo, DetailInfo
```

< 226 >

```
    -> WHERE OrderInfo.OrderNo=DetailInfo.OrderNo;
```

（2）采用自然连接查询订单及订单明细信息。

```
mysql> SELECT *
    -> FROM OrderInfo NATURAL JOIN DetailInfo;
```

（3）分别采用左外连接、右外连接查询订单及订单明细信息。
① 左外连接。

```
mysql> SELECT OrderInfo.OrderNo, EmplNo, Cost, GoodsNo
    -> FROM OrderInfo LEFT JOIN DetailInfo ON OrderInfo.
OrderNo=DetailInfo.OrderNo;
```

② 右外连接。

```
mysql> SELECT OrderInfo.OrderNo, EmplNo, Cost, GoodsNo
    -> FROM OrderInfo RIGHT JOIN DetailInfo ON OrderInfo.OrderNo=DetailInfo.
OrderNo;
```

（4）采用 IN 子查询，查询 S00003 订单所订商品的名称。

```
mysql> SELECT GoodsName
    -> FROM GoodsInfo
    -> WHERE GoodsNo IN
    -> 	(SELECT GoodsNo
    -> 	 FROM DetailInfo
    -> 	 WHERE OrderNo='S00003'
    -> 	);;
```

（5）采用比较子查询，查询总金额高于平均总金额的订单。

```
mysql> SELECT OrderNo, Cost
    -> FROM OrderInfo
    -> WHERE Cost>
    -> 	(SELECT AVG(Cost)
    -> 	 FROM OrderInfo
    -> 	 WHERE Cost IS NOT NULL
    -> 	);
```

（6）采用 EXISTS 子查询，查询订购 1002 商品的客户号。

```
mysql> SELECT OrderNo, CustNO
    -> FROM OrderInfo
    -> WHERE EXISTS
    -> 	(SELECT *
    -> 	 FROM DetailInfo
    -> 	 WHERE OrderInfo.OrderNo=DetailInfo.OrderNo AND GoodsNo='1002'
    -> 	);
```

3．设计性实验

在实验数据库 shoppm 中进行连接查询、子查询，设计、编写和调试查询语句的代码，完成

< 227 >

以下操作。

（1）对商品表和订单明细表进行连接，使用两种表示方式。

① 使用INNER JOIN的显式语法结构。

② 使用WHERE子句定义连接条件的隐式语法结构。

（2）对商品表和订单明细表进行自然连接。

（3）对商品表和订单明细表分别采用左外连接、右外连接进行查询。

（4）采用IN子查询，查询S00002订单所订商品的名称。

（5）采用比较子查询，查询比1002商品库存量小的商品。

（6）采用EXISTS子查询，查询S00001订单所订商品的库存量。

< 228 >

1. 实验目的及要求

（1）理解视图的概念。

（2）掌握创建、修改、删除视图的方法，掌握通过视图进行插入、删除、修改数据的方法。

（3）具备编写和调试创建、修改、删除视图语句和更新视图语句的能力。

2. 验证性实验

对实验数据库shoppm的订单表OrderInfo、订单明细表DetailInfo，验证和调试创建、修改、更新和删除视图的语句，完成以下操作。

（1）创建视图V_orderCondition，包括订单号、员工号、客户号、销售日期、总金额、商品号、销售单价、销售数量、总价、折扣率、折扣总价。

```
mysql> CREATE OR REPLACE VIEW V_orderCondition
    -> AS
    -> SELECT a.OrderNo, EmplNo, CustNo, Saledate, Cost, GoodsNo, Sunitprice,
Quantity, Total, Discount, Disctotal
    -> FROM OrderInfo a, DetailInfo b
    -> WHERE a.OrderNo=b.OrderNo
    -> WITH CHECK OPTION;
```

（2）查看视图V_orderCondition的所有记录。

```
mysql> SELECT *
    -> FROM V_orderCondition;
```

（3）查看订单号为S00003的员工号、销售日期、总金额、商品号、销售单价、销售数量、总价、折扣总价。

```
mysql> SELECT EmplNo, Saledate, Cost, GoodsNo, Sunitprice, Quantity,
Total, Disctotal
    -> FROM V_orderCondition
    -> WHERE OrderNo='S00003';
```

（4）更新视图，将订单号为S00003的客户号修改为C013。

```
mysql> UPDATE V_orderCondition
    -> SET CustNo='C013'
    -> WHERE OrderNo='S00003';
```

（5）对视图V_orderCondition进行修改，按总金额降序排列。

```
mysql> ALTER VIEW V_orderCondition
    -> AS
    -> SELECT a.OrderNo, EmplNo, CustNo, Saledate,Cost,GoodsNo,Sunitprice,
Quantity, Total, Discount, Disctotal
    -> FROM OrderInfo a, DetailInfo b
    -> WHERE a.OrderNo=b.OrderNo
    -> ORDER BY Cost DESC
    -> WITH CHECK OPTION;
```

（6）删除V_orderCondition视图。

```
mysql> DROP VIEW V_orderCondition;
```

3. 设计性实验

对实验数据库shoppm的商品表GoodsInfo、订单明细表DetailInfo，设计、编写和调试创建、修改、更新和删除视图的语句，完成以下操作。

（1）创建视图V_goodsCondition，包括商品号、商品名称、商品类型、库存量、订单号、商品号、销售单价、数量、总价、折扣率、折扣总价。

（2）查看视图V_goodsCondition的所有记录。

（3）查看笔记本电脑的订单号、商品号、商品名称、库存量、数量、折扣率、折扣总价。

（4）更新视图，将2001商品的库存量修改为3。

（5）对视图V_goodsCondition进行修改，指定商品类型为笔记本电脑。

（6）删除V_goodsCondition视图。

实验9.2 索引

1. 实验目的及要求

（1）理解索引的概念。

（2）掌握创建索引、查看表上建立的索引、删除索引的方法。

（3）具备编写和调试创建索引语句、查看表上建立的索引语句、删除索引语句的能力。

2. 验证性实验

在实验数据库shoppm的OrderInfo表中，验证和调试创建、查看和删除索引的语句，完成以下操作。

（1）在OrderInfo表的EmplID列上，创建一个普通索引I_EmplID。

```
mysql> CREATE INDEX I_EmplNo ON OrderInfo(EmplNo);
```

< 230 >

（2）在OrderInfo表的OrderNo列上，创建一个索引I_OrderNo，要求按订单号OrderNo字段值前两个字符降序排列。

```
mysql> CREATE INDEX I_OrderNo ON OrderInfo(OrderNo(2) DESC);
```

（3）在OrderInfo表的Cost列（降序）和 CustNo列（升序），创建一个组合索引I_CostCustNo。

```
mysql> CREATE INDEX I_CostCustNo ON OrderInfo(Cost DESC, CustNo);
```

（4）创建新表OrderInfo1，主键为OrderNo，同时在Cost列上创建索引。

```
mysql> CREATE TABLE OrderInfo1
    ->    (
    ->       OrderNo varchar(6) NOT NULL PRIMARY KEY,
    ->       EmplNo varchar(4) NULL,
    ->       CustNo varchar(4) NULL,
    ->       Saledate date NOT NULL,
    ->       Cost decimal(9,2) NOT NULL,
    ->       INDEX(Cost)
    ->    );
```

（5）查看OrderInfo表、OrderInfo1表的索引。

```
mysql> SHOW INDEX FROM OrderInfo \G;

mysql> SHOW INDEX FROM OrderInfo1 \G;
```

（6）使用DROP INDEX语句，删除已建索引I_EmplNo。

```
mysql> DROP INDEX I_EmplNo ON OrderInfo;
```

（7）使用ALTER TABLE语句，删除已建索引I_CostCustNo。

```
mysql> ALTER TABLE OrderInfo
    -> DROP INDEX I_CostCustNo;
```

3．设计性实验

在实验数据库shoppm的GoodsInfo表中，设计、编写和调试创建、查看和删除索引的语句，完成以下操作。

（1）在GoodsInfo表的GoodsName列上，创建一个普通索引I_GoodsName。

（2）在GoodsInfo表的GoodsNo列上，创建一个索引I_GoodsNo，要求按商品号GoodsNo字段值前两个字符降序排列。

（3）在GoodsInfo表的GoodsName列（降序）和UnitPrice列（升序），创建一个组合索引I_GoodsNameUnitPrice。

（4）创建新表GoodsInfo1，主键为GoodsNo，同时在GoodsName列上创建唯一性索引。

（5）查看GoodsInfo表、GoodsInfo1表的索引。

（6）使用DROP INDEX语句，删除已建索引I_GoodsName。

（7）使用ALTER TABLE语句，删除已建索引I_GoodsNameUnitPrice。

< 231 >

Web MySQL程序设计基础

1．实验目的及要求

（1）理解MySQL编程规范、变量、自定义函数、流程控制语句、系统函数的概念。

（2）掌握变量、自定义函数、流程控制语句、系统函数的操作和使用方法。

（3）具备设计、编写和调试包含变量、自定义函数、流程控制语句、系统函数语句的代码并用其解决应用问题的能力。

2．验证性实验

编写和调试包含变量、自定义函数、流程控制语句、系统函数语句的代码，解决以下应用问题。

（1）对于OrderInfo表，定义用户变量@OrderNo并赋值，查询订单号等于该用户变量的值时的订单信息。

```
mysql> USE shoppm;

mysql> SET @OrderNo='S00001';

mysql> SELECT * FROM OrderInfo WHERE OrderNo=@OrderNo;
```

（2）对于OrderInfo表，定义用户变量@Cost，获取客户号为C002的总金额。

```
mysql> SET @Cost=(SELECT Cost FROM OrderInfo WHERE CustNo='C002');

mysql> SELECT @Cost;
```

（3）创建函数，由订单号查询总金额。

```
mysql> DELIMITER $$
mysql> CREATE FUNCTION F_Cost(v_OrderNo char(6))
    ->      RETURNS int
    ->      DETERMINISTIC
    -> BEGIN
    ->      RETURN(SELECT Cost FROM OrderInfo WHERE OrderNo=v_OrderNo);
    -> END $$

mysql> DELIMITER ;

mysql> SELECT F_Cost('S00003');
```

（4）创建函数，计算201～300的奇数和。

```
mysql> DELIMITER $$
mysql> CREATE FUNCTION F_oddAdd(v_i int)
    -> RETURNS int
    -> NO SQL
    -> BEGIN
    ->     DECLARE v_n int DEFAULT 201;
    ->     DECLARE v_s int DEFAULT 0;
    ->     REPEAT
    ->         IF MOD(v_n, 2)<>0 THEN
    ->             SET v_s=v_s+v_n;
    ->         END IF;
    ->         SET v_n=v_n+1;
    ->         UNTIL v_n>v_i
    ->     END REPEAT;
    ->     RETURN v_s;
    -> END $$
Query OK, 0 rows affected (0.01 sec)

mysql> DELIMITER ;

mysql> SELECT F_oddAdd(300);
```

（5）返回字符串Happy Birthday从第7个字符开始的8个字符。

```
mysql> SELECT SUBSTRING('Happy Birthday',7, 8);
```

（6）求0～1000之间的三个随机值。

```
mysql> SELECT ROUND(RAND()*1000), ROUND(RAND()*1000), ROUND(RAND()*1000);
```

（7）将"电子商务概论"中的"概论"替换为"基础"。

```
mysql> SELECT REPLACE('电子商务概论','概论','基础');
```

（8）对于DeptInfo表，在一列中返回部门名称的前两个字符，在另一列中返回部门名称的最后一个字符。

```
mysql> SELECT SUBSTRING(DeptName,1,2) AS 部门名称前两个字符, SUBSTRING(DeptName,
3,LENGTH (DeptName)-2) AS 部门名称最后一个字符
    -> FROM DeptInfo
    -> ORDER BY DeptNo;
```

3．设计性实验

设计、编写和调试包含变量、自定义函数、流程控制语句、系统函数语句的代码，解决以下应用问题。

（1）对于GoodsInfo表，定义用户变量@GoodsNo并赋值，查询商品号等于该用户变量的值时的商品信息。

（2）对于GoodsInfo表，定义用户变量@Classification，获取商品类型为笔记本电脑的单价。

（3）创建函数，由商品号查询库存量。

< 233 >

（4）创建函数，计算100~200的偶数和。

（5）使用系统变量获取当前日期。

（6）求0~100之间的两个随机值。

（7）对于EmplInfo表，在一列中返回学生的姓，在另一列中返回学生的名。

（8）对于EmplInfo表，求员工的年龄。

< 234 >

存储过程、游标和触发器

实验 11.1 存储过程和游标

1. 实验目的及要求

（1）理解存储过程和游标的概念。

（2）掌握存储过程和游标的创建、调用、删除等操作与使用方法。

（3）具备设计、编写与调试存储过程和游标语句以解决应用问题的能力。

2. 验证性实验

在实验数据库shoppm中，验证和调试存储过程和游标语句，以解决下列应用问题。

（1）创建向订单表插入一条记录的存储过程，并调用该存储过程。

```
mysql> DELIMITER $$
mysql> CREATE PROCEDURE P_insertOrderInfo()
    -> BEGIN
    ->     INSERT INTO OrderInfo VALUES ('S00006','E006','C006','2024-01-20', 5659.20);
    ->     SELECT * FROM OrderInfo WHERE OrderNo='S00006';
    -> END $$

mysql> DELIMITER ;

mysql> CALL P_insertOrderInfo();
```

（2）创建修改总金额的存储过程，并调用该存储过程。

```
mysql> DELIMITER $$
mysql> CREATE PROCEDURE P_updateCost(IN v_OrderNo varchar(6), IN
v_Cost decimal(9,2))
    -> BEGIN
    ->     UPDATE OrderInfo SET Cost=v_Cost WHERE OrderNo=v_OrderNo;
    ->     SELECT * FROM OrderInfo WHERE OrderNo=v_OrderNo;
    -> END $$

mysql> DELIMITER ;

mysql> CALL P_updateCost('S00006', 7989.30);
```

（3）创建删除订单记录的存储过程，并调用该存储过程。

```
mysql> DELIMITER $$
mysql> CREATE PROCEDURE P_deleteOrderInfo(IN v_OrderNo varchar(6), OUT v_msg char(8))
    -> BEGIN
    ->     DELETE FROM OrderInfo WHERE OrderNo=v_OrderNo;
    ->     SET v_msg='删除成功';
    -> END $$

mysql> DELIMITER ;

mysql> CALL P_deleteOrderInfo('S00006', @msg);

mysql> SELECT @msg;
```

（4）创建一个存储过程，输入订单号后，将该订单的总金额存入输出参数内。

```
mysql> DELIMITER $$
mysql> CREATE PROCEDURE P_onoCost(IN v_OrderNo varchar(6), OUT v_Cost decimal(9,2))
    -> BEGIN
    ->     SELECT Cost INTO v_Cost
    ->     FROM OrderInfo
    ->     WHERE OrderNo=v_OrderNo;
    -> END $$

mysql> DELIMITER ;

mysql> CALL P_onoCost('S00001', @Cost);

mysql> SELECT @Cost;

CALL P_gnameUnitPrice('Apple iPad Pro', @UnitPrice);
SELECT @UnitPrice;
```

（5）创建一个存储过程，输入员工号后，将该订单的订单号、销售日期和总金额存入输出参数内。

```
mysql> DELIMITER $$
mysql> CREATE PROCEDURE P_enoOnoSdCost(IN v_ENo varchar(4), OUT v_ONo
           varchar(6), OUT v_Sd date, OUT v_Cost decimal(9,2))
    -> BEGIN
    ->     SELECT OrderNo, Saledate, Cost INTO v_ONo, v_Sd, v_Cost
    ->     FROM OrderInfo
    ->     WHERE EmplNo=v_ENo;
    -> END $$

mysql> DELIMITER ;

mysql> CALL P_enoOnoSdCost('E005', @OrderNo, @Saledate, @Cost);

mysql> SELECT @OrderNo, @Saledate, @Cost;
```

< 236 >

（6）删除（1）题创建的存储过程。

```
mysql> DROP PROCEDURE P_insertOrderInfo;
```

（7）创建一个使用游标的存储过程，输入订单号后得出该订单的客户号、销售日期和总金额。

```
mysql> DELIMITER $$
mysql> CREATE PROCEDURE P_onoCnoSdCost(IN v_OrderNo varchar(6))
    -> BEGIN
    ->     DECLARE v_CustNo varchar(4);
    ->     DECLARE v_Saledate date;
    ->     DECLARE v_Cost int;
    ->     DECLARE FOUND boolean DEFAULT TRUE;
    ->     DECLARE CUR_tab CURSOR FOR SELECT CustNo, Saledate, Cost FROM
    ->             OrderInfo  WHERE OrderNo=v_OrderNo;
    ->     DECLARE CONTINUE HANDLER FOR NOT FOUND
    ->         SET FOUND=FALSE;
    ->     OPEN CUR_tab;
    ->     FETCH CUR_tab into v_CustNo, v_Saledate, v_Cost;
    ->     WHILE FOUND DO
    ->         SELECT v_CustNo, v_Saledate, v_Cost;
    ->         FETCH CUR_tab into v_CustNo, v_Saledate, v_Cost;
    ->     END WHILE;
    ->     CLOSE CUR_tab;
    -> END $$

mysql> DELIMITER ;

mysql> CALL P_onoCnoSdCost('S00002');
```

3．设计性实验

在实验数据库shoppm中，设计、编写与调试存储过程和游标语句，以解决下列应用问题。

（1）创建向商品表插入一条记录的存储过程，并调用该存储过程。

（2）创建修改库存量的存储过程，并调用该存储过程。

（3）创建删除商品记录的存储过程，并调用该存储过程。

（4）创建一个存储过程，输入商品名称后，将查询出的单价存入输出参数内。

（5）创建一个存储过程，输入商品号后，将该商品的商品名称、商品类型和单价存入输出参数内。

（6）删除（1）题创建的存储过程。

（7）创建一个使用游标的存储过程，输入商品类型后，得出该商品的商品名称和库存量。

实验11.2　触发器

1．实验目的及要求

（1）理解触发器和事件的概念。

< 237 >

（2）掌握触发器的创建、删除、使用等操作。

（3）具备设计、编写和调试触发器语句以解决应用问题的能力。

2．验证性实验

在实验数据库shoppm中，验证和调试触发器语句，以解决以下应用问题。

（1）在订单表创建触发器，当修改客户号时，显示"正在修改客户号"。

```
mysql> CREATE TRIGGER T_updateCustNo AFTER update
    ->      ON OrderInfo FOR EACH ROW SET @str='正在修改客户号';

mysql> UPDATE OrderInfo SET CustNo='C014' WHERE OrderNo='S00004';

mysql> SELECT @str;
```

（2）在订单表创建触发器，当向订单表插入一条记录时，显示插入记录的总金额。

```
mysql> CREATE TRIGGER T_insertRecord AFTER INSERT
    ->      ON OrderInfo FOR EACH ROW SET @str1=NEW.Cost;

mysql> INSERT INTO OrderInfo VALUES('S00007','E007','C007','2024-01-20',
7989.30);

mysql> SELECT @str1;
```

（3）在订单表创建一个触发器，当更新订单表中的订单号时，同时更新订单明细表中所有相应的订单号。

```
mysql> DELIMITER $$
mysql> CREATE TRIGGER T_updateOrderInfoDetailInfo AFTER UPDATE
    ->      ON OrderInfo FOR EACH ROW
    -> BEGIN
    ->      UPDATE DetailInfo SET OrderNo=NEW.OrderNo WHERE OrderNo=OLD.
OrderNo;
    -> END $$
Query OK, 0 rows affected (0.01 sec)

mysql> DELIMITER ;

mysql> UPDATE OrderInfo SET OrderNo='S00008' WHERE OrderNo='S00004';

mysql> SELECT * FROM DetailInfo WHERE OrderNo='S00008';
```

（4）在订单表创建一个触发器，当删除订单表中某个订单的记录时，同时将订单明细表中与该订单有关的数据全部删除。

```
mysql> DELIMITER $$
mysql> CREATE TRIGGER T_deleteOrderInfoDetailInfo AFTER DELETE
    ->      ON OrderInfo FOR EACH ROW
    -> BEGIN
    ->      DELETE FROM DetailInfo WHERE OrderNo=OLD.OrderNo;
    -> END $$
```

< 238 >

```
mysql> DELIMITER ;

mysql> DELETE FROM OrderInfo WHERE OrderNo='S00008';

mysql> SELECT * FROM DetailInfo WHERE OrderNo='S00008';
```

（5）删除（1）题创建的触发器。

```
mysql> DROP TRIGGER T_updateCustNo;
```

3．设计性实验

在实验数据库shoppm中，设计、编写和调试触发器语句，以解决以下应用问题。

（1）在商品表创建触发器，当修改库存量时，显示"正在修改库存量"。

（2）在商品表创建触发器，当向商品表插入一条记录时，显示插入记录的商品名。

（3）在商品表创建一个触发器，当更新商品表中的商品号时，同时更新订单明细表中所有相应的商品号。

（4）在商品表创建一个触发器，当删除商品表中某个商品的记录时，同时将订单明细表中与该商品有关的数据全部删除。

（5）删除（1）题创建的触发器。

< 239 >

实验 *12* 事务管理

1. 实验目的及要求

（1）理解事务和锁机制的概念。

（2）掌握事务的基本操作，包括开始、提交、撤销、保存等环节。

（3）具备设计、编写和调试事务控制语句以解决应用问题的能力。

2. 验证性实验

验证和调试事务控制语句，以解决以下应用问题。

（1）显式地关闭自动提交，开始事务，向订单表插入一行数据，使用COMMIT语句提交事务。

```
mysql> SET @@AUTOCOMMIT=0;

mysql> BEGIN WORK;

mysql> INSERT INTO OrderInfo VALUES('S00009','E009','C009','2024-01-20',
7989.30);

mysql> COMMIT;
mysql> SELECT * FROM OrderInfo;
```

（2）开始事务并隐式地关闭自动提交，向订单表插入另一行数据，使用ROLLBACK语句回滚事务，取消插入操作，并提交事务。

```
mysql> START TRANSACTION;

mysql> INSERT INTO OrderInfo VALUES('S00010','E010','C010','2024-01-20',
5659.20);
mysql> SELECT * FROM OrderInfo;

mysql> ROLLBACK;
mysql> SELECT * FROM OrderInfo;
```

（3）开始事务，修改订单表的销售日期，设置保存点，然后恢复该订单表原来的销售日期，再回滚事务到保存点，取消恢复操作，提交事务。

```
mysql> START TRANSACTION;
```

```
mysql> UPDATE OrderInfo SET Saledate='2024-01-21'WHERE OrderNo='S00009';
mysql> SELECT * FROM OrderInfo;

mysql> SAVEPOINT order_sp;

mysql> UPDATE OrderInfo SET Saledate='2024-01-20'WHERE OrderNo='S00009';
mysql> SELECT * FROM OrderInfo;

mysql> ROLLBACK TO SAVEPOINT order_sp;

mysql> COMMIT;
mysql> SELECT * FROM OrderInfo;
```

3．设计性实验

设计、编写和调试事务控制语句，以解决下列应用问题。

（1）显式地关闭自动提交，开始事务，删除商品表一行数据，使用COMMIT语句提交事务。

（2）开始事务并隐式地关闭自动提交，删除商品表另一行数据，使用ROLLBACK语句回滚事务，取消删除操作，并提交事务。

（3）开始事务，向商品表插入一行数据，设置保存点，然后删除该行数据，再回滚事务到保存点，取消删除操作，提交事务。

< 241 >

安全管理

1．实验目的及要求

（1）理解安全管理的概念。

（2）掌握创建、修改和删除用户，以及权限管理、角色管理等操作和使用方法。

（3）具备设计、编写和调试用户管理、权限管理、角色管理语句以解决应用问题的能力。

2．验证性实验

在实验数据库storeexpm中，验证和调试用户管理、权限管理、角色管理语句，以解决以下应用问题。

（1）创建用户client1、client2、client3。

```
mysql> CREATE USER 'client1'@'localhost' IDENTIFIED BY '1234',
    ->        'client2'@'localhost' IDENTIFIED BY '3456',
    ->        'client3'@'localhost' IDENTIFIED BY 'w001';
```

（2）授予用户client1对所有数据库所有表的CREATE、ALTER和DROP的权限，回收ALTER权限。

```
mysql> GRANT CREATE, ALTER, DROP ON *.* TO 'client1'@'localhost';

mysql> REVOKE DROP ON *.* FROM 'client1'@'localhost';
```

（3）授予用户client2对shoppm数据库的OrderInfo表查询、添加数据的权限，回收添加数据的权限。

```
mysql> GRANT SELECT, INSERT ON shoppm.OrderInfo TO 'client2'@'localhost';

mysql> REVOKE INSERT ON shoppm.OrderInfo FROM 'client2'@'localhost';
```

（4）授予用户client3对shoppm数据库的DetailInfo表的查询、添加和删除数据的权限，同时允许该用户将获得的权限授予其他用户，回收删除数据的权限。

```
mysql> GRANT SELECT, INSERT, UPDATE, DELETE ON shoppm.DetailInfo TO
'client3'@'localhost' WITH GRANT OPTION;

mysql> REVOKE UPDATE ON shoppm.DetailInfo FROM 'client3'@'localhost';
```

（5）创建角色cellphone、computer。

```
mysql> CREATE ROLE 'cellphone', 'computer';
```

（6）授予角色cellphone在shoppm数据库中创建表和视图的权限，授予角色computer在shoppm数据库的DetailInfo表上的添加、修改、删除和查询权限。

```
mysql> GRANT CREATE, CREATE VIEW ON shoppm.* TO 'cellphone';

mysql> GRANT SELECT, INSERT, UPDATE, DELETE ON shoppm.DetailInfo TO 'computer';
```

（7）将角色cellphone授予用户client1，将角色computer授予用户client2、client3。

```
mysql> GRANT 'cellphone' TO 'client1'@'localhost';

mysql> GRANT 'computer' TO 'client2'@'localhost', 'client3'@'localhost';
```

（8）删除角色cellphone、computer。

```
mysql> DROP ROLE 'cellphone', 'computer';
```

（9）删除用户client1、client2、client3。

```
mysql> DROP USER 'client1'@'localhost', 'client2'@'localhost', 'client3'@'localhost';
```

3．设计性实验

在实验数据库storeexpm中，设计、编写和调试用户管理、权限管理、角色管理语句，以解决下列应用问题。

（1）创建用户empl1、empl2、empl3。

（2）授予用户empl1对所有数据库所有表的CREATE、ALTER和DROP的权限，回收DROP权限。

（3）授予用户empl2对shoppm数据库的GoodsInfo表查询、添加数据的权限，回收添加数据的权限。

（4）授予用户empl3对shoppm数据库的DetailInfo表的查询、添加和删除数据的权限，同时允许该用户将获得的权限授予其他用户，回收修改数据的权限。

（5）创建角色server、notebook。

（6）授予角色server在shoppm数据库中创建表和视图的权限，授予角色notebook在shoppm数据库的GoodsInfo表上的添加、修改、删除和查询权限。

（7）将角色server授予用户empl1，将角色notebook授予用户empl2、empl3。

（8）删除角色server、notebook。

（9）删除用户empl1、empl2、empl3。

< 243 >

备份和恢复

1. 实验目的及要求

（1）理解备份和恢复的概念。

（2）掌握MySQL数据库常用的备份数据和恢复数据的方法。

（3）具备设计、编写和调试备份数据与恢复数据的语句及命令，以解决应用问题的能力。

2. 验证性实验

验证和调试备份数据与恢复数据的语句和命令，以解决以下应用问题。

（1）备份shoppm数据库中OrderInfo表中的数据，字段值如果是字符就用双引号标注，字段值之间用逗号隔开，每行以问号为结束标志。

```
mysql> SELECT * FROM OrderInfo
    ->       INTO OUTFILE'C:/ProgramData/MySQL/MySQL Server 8.0/Uploads/
OrderInfo.txt'
    ->       FIELDS TERMINATED BY ','
    ->       OPTIONALLY ENCLOSED BY '"'
    ->       LINES TERMINATED BY '?';
```

（2）使用mysqldump备份shoppm数据库的OrderInfo表、DetailInfo表到D盘od目录下。

```
mysqldump -u root -p shoppm OrderInfo DetailInfo>D:\od\Order_Detail.sql
```

（3）备份shoppm数据库到D盘od目录下。

```
mysqldump -u root -p shoppm>D:\od\shoppm.sql
```

（4）备份MySQL服务器上的所有数据库到D盘od目录下。

```
mysqldump -u root -p --all-databases>D:\od\alldb.sql
```

（5）删除shoppm数据库中OrderInfo表中的数据后，将（1）题的备份文件OrderInfo.txt导入空表OrderInfo中。

```
mysql> DELETE FROM OrderInfo;

mysql> LOAD DATA INFILE 'C:/ProgramData/MySQL/MySQL Server 8.0/Uploads/
OrderInfo.txt'
    ->       INTO TABLE OrderInfo
```

```
    ->        FIELDS TERMINATED BY ','
    ->        OPTIONALLY ENCLOSED BY '"'
    ->        LINES TERMINATED BY '?';
```

（6）删除shoppm数据库中各个表后，用（3）题的备份文件shoppm.sql将其恢复。

```
mysql -u root -p shoppm<D:\od\shoppm.sql
```

3．设计性实验

设计、编写和调试备份数据与恢复数据的语句及命令，以解决下列应用问题。

（1）备份shoppm数据库中GoodsInfo表中的数据，字段值如果是字符就用双引号标注，字段值之间用逗号隔开，每行以问号为结束标志。

（2）使用mysqldump备份shoppm数据库的GoodsInfo表、DetailInfo表到D盘gd目录下。

（3）备份shoppm数据库到D盘gd目录下。

（4）备份MySQL服务器上的所有数据库到D盘gd目录下。

（5）删除shoppm数据库中GoodsInfo表的数据后，将（1）题的备份文件GoodsInfo.txt导入空表OrderInfo中。

（6）删除shoppm数据库中的各个表后，用（3）题的备份文件shoppm.sql将其恢复。

< 245 >

习题参考答案

第1章　数据库基础

一、选择题

1．C　2．B　3．D　4．B　5．A　6．C

二、填空题

1．减少数据冗余

2．对数据进行操作

3．数据完整性约束

4．逻辑模型

5．关系模型

6．海量数据或巨量数据

三、问答题

参见本章小结下画线部分。

第2章　关系数据库理论基础

一、选择题

1．C　2．B　3．A　4．B　5．D　6．A　7．B　8．D　9．D

二、填空题

1．关系完整性

2．集合

3．实体完整性和参照完整性

4．$R(U, D, \text{DOM}, F)$

5．结构化查询语言

6．并

三、问答题

参见本章小结下画线部分。

第3章 关系数据库设计理论

一、选择题

1．B 2．D 3．A 4．B 5．A 6．C 7．D

二、填空题

1．模式设计

2．标准或准则

3．模式分解

4．更新异常

三、问答题

参见本章小结下画线部分。

第4章 数据库设计

一、选择题

1．A 2．C 3．B 4．C 5．B 6．C 7．C 8．D 9．C 10．B 11．D 12．C
13．D 14．A

二、填空题

1．逻辑结构设计阶段

2．数据字典

3．数据库

4．E-R图

5．关系模型

6．存取方法

7．时间效率和空间效率

8．数据库的备份和恢复

三、问答题

参见本章小结下画线部分。

第5章 MySQL数据库管理系统

一、选择题

1．D 2．A

二、填空题

1．MySQL命令行客户端

2．手动

三、问答题

参见本章小结下画线部分。

< 247 >

第6章 数据定义

一、选择题

1. B 2. A 3. D 4. C 5. D 6. A 7. C 8. B 9. A 10. D 11. C

二、填空题

1. mysql

2. 标识

3. 未知

4. DEFAULT

5. 参照完整性

6. CHECK

7. UNIQUE

8. PRIMARY KEY

9. 独立的小表

三、问答题

参见本章小结下画线部分。

四、应用题

1.

```
mysql> CREATE DATABASE teachsys;

mysql> USE teachsys;
```

2.

```
mysql> CREATE TABLE student
    ->     (
    ->         studentid char(6) NOT NULL PRIMARY KEY,
    ->         sname char(8) NOT NULL,
    ->         ssex char(2) NOT NULL DEFAULT '男',
    ->         sbirthday date NOT NULL,
    ->         tc tinyint NULL,
    ->         specialityid char(6) NOT NULL
    ->     );
```

3.

（1）

```
mysql> CREATE TABLE speciality1
    ->     (
    ->         specialityid char(6) NOT NULL PRIMARY KEY,
    ->         specialityname char(20) NOT NULL
    ->     );
```

（2）

```
mysql> CREATE TABLE speciality2
```

< 248 >

```
    ->       (
    ->           specialityid char(6) NOT NULL,
    ->           specialityname char(20) NOT NULL,
    ->           CONSTRAINT PK_speciality2 PRIMARY KEY(specialityid)
    ->       );
```

4.
（1）

```
mysql> CREATE TABLE speciality3
    ->       (
    ->           specialityid char(6) NOT NULL PRIMARY KEY,
    ->           specialityname char(20) NOT NULL UNIQUE
    ->       );
```

（2）

```
mysql> CREATE TABLE speciality4
    ->       (
    ->           specialityid char(6) NOT NULL PRIMARY KEY,
    ->           specialityname char(20) NOT NULL,
    ->           CONSTRAINT UK_speciality4 UNIQUE(specialityname)
    ->       );
```

5.
（1）

```
mysql> CREATE TABLE student1
    ->       (
    ->           studentid char(6) NOT NULL PRIMARY KEY,
    ->           sname char(8) NOT NULL,
    ->           ssex char(2) NOT NULL DEFAULT '男',
    ->           sbirthday date NOT NULL,
    ->           tc tinyint NULL,
    ->           specialityid char(6) NOT NULL REFERENCES speciality1(specialityid)
    ->       );
```

（2）

```
mysql> CREATE TABLE student2
    ->       (
    ->           studentid char(6) NOT NULL PRIMARY KEY,
    ->           sname char(8) NOT NULL,
    ->           ssex char(2) NOT NULL DEFAULT '男',
    ->           sbirthday date NOT NULL,
    ->           tc tinyint NULL,
    ->           specialityid char(6) NOT NULL,
    ->           CONSTRAINT FK_student2 FOREIGN KEY(specialityid) REFERENCES
    ->           speciality2(specialityid)
    ->       );
```

< 249 >

6.

（1）

```
mysql> CREATE TABLE score1
    ->     (
    ->         studentid char(6) NOT NULL,
    ->         courseid char(4) NOT NULL,
    ->         grade tinyint NULL CHECK(grade>=0 AND grade<=100),
    ->         PRIMARY KEY(studentid,courseid)
    ->     );
```

（2）

```
mysql> CREATE TABLE score2
    ->     (
    ->         studentid char(6) NOT NULL,
    ->         courseid char(4) NOT NULL,
    ->         grade tinyint NULL,
    ->         PRIMARY KEY(studentid,courseid),
    ->         CONSTRAINT CK_score2 CHECK(grade>=0 AND grade<=100)
    ->     );
```

第7章　数据操纵

一、选择题

1. B　2. C　3. A　4. B　5. C

二、填空题

1. UPDATE

2. INSERT

3. INSERT INTO…SELECT…

4. 一一对应

5. 各列

6. 空值

7. 删除

8. 逗号

9. 列值

10. 条件

11. TRUNCATE

三、问答题

参见本章小结下画线部分。

四、应用题

1.

（1）

```
mysql> INSERT INTO student1
```

< 250 >

```
    ->        VALUES('222001','唐志浩','男','2002-06-17',52,'080902');
```

（2）

```
mysql> INSERT INTO student1(studentid,specialityid,tc,ssex,sbirthday,sname)
    ->        VALUES('228004','080703',48,'女','2001-08-05','许慧芳');
```

（3）

```
mysql> INSERT INTO student1(studentid,sbirthday,sname,specialityid)
    ->        VALUES('228006','2002-01-19','颜强','080703');
```

2.

```
mysql> INSERT INTO student
    ->        VALUES('222001','唐志浩','男','2002-06-17',52,'080902'),
    ->        ('222002','郑兰','女','2001-09-23',50,'080902'),
    ->        ('222003','齐雨佳','女','2002-03-09',52,'080902'),
    ->        ('228001','管明','男','2002-02-24',52,'080703'),
    ->        ('228002','向勇','男','2001-12-14',50,'080703'),
    ->        ('228004','许慧芳','女','2001-08-05',48,'080703');
```

3.

```
mysql> INSERT INTO student2
    ->        SELECT * FROM student;
```

4.

```
mysql> UPDATE student1
    ->        SET sbirthday='2002-07-19'
    ->        WHERE sname ='颜强';
```

5.

```
mysql> UPDATE student1
    ->        SET tc=tc+2;
```

6.
（1）

```
mysql> DELETE FROM student1;
```

（2）

```
mysql> TRUNCATE student2;
```

第8章　数据查询

一、选择题
1. B　2. C　3. D　4. C　5. B　6. A　7. D　8. C

< 251 >

二、填空题

1. SELECT

2. LIMIT

3. FROM

4. CROSS JOIN

5. INNER JOIN

6. RIGHT OUTER JOIN

7. 子查询

8. ANY

9. 并

10. REGEXP

11. 多行

12. 临时结果集

三、问答题

参见本章小结下画线部分。

四、应用题

1.

```
mysql> SELECT *
    -> FROM student;
```

2.

```
mysql> SELECT grade AS 成绩
    -> FROM score
    -> WHERE studentid='228001' AND courseid='1201';
```

3.

```
mysql> SELECT *
    -> FROM student
    -> WHERE sname LIKE '齐%';
```

4.

```
mysql> SELECT MAX(tc) AS 最高学分
    -> FROM student
    -> WHERE specialityid='080703';
```

5.

```
mysql> SELECT courseid AS 课程号, AVG (grade) AS 平均分数
    -> FROM score
    -> WHERE courseid LIKE '4%'
    -> GROUP BY courseid
    -> HAVING COUNT(*)>=3;
```

< 252 >

6.

```
mysql> SELECT studentid AS 学号, COUNT(courseid) AS 选修课程数
    -> FROM score
    -> WHERE grade>=85
    -> GROUP BY studentid
    -> HAVING COUNT(*)>=3;
```

7.

```
mysql> SELECT studentid AS 学号, AVG(grade) AS 平均成绩
    -> FROM score
    -> GROUP BY studentid
    -> HAVING AVG(grade)>90;
```

8.

```
mysql> SELECT *
    -> FROM student
    -> WHERE specialityid='080902'
    -> ORDER BY sbirthday;
```

9.

```
mysql> SELECT studentid, courseid, grade
    -> FROM score
    -> WHERE courseid='8001'
    -> ORDER BY grade DESC
    -> LIMIT 1, 4;
```

10.

```
mysql> SELECT a.studentid, sname, ssex, cname, grade
    -> FROM score a JOIN student b ON a.studentid=B.studentid JOIN course C ON
a.courseid=c.courseid
    -> WHERE cname='高等数学' AND grade>=80;
```

11.

```
mysql> SELECT tname AS 教师姓名, AVG(grade) AS 平均成绩
    -> FROM teacher a, lecture b, course c, score d
    -> WHERE a.teacherid=b.teacherid AND c.courseid=b.courseid AND c.courseid= d.courseid
    -> GROUP BY tname
    -> HAVING AVG(grade)>=85;
```

12.

```
mysql> SELECT teacher.tname
    -> FROM teacher
    -> WHERE teacher.teacherid=
    ->      (SELECT lecture.teacherid
    ->       FROM lecture
    ->       WHERE courseid=
```

< 253 >

```
    ->            (SELECT course.courseid
    ->             FROM course
    ->             WHERE cname='数据库系统'
    ->            )
    ->        );
```

13.

```
mysql> SELECT studentid,courseid,grade
    -> FROM score
    -> WHERE grade>
    ->      (SELECT AVG(grade)
    ->       FROM score
    ->       WHERE grade IS NOT NULL
    ->      );
```

14.

```
mysql> SELECT sname AS 姓名, ssex AS 性别, tc AS 总学分
    -> FROM student a, score b
    -> WHERE a.studentid=b.studentid AND b.courseid='1201'
    -> UNION
    -> SELECT sname AS 姓名, ssex AS 性别, tc AS 总学分
    -> FROM student a, score b
    -> WHERE a.studentid=b.studentid AND b.courseid='1014';
```

15.

```
mysql> SELECT *
    -> FROM course
    -> WHERE cname REGEXP '系统|原理';
```

16.

```
mysql> SELECT ROW_NUMBER() OVER(ORDER BY credit DESC) AS ROW_NUMBER_Ranking,
         courseid AS 课程号, cname AS 课程名, credit AS 总学分
    -> FROM course;
```

17.

```
mysql> SELECT RANK() OVER(ORDER BY credit DESC) AS RANK_Ranking, courseid
         AS 课程号, cname AS 课程名, credit AS 总学分
    -> FROM course;
```

18.

```
mysql> SELECT DENSE_RANK() OVER(ORDER BY credit DESC) AS DENSE_RANK_Ranking,
         courseid AS 课程号, cname AS 课程名, credit AS 总学分
    -> FROM course;
```

19.

```
mysql> SELECT NTILE(2) OVER(ORDER BY credit DESC) AS NTILE_Ranking, courseid
```

< 254 >

```
          AS 课程号, cname AS 课程名, credit AS 总学分
    -> FROM course;
```

20.

```
mysql> WITH cte_teacher(c_teacherid, c_tname, c_tsex, c_tbirthday, c_title,
          c_school) AS (SELECT teacherid, tname, tsex, tbirthday, title, school
          FROM teacher)
    -> SELECT c_teacherid, c_tname, c_tsex, c_tbirthday, c_title, c_school
    -> FROM cte_teacher, teacher
    -> WHERE teacher.school='计算机学院' AND teacher.teacherid=cte_teacher.c_teacherid;
```

第9章　视图和索引

一、选择题

1. D　2. B　3. A　4. B　5. B　6. C　7. A　8. C　9. D

二、填空题

1. 增加安全性
2. 基础表
3. 满足可更新条件
4. ALTER VIEW
5. 指针
6. 记录
7. CREATE INDEX
8. CREATE TABLE
9. ALTER TABLE

三、问答题

参见本章小结下画线部分。

四、应用题

1.

```
mysql> CREATE OR REPLACE VIEW V_studentSpeciality
    -> AS
    -> SELECT studentid, sname, ssex, tc, a.specialityid, specname
    -> FROM student a, speciality b
    -> WHERE a.specialityid=b.specialityid
    -> WITH CHECK OPTION;
```

2.

```
mysql> SELECT *
    -> FROM V_studentSpeciality;
```

3.

```
mysql> SELECT studentid, sname, ssex, tc
    -> FROM V_studentSpeciality
```

< 255 >

```
    -> WHERE specname='软件工程';
```

4.

```
mysql> UPDATE V_studentSpeciality SET tc=52
    -> WHERE studentid='222002';
```

5.

```
mysql> ALTER VIEW V_studentSpeciality
    -> AS
    -> SELECT studentid, sname, ssex, tc, a.specialityid, specname
    -> FROM student a, speciality b
    -> WHERE a.specialityid=b.specialityid AND specname='通信工程'
    -> WITH CHECK OPTION;
```

6.

```
mysql> DROP VIEW V_studentSpeciality;
```

7.

```
mysql> CREATE INDEX I_sname ON student(sname);
```

8.

```
mysql> CREATE INDEX I_studentid ON student(studentid(6) DESC);
```

9.

```
mysql> CREATE INDEX I_tcSname ON student(tc DESC, sname);
```

10.

```
mysql> SHOW INDEX FROM student \G;
```

11.

```
mysql> DROP INDEX I_sname ON student;
```

第10章　MySQL程序设计基础

一、选择题

1. D　2. B　3. C　4. B　5. A

二、填空题

1. 空格
2. 结束标志
3. 函数
4. 循环语句
5. 过程式

< 256 >

6. 内置函数

7. 容易

三、问答题

参见本章小结下画线部分。

四、应用题

1.

```
mysql> USE teachsys;

mysql> SET @courseid='1014';

mysql> SELECT * FROM course WHERE courseid=@courseid;
```

2.

```
mysql> SET @cname=(SELECT cname FROM course WHERE courseid='1201');

mysql> SELECT @cname;
```

3.

```
mysql> DELIMITER $$
mysql> CREATE FUNCTION F_scoreGrade(v_studentid char(6))
    ->      RETURNS char(9)
    ->      DETERMINISTIC
    -> BEGIN
    ->      DECLARE v_grade int;
    ->      DECLARE v_result char(9);
    ->      SELECT AVG(grade) INTO v_grade
    ->          FROM score
    ->          WHERE studentid=v_studentid;
    ->      CASE
    ->          WHEN v_grade>=90 AND v_grade<=100 THEN SET v_result='优秀';
    ->          WHEN v_grade>=80 AND v_grade<90 THEN SET v_result='良好';
    ->          WHEN v_grade>=70 AND v_grade<80 THEN SET v_result='中等';
    ->          WHEN v_grade>=60 AND v_grade<70 THEN SET v_result='及格';
    ->          WHEN v_grade>=0 AND v_grade<60 THEN SET v_result='不及格';
    ->          ELSE SET v_result= 'Nothing';
    ->      END CASE;
    ->      RETURN v_result;
    -> END $$
Query OK, 0 rows affected (0.02 sec)

mysql> DELIMITER ;

mysql> SELECT F_scoreGrade('222001');
```

4.

```
mysql> DELIMITER $$
mysql> CREATE FUNCTION F_oddSum(v_sum4 int)
```

< 257 >

```
    -> RETURNS int
    -> NO SQL
    -> BEGIN
    ->     DECLARE v_n int DEFAULT 1;
    ->     DECLARE v_s int DEFAULT 0;
    ->     REPEAT
    ->         IF MOD(v_n, 2)<>0 THEN
    ->             SET v_s=v_s+v_n;
    ->         END IF;
    ->         SET v_n=v_n+1;
    ->         UNTIL v_n>v_sum4
    ->     END REPEAT;
    ->     RETURN v_s;
    -> END $$
Query OK, 0 rows affected (0.01 sec)

mysql> DELIMITER ;

mysql> SELECT F_oddSum(100);
```

5.

```
mysql> SELECT SUBSTRING('Good morning',6, 7);
```

第11章 存储过程、游标和触发器

一、选择题
1. C 2. A 3. B 4. C 5. D 6. B 7. A 8. C
二、填空题
1. CREATE PROCEDURE
2. CALL
3. 过程式
4. INOUT
5. 包含
6. 存储过程或自定义函数
7. DELETE触发器
8. CREATE TRIGGER
9. 之后
三、问答题
参见本章小结下画线部分。
四、应用题
1.

```
mysql> DELIMITER $$
mysql> CREATE PROCEDURE P_insertCourse()
    -> BEGIN
```

< 258 >

```
    ->        INSERT INTO course VALUES('1005','数据结构',5);
    ->        SELECT * FROM course WHERE courseid='1005';
    -> END $$

mysql> DELIMITER ;

mysql> CALL P_insertCourse();
```

2.

```
mysql> DELIMITER $$
mysql> CREATE PROCEDURE P_updateCourse(IN v_courseid char(6), IN v_credit tinyint)
    -> BEGIN
    ->        UPDATE course SET credit=v_credit WHERE courseid=v_courseid;
    ->        SELECT * FROM course WHERE courseid=v_courseid;
    -> END $$

mysql> DELIMITER ;

mysql> CALL P_updateCourse('1005', 4);
```

3.

```
mysql> DELIMITER $$
mysql> CREATE PROCEDURE P_deleteCourse(IN v_courseid char(6), OUT v_msg char(8))
    -> BEGIN
    ->        DELETE FROM course WHERE courseid=v_courseid;
    ->        SET v_msg='删除成功';
    -> END $$

mysql> DELIMITER ;

mysql> CALL P_deleteCourse('1005', @msg);

mysql> SELECT @msg;
```

4.

```
mysql> DELIMITER $$
mysql> CREATE PROCEDURE P_courseRow(OUT v_rows int)
    -> BEGIN
    ->        DECLARE v_courseid char(6);
    ->        DECLARE FOUND boolean DEFAULT TRUE;
    ->        DECLARE CUR_course CURSOR FOR SELECT courseid FROM course;
    ->        DECLARE CONTINUE HANDLER FOR NOT FOUND
    ->        SET FOUND=FALSE;
    ->        SET v_rows=0;
    ->        OPEN CUR_course;
    ->        FETCH CUR_course into v_courseid;
    ->        WHILE found DO
    ->            SET v_rows=v_rows+1;
    ->            FETCH CUR_course INTO v_courseid;
    ->        END WHILE;
```

< 259 >

```
    ->      CLOSE CUR_course;
    -> END $$

mysql> DELIMITER;

mysql> CALL P_courseRow(@rows);

mysql> SELECT @rows;
```

5.

```
mysql> DROP PROCEDURE P_insertCourse;
```

6.

```
mysql> CREATE TRIGGER T_insertCourse AFTER INSERT
    ->      ON course FOR EACH ROW SET @str2=NEW.cname;

mysql> INSERT INTO course VALUES('1006','计算机组成原理',4);

mysql> select * from course;
```

7.

```
mysql> DELIMITER $$
mysql> CREATE TRIGGER T_updateCourseScore AFTER UPDATE
    ->      ON course FOR EACH ROW
    -> BEGIN
    ->      UPDATE score SET courseid=NEW.courseid WHERE courseid=OLD.courseid;
    -> END $$

mysql> DELIMITER ;

mysql> UPDATE course SET courseid='4006' WHERE courseid='4008';

mysql> SELECT * FROM score WHERE courseid='4006';
```

8.

```
mysql> DELIMITER $$
mysql> CREATE TRIGGER T_deleteCourseScore AFTER DELETE
    ->      ON course FOR EACH ROW
    -> BEGIN
    ->      DELETE FROM score WHERE courseid=OLD.courseid;
    -> END $$

mysql> DELIMITER;

mysql> DELETE FROM course WHERE courseid='4006';

mysql> SELECT * FROM score WHERE courseid='4006';
```

< 260 >

9.

```
mysql> DROP TRIGGER T_insertCourse ;
```

第12章　事务管理

一、选择题

1. C　2. D　3. B　4. C　5. A　6. D

二、填空题

1. 一致性

2. 排他锁

3. 幻读

4. COMMIT

5. ROLLBACK

6. SAVEPOINT

7. 提交

8. 关闭自动提交

9. 意向锁

三、问答题

参见本章小结下画线部分。

四、应用题

1.

```
mysql> SET @@AUTOCOMMIT=0;

mysql> BEGIN WORK;

mysql> DELETE FROM teacher WHERE teacherid='800028';

mysql> COMMIT;
mysql> SELECT * FROM teacher;
```

2.

```
mysql> START TRANSACTION;

mysql> DELETE FROM teacher WHERE teacherid='400015';
mysql> SELECT * FROM teacher;

mysql> ROLLBACK;
mysql> SELECT * FROM teacher;
```

3.

```
.   mysql> START TRANSACTION;
```

< 261 >

```
mysql> UPDATE teacher SET title='副教授' WHERE teacherid='400015';
mysql> SELECT * FROM teacher;

mysql> SAVEPOINT teach_sp;

mysql> UPDATE teacher SET title='讲师' WHERE teacherid='400015';
mysql> SELECT * FROM teacher;

mysql> ROLLBACK TO SAVEPOINT teach_sp;

mysql> COMMIT;
mysql> SELECT * FROM teacher;
```

第13章 安全管理

一、选择题

1. B 2. A 3. D

二、填空题

1. mysql

2. 请求核实

3. 所有

4. DROP USER

5. GRANT

6. REVOKE

三、问答题

参见本章小结下画线部分。

四、应用题

1.

```
mysql> CREATE USER 'st1'@'localhost' IDENTIFIED BY '123456',
    ->     'st2'@'localhost' IDENTIFIED BY '123456',
    ->     'teach1'@'localhost' IDENTIFIED BY '123456',
    ->     'adm1'@'localhost' IDENTIFIED BY '123456';
```

2.

```
mysql> GRANT CREATE, CREATE VIEW ON teachsys.* TO 'adm1'@'localhost';

mysql> REVOKE CREATE VIEW ON teachsys.* FROM 'adm1'@'localhost';
```

3.

```
mysql> GRANT INSERT, UPDATE, DELETE ON teachsys.teacher TO 'teach1'@'localhost';

mysql> REVOKE UPDATE ON teachsys.teacher FROM 'teach1'@'localhost';
```

4.

```
mysql> CREATE ROLE 'stRole';

mysql> GRANT SELECT ON teachsys.student TO 'stRole';

mysql> CREATE ROLE 'teachRole';

mysql> GRANT SELECT, UPDATE ON teachsys.student TO 'teachRole';

mysql> CREATE ROLE 'admRole';

mysql> GRANT SELECT, INSERT, UPDATE, DELETE ON teachsys.student TO 'admRole';
```

5.

```
mysql> GRANT 'stRole' TO 'st1'@'localhost';

mysql> SHOW GRANTS FOR 'st1'@'localhost' USING 'stRole';

mysql> GRANT 'stRole' TO 'st2'@'localhost';

mysql> SHOW GRANTS FOR 'st2'@'localhost' USING 'stRole';

mysql> GRANT 'teachRole' TO 'teach1'@'localhost';

mysql> SHOW GRANTS FOR 'teach1'@'localhost' USING 'teachRole';

mysql> GRANT 'admRole' TO 'adm1'@'localhost';

mysql> SHOW GRANTS FOR 'adm1'@'localhost' USING 'admRole';
```

6.

```
mysql> DROP ROLE 'stRole', 'teachRole', 'admRole';
```

7.

```
mysql> DROP USER 'st1'@'localhost', 'st2'@'localhost', 'teach1'@'localhost',
'adm1'@'localhost';
```

第14章　备份和恢复

一、选择题

1. B 2. D 3. C 4. B

二、填空题

1. 备份

2. 表结构

3. INSERT

< 263 >

4. mysql

三、问答题

参见本章小结下画线部分。

四、应用题

1.

```
mysql> SELECT * FROM student
    ->     INTO OUTFILE 'C:/ProgramData/MySQL/MySQL Server 8.0/Uploads/student.txt'
    ->     FIELDS TERMINATED BY ','
    ->     OPTIONALLY ENCLOSED BY '"'
    ->     LINES TERMINATED BY '?';
```

2.

```
mysql> LOAD DATA INFILE 'C:/ProgramData/MySQL/MySQL Server 8.0/Uploads/student. txt'
    ->     INTO TABLE student
    ->     FIELDS TERMINATED BY ','
    ->     OPTIONALLY ENCLOSED BY '"'
    ->     LINES TERMINATED BY '?';
```

3.

```
mysqldump -u root -p teachsys student speciality>D:\backup\student_speciality.sql
```

< 264 >

案例数据库——教学数据库teachsys表结构和样本数据

1. teachsys（教学数据库）的表结构

teachsys数据库的表结构见表B1~表B6。

表B1　speciality（专业表）的表结构

列名	数据类型	允许null值	键	默认值	说明
specialityid	char(6)	×	主键	无	专业代码
specname	char(16)	√		无	专业名称

表B2　student（学生表）的表结构

列名	数据类型	允许null值	键	默认值	说明
studentid	char(6)	×	主键	无	学号
sname	char(8)	×		无	姓名
ssex	char(2)	×		男	性别
sbirthday	date	×		无	出生日期
tc	tinyint	√		无	总学分
specialityid	char(6)	×		无	专业代码

表B3　course（课程表）的表结构

列名	数据类型	允许null值	键	默认值	说明
courseid	char(4)	×	主键	无	课程号
cname	char(16)	×		无	课程名
credit	tinyint	√		无	学分

表B4　score（成绩表）的表结构

列名	数据类型	允许null值	键	默认值	说明
studentid	char(6)	×	主键	无	学号
courseid	char(4)	×	主键	无	课程号
grade	tinyint	√		无	成绩

表B5　teacher（教师表）的表结构

列名	数据类型	允许null值	键	默认值	说明
teacherid	char(6)	×	主键	无	教师编号
tname	char(8)	×		无	姓名
tsex	char(2)	×		男	性别

续表

列名	数据类型	允许null值	键	默认值	说明
tbirthday	date	×		无	出生日期
title	char(12)	√		无	职称
school	char(12)	√		无	学院

表B6　lecture（讲课表）的表结构

列名	数据类型	允许null值	键	默认值	说明
teacherid	char(6)	×	主键	无	教师编号
courseid	char(4)	×	主键	无	课程号
location	char(10)	√		无	上课地点

2. teachsys（教学数据库）的样本数据

teachsys数据库的样本数据见表B7～表B12。

表B7　speciality（专业表）的样本数据

专业代码	专业名称	专业代码	专业名称
080701	电子信息工程	080901	计算机科学与技术
080702	电子科学与技术	080902	软件工程
080703	通信工程	080903	网络工程

表B8　student（学生表）的样本数据

学号	姓名	性别	出生日期	总学分	专业代码
222001	唐志浩	男	2002-06-17	52	080902
222002	郑兰	女	2001-09-23	50	080902
222003	齐雨佳	女	2002-03-09	52	080902
228001	管明	男	2002-02-24	52	080703
228002	向勇	男	2001-12-14	50	080703
228004	许慧芳	女	2001-08-05	48	080703

表B9　course（课程表）的样本数据

课程号	课程名	学分	课程号	课程名	学分
1007	操作系统	3	4008	通信原理	4
1014	数据库系统	4	8001	高等数学	5
1201	英语	5			

表B10　score（成绩表）的样本数据

学号	课程号	成绩	学号	课程号	成绩
222001	1014	94	228001	4008	91
222002	1014	85	228002	4008	88
222003	1014	93	228004	4008	76
222001	1201	95	222001	8001	93
222002	1201	84	222002	8001	87
222003	1201	91	222003	8001	92
228001	1201	92	228001	8001	94
228002	1201	91	228002	8001	92
228004	1201	NULL	228004	8001	78

< 266 >

表B11　teacher（教师表）的样本数据

教师编号	姓名	性别	出生日期	职称	学院
100007	何思敏	男	1976-11-04	教授	计算机学院
100020	万丽	女	1980-04-21	教授	计算机学院
120031	陶淑雅	女	1984-06-19	副教授	外国语学院
400015	蔡桂华	女	1989-12-14	讲师	通信学院
800028	郭正	男	1986-09-07	副教授	数学学院

表B12　lecture（讲课表）的样本数据

教师编号	课程号	上课地点	教师编号	课程号	上课地点
100007	1014	3-206	400015	4008	6-103
120031	1201	1-319	800028	8001	5-211

< 267 >

实验数据库——商店数据库shoppm表结构和样本数据

1. shoppm（商店数据库）的表结构

shoppm数据库的表结构见表C1～表C5。

表C1 EmplInfo（员工表）的表结构

列名	数据类型	允许null值	键	默认值	说明
EmplNo	varchar(4)	×	主键	无	员工号
EmplName	varchar(8)	×		无	姓名
Sex	varchar(2)	×		男	性别
Birthday	date	×		无	出生日期
Native	varchar(12)	√		无	籍贯
Wages	decimal(8, 2)	×		无	工资
DeptNo	varchar(4)	√		无	部门号

表C2 DeptInfo（部门表）的表结构

列名	数据类型	允许null值	键	默认值	说明
DeptNo	varchar(4)	×	主键	无	部门号
DeptName	varchar(20)	×		无	部门名称

表C3 OrderInfo（订单表）的表结构

列名	数据类型	允许null值	键	默认值	说明
OrderNo	varchar(6)	×	主键	无	订单号
EmplNo	varchar(4)	√		无	员工号
CustNo	varchar(4)	√		无	客户号
Saledate	date	×		无	销售日期
Cost	decimal(9,2)	×		无	总金额

表C4 DetailInfo（订单明细表）的表结构

列名	数据类型	允许null值	键	默认值	说明
OrderNo	varchar(6)	×	主键	无	订单号
GoodsNo	varchar(4)	×	主键	无	商品号
Sunitprice	decimal(8,2)	×		无	销售单价
Quantity	int	×		无	数量
Total	decimal(9,2)	×		无	总价
Discount	float	×		0.1	折扣率
Disctotal	decimal(9,2)	×		无	折扣总价

表C5 GoodsInfo（商品表）的表结构

列名	数据类型	允许null值	键	默认值	说明
GoodsNo	varchar(4)	×	主键	无	商品号
GoodsName	varchar(30)	×		无	商品名称
Classification	varchar(16)	×		无	商品类型
UnitPrice	decimal(8, 2)	√		无	单价
Stockqty	int	×		3	库存量

2．shoppm（商店数据库）的样本数据

shoppm数据库的样本数据见表C6～表C10。

表C6 EmplInfo（员工表）的样本数据

员工号	姓名	性别	出生日期	籍贯	工资	部门号
E001	徐文涛	男	1981-05-14	北京	4700	D001
E002	岳燕芬	女	1988-09-23	上海	3600	D003
E003	杜铃	女	1985-12-07	NULL	4000	D002
E004	成诗雨	男	1975-04-25	上海	7100	D004
E005	于芳	女	1986-06-12	四川	3900	NULL
E006	康翔	男	1980-01-09	北京	4500	D001

表C7 DeptInfo（部门表）的样本数据

部门号	部门名称	部门号	部门名称
D001	销售部	D004	经理办
D002	人事部	D005	物资部
D003	财务部		

表C8 OrderInfo（订单表）的样本数据

订单号	员工号	客户号	销售日期	总金额
S00001	E001	C001	2024-01-20	21657.40
S00002	E006	C002	2024-01-20	36620.10
S00003	E005	C003	2024-01-20	15978.60
S00004	NULL	C004	2024-01-20	15978.60

表C9 DetailInfo（订单明细表）的样本数据

订单号	商品号	销售单价	数量	总价	折扣率	折扣总价
S00001	1001	6288.00	1	6288.00	0.1	5659.20
S00001	3001	8899.00	2	17798.00	0.1	15998.20
S00002	1002	8877.00	3	26631.00	0.1	23967.90
S00002	2001	7029.00	2	14058.00	0.1	12652.20
S00003	1002	8877.00	2	17754.00	0.1	15978.60
S00004	1002	8877.00	2	17754.00	0.1	15978.60

表C10 GoodsInfo（商品表）的样本数据

商品号	商品名称	商品类型	单价	库存量
1001	Microsoft Surface Pro 7	笔记本电脑	6288.00	6
1002	DELL XPS13-7390	笔记本电脑	8877.00	6
2001	Apple iPad Pro	平板电脑	7029.00	4
3001	DELL PowerEdgeT140	服务器	8899.00	4
4001	EPSON L565	打印机	1959.00	9

< 269 >

参 考 文 献

[1] [美] 亚伯拉罕·西尔伯沙茨,[美] 亨利·F. 科思,[印] S. 苏达尔尚. 数据库系统概念：原书第7版 [M]. 杨冬青,李红燕,张金波,译. 北京：机械工业出版社, 2021.

[2] 王珊, 萨师煊. 数据库系统概论[M]. 5版. 北京：高等教育出版社, 2014.

[3] 刘亚军, 高莉莎. 数据库原理与应用[M]. 北京：清华大学出版社, 2020.

[4] 苗雪兰, 刘瑞新, 宋歌. 数据库系统原理及应用教程[M]. 5版. 北京：机械工业出版社, 2020.

[5] 李月军. 数据库原理及应用：MySQL版：题库·微课视频版[M]. 2版. 北京：清华大学出版社, 2023.

[6] 李辉,等. 数据库系统原理及MySQL应用教程[M]. 2版. 北京：机械工业出版社, 2020.

[7] 教育部考试中心. MySQL数据库程序设计[M]. 北京：高等教育出版社, 2022.

[8] 姜桂洪. MySQL 8.0数据库应用与开发：微课视频版[M]. 北京：清华大学出版社, 2023.

[9] 郑阿奇. MySQL实用教程：新体系·综合应用实例视频[M]. 4版. 北京：电子工业出版社, 2021.

[10] 刘华贞. 精通MySQL 8：视频教学版[M]. 北京：清华大学出版社, 2019.

[11] 明日科技. MySQL 从入门到精通[M]. 2版. 北京：清华大学出版社, 2021.

[12] 李小威. MySQL 8.x从入门到精通：视频教学版[M]. 北京：清华大学出版社, 2022.

< 270 >